本土人类学与民俗研究专题

百年衣装

中式服装的谱系与汉服运动

周星 著

商务印书馆
The Commercial Press
创于1897

2019年·北京

图书在版编目（CIP）数据

百年衣装：中式服装的谱系与汉服运动 / 周星著. —
北京：商务印书馆，2019
（本土人类学与民俗研究专题）
ISBN 978-7-100-17900-3

Ⅰ. ①百… Ⅱ. ①周… Ⅲ. ①汉族—民族服饰—研究—
中国 Ⅳ. ① TS941.742

中国版本图书馆 CIP 数据核字（2019）第 245195 号

本土人类学与民俗研究专题之三
百年衣装
——中式服装的谱系与汉服运动
周星 著

商 务 印 书 馆 出 版
（北京王府井大街 36 号 邮政编码 100710）
商 务 印 书 馆 发 行
北京雅昌艺术印刷有限公司印刷
ISBN 978 - 7 - 100 - 17900- 3

2019 年 11 月第 1 版 开本 880 × 1230 1/32
2019 年 11 月北京第 1 次印刷 印张 11⁷⁄₈

定价：55.00 元

人类学与民俗研究

费孝通

费孝通题词

总　序

人类学与民俗研究的学术实践

1994年6月，费孝通教授为“人类学与民俗研究通讯”题写了刊名，该“通讯”由此前不久成立的“北京大学人类学与民俗研究”中心主办，我当时在北京大学社会学人类学研究所任教，曾经和同事们一起参与了这个中心和这份小刊物的创办。这份不定期的旨在沟通校内同行学者的学术信息类刊物，对当时国内的人类学、民族学和民俗学界产生了一定的影响，于是，我们就不再局限于校内，而是把它不定期地邮寄给国内其他高校和研究机构的同行。不经意间，二十多年过去了，世事与人事均有了许多变故，但对我来说，当年导师费孝通的题词鼓励一直不曾淡忘，它成为我沿着“人类学与民俗研究”这条学术道路持续走来的主要动力。如今人过六旬，确实是到了将多年来学术研究的一己实践所形成的积累逐一推出，以便向学界同行师友汇报，同时也到了对自己的学术生涯有所归纳的时候了。但值此推出“本土人类学与民俗研究专题”之际，我反倒深感不安，觉得还有必要将有关的思路、心路再做一点梳理。

初看起来，我是把文化人类学（民族学）和民俗学这两个学术部门“并置”在一起，甚或是搅和在一起，试图由此做出一点具有新意的探索，但这样的冒险也可能弄巧成拙。或许在习惯于学科“圈地”中纠结于名正言顺的一些同行师友看来，我的这些研究既不像是典型的文化人类学，可能也远非人们通常印象中的民俗学。如果容许我自我辩解一下，我想说的是，反过来，它们会不会既有点像本土的文化人类学，又有点像是一种不同的民俗学呢？至少我是希望，这些研究或者是借重了文化人类学的视野、理念和方法的民俗学研究，由此，它不同于国内以民间文学为偏重的民俗学；但同时，它们或者也可以是一类经由民俗研究而得以实现自立的人类学研究，由此，它虽然没有那么高大上，没有或少了一些洋腔洋调，倒也不失为较接地气、实实在在、本土化了的人类学，多少是有那么一点从中国本土生长出来的意思。

文化人类学对于中国来说，原本是“舶来”的学问。中国的文化人类学在大规模地接受西方文化人类学浸染的同时，相对于西方文化人类学而言，其在中国落地生根，便形成了中国特色的本土人类学。中国本土的文化人类学虽然在以英美法为主导的文化人类学的世界知识体系中处于边缘性的地位，但它却无疑是为中国社会及公众所迫切需要，这一点反映在它曾经的“家乡人类学”取向上，而正是这个取向使得它和一直以来致力于本土文化研究的民俗学，几乎是不可避免地相互遭遇。在我看来，文化人类学和民俗学在中国学术界的此种亲密关系犹如宿命一般，重要的是，它们的遭遇及互动是相得益彰的，文化人类学因此在中国实现了本土化，民俗学则因此而可以实现朝向现代民俗学的转型。

在沿着这条多少有些孤单、似乎也“里外不是人”的道路上摸索前行的过程中，我有幸获得杨堃、费孝通和钟敬文等学界前辈导师的指教和鼓励，这几位大师或多或少都具有文化人类学（民族学）家和民俗学家的双重乃至多重的身份，所以，我从他们的学问中逐渐地体会到了“人类学与民俗研究”的学术前景其实是大有可为的。与此同时，多年来，我也受惠于和我同辈甚或比我年轻的学界同行。比如说，我的朋友小熊诚教授对费孝通和柳田国男这两位学术大师的方法论所进行的比较研究，就曾使我深受启发，因为他的研究不仅使我意识到中国文化人类学作为“自省之学”的意义，还使我觉悟到比较民俗学作为和文化人类学相接近、相连接的路径而具有的可能性。还有，我拜读另一位日本文化人类学家桑山敬己教授对于文化人类学的世界知识体系与日本文化人类学的关系所做的深入研究，很自然地产生了很强的共鸣，他在《本土的人类学与民俗学——知识的世界体系与日本》这部大作中提到，日本长期以来只是被西方表象的对象，这一点颇为类似于文化人类学作为研究对象的“本地人”（native）。我想，中国又何尝不是如此呢？在深切地意识到被“他者”所表象的同时，一直以来习惯于被观察、被研究、被表象而沉默不语的本地人或本土知识分子，尤其是本土人类学家，不仅能够阅读那些关于自己文化的他者的书写，也能够开始使用母语讲述自己的文化，这该是何等重要的成长！再进一步，便是我以前的同事高丙中教授多年来一直努力的那个方向，亦即中国的文化人类学从“家乡”或“本土”的人类学，朝向“海外民族志”延展的学术之路，不仅讲述和表象自己的文化，还要去观察、研究、讲述和表象其他所有我们感兴趣的异文化，进而通过以母语积累的学术成果，为中国社会的改革开放，为中国公众的世界认知做出必要的贡献。如果说从民俗学走向文化人类学的高丙中教授，他所追求的是更进一步朝向外部世界大踏步迈去的中国人类学，那么，似乎是从文化人类学（民族学）走向民俗学的我本人，所追求的或许正是本土人类学进一步朝向内部的深入化。无论如何，在使用母语为中国读者写作这个意义上，在将通过“人类学与民俗研究”所获得的点滴知识与成果回馈中国社会与公众读者的意义上，我们或多或少都是在尝试着去践行费孝通教授所提示的那个“迈向人民的人类学”的理念。

有趣的是，上述几位和我同辈或比我年轻的中日两国的学者，也大都兼备了文化人类学家和民俗学家的双重身份，这么说，并非自诩我也是那样，而是说我们大家都不约而同地认知到，并且都在实践着能够促使文化人类学和民俗学之间相互助益的学术研究。这让我想起了费孝通教授关于人类学田野工作方法中能否“进得去”和“出得来”这一难点的归纳。对于以异文化为对象的文化人类学研究而言，能否进得到对象社区里去，可能是一个关键问题；而对于以本文化为对象的民俗学研究而言，能否出得来，亦即能否走出母语文化的遮蔽，则是另一个关键问题。就我的理解而言，我们在“人类学与民俗研究”的路径中，通过对双方的比照和参鉴，的确是有助于化解上述难点的。实际上，文化人类学和民俗学的对应关系，在我的理解中，还有“异域”和“故乡”（祖国）、“他者”和“同胞”、“田野工作”和“采风”、“外语”和“母语”等许多有趣的方面，也都很值得深思。

不仅在中国，也包括日本以及许多其他非欧美国家的本土人类学家，很多人是在西方受到专业的人类学训练，所以，他们洞悉欧美人类学的那些主要的“秘密”，包括“写文化”、表象和话语霸权之间的关系等。诚如桑山敬己教授所揭示的那样，这些本土的文化人类学家能够凭借母语濡化获得的先赋优势，揭示更多异文化他者（包括西方及日本以中国为田野的人类学家，或使用汉语去表象少数民族文化的汉族出身的人类学家）往往难以发现及领悟的本土文化的内涵，所以，比起他们的欧美人类学家老师来，他们在认识自己的本土社会、表象本土文化时确实是有更多的优势或便利，他们容易发现欧美人类学言说的破绽，他们对于自身所属的本土社会在文化人类学中被表象的部分或对于被外来他者所误读的部分，常常倾向于给出不同的答案。虽然他们总是被欧美人类学体系边缘化，但边缘自有边缘的风景。

现时代的文化人类学已经很难认可某种特定的言说或表象，而是需要在研究者、描写者和被研究者、被描写者的双方之间，基于对相同的研究对象的共同学术兴趣，形成对所有人均能开放的交流空间。文化人类学的知识越来越被证明其实是来自它和对象社区的本土知识之间的反复对话，所以，我们应该倡导的是一种在不同的世界之间交流知识和沟通信息的人类学。在我看来，始终致力于本文化研究的民俗学乃是本土知识的即便不是全部，也是最为主要的源泉，所以，文化人类学和民俗研究的相遇、交流和对话，确实是可以促成丰硕的学术产出。所以，中国截至目前依然在某种程度上存在的来自文化人类学对于民俗研究的藐视，即便乍看起来似乎是有那么一些根据，例如，民俗学在田野调查、民俗志积累或是理论建树方面有较多的欠缺等等，但若仔细斟酌，却也不难发现在此种姿态背后的傲慢、偏见与短视。

长期以来，中国的本土人类学并不是为了补强那个文化人类学的世界知识体系或为它锦上添花而存在的，它主要是基于国内公众对于新知识的需求，基于中国学术文化体系内在的理据和逻辑而逐渐成长起来的。文化人类学在中国肩负着如何在国内本土的多民族社会中，翻译、解说和阐释其他各种异文化的责任，因此，它对于国内各民族的公众将会形成怎样的有关异域、他者、异文化或具体的异民族的印象，减少、降低甚或纠正有关异族他者的误会、误解，以至于消除偏见和歧视等，均至关重要。与此同时，它也需要深入地开掘本土文化的知识资源，推动国内公众的本土文化认知，引导、包容、整合乃至于融化经常表现在民俗研究之中的各种文化民族主义式的认知与思绪，进而引导一般公众达致更为深刻的文化自觉。因此，中国文化人类学的“海外民族志”发展取向和对本土文化研究的深入开掘应该是比翼齐飞，而不应有所偏废。我相信，要达成上述具有公共性的学术目标，文化人类学和民俗研究在中国本土社会及文化研究领域里的互动与交流是非常必要的，而且也是可行的。从长远看，这种互动刺激的路径能够在国内的新知识生产中发挥创造性，从而既为中国社会科学及人文学术的发展做出贡献，也在推动民众提升有关文化多样性、文化交流、族群和睦、守护传统遗产、根除歧视等国民教养方面有所作为。

文化人类学在中国的内向深化发展，很需要来自民俗研究的支持；它们两者的相互结合，既可以促使人类学的本土文化研究不再停留于表皮肤浅的层面而得以迈向深入，也将有助于提升中国民俗研究的品质，扩展中国民俗学的国际学术视野，以及推动它朝向现代民俗学的方向发展。这就是我多年来较为坚持的学术理念，收入“本土人类学与民俗研究专题”系列的若干专题性研究，也大都是在上述理念的支持下，历经十多年乃至数十年的认真思考与探索逐步完成的。这些各自独立的专题性学术研究，大都缘起于个人的学术趣味，虽然它们彼此之间未必有多么密切的关联，但大都算得上是在“人类学与民俗研究”这一学术路径上认真实践、砥砺前行所留下的一串脚印。现在不揣浅陋使之问世，我由衷地希望它们能够为中国的文化人类学及民俗学的学术大厦增添几块砖瓦，当然，也由衷地希望诸位同行师友及广大读者不吝指教。

周　星

2019年2月28日

记于名古屋

目 录

导 言……………………………………………………………………1

第一章 民族服装与文化实践 ………………………………………10
 第一节 民俗服装与民族服装………………………………………10
 第二节 民族服装的场景或情境性…………………………………20
 第三节 文化实践与中式服装的建构 ……………………………28

第二章 中式服装的诞生 ……………………………………………34
 第一节 长袍马褂：清末的服装文化遗产 ………………………34
 第二节 昙花一现的“汉衣冠” ……………………………………41
 第三节 民国服制与“中式服装”的诞生 ………………………51

第三章 中山装：西式服装的“中国化” …………………………67
 第一节 孙中山的民族服装思想……………………………………67
 第二节 中山装的缘起与意义………………………………………73
 第三节 中山装：西式服装的“中国化” …………………………81
 第四节 制服社会及其衰微 …………………………………………86

第四章 现代旗袍：中式服装的“西化” …………………… 98
第一节 传统旗袍与现代旗袍…………………………………… 98
第二节 流行的旗袍及其污名化………………………………111
第三节 现代旗袍：中式服装的“西化” ……………………118

第五章 新唐装：小康社会的民族服装……………………129
第一节 新唐装的创制及形制…………………………………129
第二节 中式服装在国际化场景的演出 ……………………136
第三节 新唐装在时装社会的意义……………………………143

第六章 汉服：本质主义的言说 ……………………………150
第一节 向历史寻求依据的汉服………………………………150
第二节 缺失、纯粹性与本质主义……………………………161
第三节 汉服内涵的复杂面向…………………………………169

第七章 汉服活动的模式化 …………………………………180
第一节 自发性和草根性的问题意识…………………………180
第二节 汉服活动的模式化 ……………………………………188
第三节 汉服“雅集” …………………………………………217

第八章 汉服运动对汉服的建构 ……………………………225
第一节 旨在建构汉服的实践…………………………………225
第二节 礼仪化与舞台化的汉服………………………………233
第三节 建构汉服之“美”的路径……………………………238
第四节 从艺术人类学看汉服之美……………………………250

第九章 互联网、汉服社群与同袍……256
第一节 互联网与汉服运动……256
第二节 作为亚文化社群……265
第三节 从汉服爱好者到同袍……274

第十章 汉服运动的挫折、成就与瓶颈……283
第一节 汉服实践者面临的挫折与冲突……283
第二节 汉服运动的进展与成就……288
第三节 汉服运动的瓶颈与问题……297
第四节 如何理解汉服运动……308

第十一章 包容、开放与实践的中式服装……317
第一节 何谓“新中装”……317
第二节 中国礼服……323
第三节 超越“国服”情结……329
第四节 重新定义“中式服装”……335

结 语……346
后记与鸣谢……356

导　言

自清末以来近一个半世纪，中国社会发生了巨大的震荡和变革，中国人民的服装生活也发生了翻天覆地的变迁。以服装的流变为主线，中国民众的身体形象、自我认同、服装生活方式以及精神面貌均出现了彻底的改观。本书围绕中国人的民族服装问题展开论述，在对一个世纪以来，中国社会有关中式服装的各种社会动态和文化实践予以系统梳理的基础上，深入讨论中式服装的发生过程、变迁轨迹及谱系构成，进而通过对当前中国社会相继涌现和正在流行的唐装热、汉服运动、新中装及中式礼服等的研究，试图对未来中国人的民族服装，亦即中式服装的可能性进行探索和展望。

服装是人类的第二皮肤，是满足人们温饱生活的基本条件，它需要具备遮体、遮羞、御寒等功能，为日常生活所不可或缺。随着社会文明的进展，服装在基本的物理生理功能以外，也很自然地发展出了其他功能，例如，审美的、认同标识的、张扬个性的等等。服装作为文化表象的意义是本书关注的焦点，例如，民族服装作为认同的符号，就是一种文化表象，但是，在中国，服装不仅可以是地域或族群文化的表象，同时在某个时期，它还曾经是“革命”的表象，例如，中山装原本就是一个革命的符号。不仅如此，在我们当前所处的现代时装社会里，服装同时又是个人自我主张、自我表象的方式或路径之一，人们往往通过服装来张扬个性或伸张主义。总之，服装有各种各样的功能，在不同的场景可以有不同的解读。

服装的变迁是人民在日常生活层面不断追求温饱乃至审美的结果，但与此同时，服装的社会规范，尤其是民族服装问题等，常常也成为各种政治力量及意见人士热衷于讨论、争执和备感焦虑的话题。按照文化人类学的观点，“‘服饰’可以说是个人或一个人群‘身体’的延伸；透过此延伸部分，个人或人群强调自身的身份认同（identity），或我群与他群间的区分。因此，服饰可被视为一种文化性身体建构”[①]。显然，一百多年来的中式服装，正是在上述意义上，被中国人在具体的穿着实践中不断地建构着。这意味着从服装文化、国民服装生活及其变迁以及民族服装的角度出发的学术探讨，或许是理解进而深入探讨中国社会及文化变迁总进程的一个充分可行的路径。

要想深刻地理解中式服装的谱系及建构实践的过程，就需要对一百多年以来中国普通民众的服装生活，亦即在生活方式层面上服装的变迁方向拥有清晰的认识。我认为，尽管一百多年来中国普通百姓的服装变迁的进程曲折迂回，但它

---

① 王明珂：《羌在汉藏之间：川西羌族的历史人类学研究》，中华书局，2008年5月，第14页。

却在以下几个层面相互交织，逐渐形成了既定而又明确的方向，进而促成了日益明显的时代大趋势。

首先是短装化、西装化和类西装款式的普及。清末民初，以东南沿海城市为核心，西服洋装迅速在中国社会落地生根，各类西服或类西服开始流行，并成为时代的风尚。早在清末戊戌维新前后，服装改革便已经提上了议事日程，当时甚至有“欲更官制、设议院、改试令，必自易西服始”的说法[①]。几乎可以说，辛亥革命所内在的“易服”需求，主要是由西式服饰来予以满足的。易服是当时新政的一部分，其方向就是学习西方文明，而不是走向复古。康有为上《请断发易服改元折》，其中就提到“万国交通，一切趋于尚同”，故大清无法“衣服独异”，为此，他甚至主张西服也是符合中国古制的。虽然维新后来以失败告终，但它却为民众的服装生活开启了西化的大趋势。民国初年的舆论倾向于认为，民国新服制应取向大同主义、平等主义，学习西方的简便方式，采用西式。所谓大同主义，就是“与欧美同俗”，与世界各国的服装大体一致。当时的革命派大都是大同派，因此，在革命成功后，他们最常穿着的西服洋装便进一步影响到全社会的服装风尚。当时的人们纷纷脱下长袍，换上短装，并每每以西服洋装表达时代感、开放感甚至某种优越感（同时也内含着自卑感）。随后，军警制服的广泛影响和后来象征革命的中山装的推出，均促使国人（主要是男性）的服装生活，逐渐显现出以西式服装为现代性的基本形貌。西服在世界范

① 胡珠生编：《宋恕集》，中华书局，1993年2月，第502页。

围内的扩张和流行，主要是因为它的实用性相对而言较为适宜于新兴的工业社会。

其次是中式服装的建构实践，在不断摸索中前行。在西式服装涌入的同时，固守中国传统服饰文化的力量依然雄厚地存在着；不仅如此，出于对西式服装的抗衡意识，重新定义和规范中式服装的动向一直非常活跃。除了民间层面的穿着实践，政府通过颁行新的服制或相关条例，也为以长袍马褂为基调的中式服装保留了一席之地。尤其重要的是，在很长的一个历史时期内，中国基层的乡土社会为此种中式服装提供了温存的土壤。但中式服装的建构并未马上完成，而是在此后一个多世纪当中，时不时地就会成为热门的公众话题，并不断地被付诸新的建构实践。每逢此时，中国古代数千年的服饰文化史，多民族中国的多元性的服饰文化体系，以及大面积地存续于国内各个地方的地域性民俗服装[①]，便都会成为建构中式服装的文化资源。

再次，在中式服装和西式洋装相互并置的格局当中，却还有另外一个和市场经济、消费社会、流行文化相适应的趋势，亦即社会变革导致民众服装生活的自由化和时装化。在近代化发展之大趋势的意义上，服装越来越成为个人的自由选择；虽然在阶层分化、贫富差距严重的社会背景之下，服装有些时候也会被视为是社会分层的符号之一，但它和固定不变的身份逐渐发生脱节，不再有绝对的禁忌。伴随着服装

① 关于“民俗服装”的概念，参阅周星：《乡土生活的逻辑——人类学视野中的民俗研究》，北京大学出版社，2011 年 4 月，第 263–266 页。

自由化而来的，便是时装化。人们通过服装来表现个性和追逐时尚，这与伴随着现代化发展而出现的消费社会、时装市场，以及方兴未艾的大众媒体密不可分。清末民初以来，服装的自由化和时装化，尤其以女装最为突出，故很早就有人指出："妇女衣服，好时髦者，每追踪上海式样，亦不问其式样大半出于妓女之新花色也。男子衣服，或有模效北京官僚自称阔者，或有步尘俳优，务时髦者。"[1]但与此同时，在社会保守理念相对浓厚的地区或时期，对于各种"奇装异服"的指责和质疑，也始终是如影随形。

最后，就是服装的意识形态化和去意识形态化。在中国的历史文化流脉中，向来有一个以服装来表现意识形态和政治主张或伦理观念的传统。在清末以前的封建帝制时期，服装被视为等级身份甚至官职的象征，而新兴的多民族国家，则需要通过服装来建构国民认同、形塑国民文化，于是，很自然地就出现了影响至今的有关国服的思想和理念。由民主革命的先行者孙中山亲自倡导并施加其影响而得以创制的中山装，被认为实用、朴素、大方，富于时代感，但它在相当的意义上，也渗透着民族国家的意识形态，后来甚至成为三民主义的物质载体之一。1950年代以后，共产党人在此基础之上，将其改进为人民服，使它更进一步地具备了阶级、革命、正统等激进意识形态的内涵。在截至"文化大革命"结束之前，人们无论上班、聚会，还是出门访友、接待来宾或出席郑重

[1] 胡朴安：《中华全国风俗志（下册）》，河北人民出版社，1986年12月，第129页。

的会议等，均穿着中山装以为应对，以至于形成了特定的制服社会。但是，“成也萧何，败也萧何”，正是因为它具有太过强烈的意识形态属性，遂导致其在改革开放以后全社会迅速地朝向时装社会变迁的进程中，被广大的民众迅速而又决绝地放弃了。我认为，这一改变深刻地意味着国民服装生活的去意识形态化。

在此，需要指出的是，在近代以来并不富足的漫长年代里，一般民众的服装生活，总是以经济、朴素、沉稳为基本，多是以日常生活的平凡性、便利性和舒适性为着眼点的，通常它也较少为社会上层和知识精英的服装理念及其服装建构实验所左右。而任何旨在推动服装变革的尝试，只是在契合了民众服装生活的真正需求之后，才有可能程度不等地获得成功。以对上述趋势的把握为前提，讨论中国人的民族服装，亦即中式服装的问题才具有可行性。

服装被认为是民族文化没有争议的重要组成部分，这几乎是服装文化史、民俗学和民族学 / 文化人类学领域的基本见解，同时，也是一般社会公众的常识性认知。但是，中国民族学 / 文化人类学长期以来对于国内少数民族的服饰文化较为关注，对于民族服装的讨论也主要集中在国内少数民族的民族服饰之上，相比较而言，对于汉族的民族服装，对于中国各地方丰富的民俗服装，进而对于中国人的民族服装，亦即中式服装的相关问题却采取了几乎是熟视无睹的态度。造成此种局面的原因之一，可能与汉族、中国人等与“民族”范畴有关的概念极具复杂性和灵活性不无关联。

在进入 21 世纪以后，除了各少数民族在民族服装方面呈现出非常活泼的各种动态之外，中国社会围绕着中国人及汉民族的民族服装等问题，也相继出现了许多新的社会动向与文化实践，例如，新唐装的大面积流行、关于汉服的讨论以及汉服运动的兴起、新中装及中式礼服的话题等等，所有这些引人注目的动向，均意味着在中国，民族服装问题仍然存在，中式服装的建构尚未完全成功。但遗憾的是，截至目前，尚很少见到有对它们所做的深入而又系统的学术研究。

当身处海外的中国人被问起自己的民族服装时，很多人的回答是中山装和旗袍，但也有更多的人无法给出确切、肯定的回答。同样，当汉族人被问起同样的民族服装问题时，也常常会有很多人不知道如何回答才好。2006 年 5 月，时任文化部长的孙家正曾在国务院新闻办公室召开的记者招待会上发言说："有些地方有些青年人在提倡穿汉服，但是我到现在都搞不清楚什么服装是能够真正成为代表中国的服装，这恐怕是我们面临的一个最大的困惑。总体上我的观点是，吃饭也好、饮食也好、穿戴也好，各有所爱，百花齐放，都是他个人的事情。但是我也衷心地希望我们能够创造出广受大家欢迎的有中国民族特色的服装。"[①] 这个表述说明，能够代表中国的服装眼下仍是一个困惑，国家尊重人民衣着的自由，但也推崇具有中国民族特色的服装。

在中国，汉族困扰于自己的民族服装是什么，或中国人对什么是中式服装等问题会存在分歧，或感到困扰。这说明

① "孙家正谈汉服运动：我不清楚什么能代表中国服装"，中国网－央视国际，2006 年 5 月 25 日。

长期以来中国人关于自我形象的焦虑、不安与纠结一直存在，且很难轻易释怀。有鉴于此，本书拟对中式服装业已及正在形成中的“谱系”进行了初步的梳理，并将近年来兴起的汉服运动理解为既是汉民族的民族服装建构运动，同时也是中国人的民族服装，亦即中式服装的建构实践。通过将互联网“线上”状态的汉服言说和“离线”状态下的文化实践相互结合起来进行思考的方式，对汉服运动的主要诉求、已经取得的成就和依然面临的困扰进行全面的分析，由此认为汉服运动极大地拓展了传统的中式服装概念的内涵和外延，为其进一步的扩容发展提供了新的可能性。

本书将对中式服装进行重新定义，并将汉服及汉服运动纳入有关中式服装的知识谱系之中，并以此为基础，深入探讨中式服装与中国人的民族身份认同之间的关系问题。本书所谓的中式服装，主要是指具有中国服饰文化史的渊源，根植于一般民众服饰生活的土壤，为中国最大多数的民众所接受，同时又是在和主要是西式服装体系等他国服饰文化的比较当中得以自认，或被“他者”也认为是具有中国服饰文化属性及特点的服装。显然，这里的中式服装是在近现代中国建设国民国家的历程中，相对于西式服装而定义的。由于中国和中国人的多样性或复杂性，中式服装的概念也必须具有足够的包容性和开放性。

本书将在对中式服装范畴的复杂性和包容性予以详细解说的基础之上，指出中式服装这一范畴在中国社会及文化中所具有的非常重要的意义。由于中式服装的谱系构成，不仅反映了中国的各路政治及知识精英的创制性言说及建构实践，它还在一定程度上，反映了一个多世纪以来中国广大民众服装生活的日常穿着实践，以及所有这些实践均明确指向的旨在确立中国文化主体性认同和中国人主体性身份认同的方向，因此，我们还必须进一步承认中式服装这一范畴也具有实践性。本书将在近现代中国波澜壮阔、苦难和悲壮的历史大脉络之中，系统地描述中式服装不断地被创造和建构出来的进程及其成就，当然也包括它所面临的悖论、挫折与困扰。从文化实践的立场去考察，则中式服装的创制、建构和延展，便是一个反复试错和持续推进的漫长进程，在这个开放的过程中，它可以将多种多样的民族服装创制实践均包容进来，予以涵括和融汇，从而形成更加丰富的内涵。本书将深入探讨当前及今后一个时期，中式服装在中国社会及文化中即将获得的更加广阔的前景与可能性。

第一章　民族服装与文化实践

第一节　民俗服装与民族服装

分别对应于汉语文献中“民俗”与“民族”概念的用例，我在本书中拟采用“民俗服装”与“民族服装”这样两个概念[①]，以便更为明确地揭示民族服装的民俗文化基础。当然，在观察和分析我们自身也生活其中的中国社会，探究生活里各种与服装有关的问题时，仅此还是远远不够的，诸如礼服、常服、工作服、休闲服、时装和节日盛装等等，这些通常人们不太留心在意的用语，对于我们理解普通民众的服装生活却都是非常必要的。

所谓民俗服装，主要是指在中国各个地方的乡土地域社会中，与当地的生态环境、生计方式和民俗文化传统均密切相关的民间服装。中国各地的民俗服装，大体上都是在相对封闭和自给自足的农耕社会、半农半牧社会等背景之下形成的。从棉花（实际上还应包括葛、麻、蚕丝等）的种植、采

① 考虑到使问题简化的需要，我没有使用“民俗服饰”和“民族服饰”的用语。本书集中讨论服装，暂不涉及妆饰。

摘，到纺纱、织布（粗布、土布、老布等），再到印染（蜡染、扎染等）、裁缝（女红），传统的民俗服装乃是“男耕女织”的社会分工结构的产物。

民俗服装多以手工缝制为主要特点，就此而论，它和现代化的纺织工厂所大批量制造的成衣绝然不同。民俗服装具有颇为稳定的超越世代的传承性，其款式、纹样和裁缝手工艺或技法等，往往可以长期保持不变或较少变化，就此而论，它又和现代都市社会里变化多端的时装，有着非常明显的区别。和大批量生产出来的成衣以及时装相比较，地方性的民俗服装往往被视为传统的服装。

下面拟以陕西地区的情形为例，对民俗服装再做大致的说明。[①]

陕西男子的春秋季服装，主要有用土布、白市布和浅蓝色条格布等制成的衬衫与便服。衬衫为圆领，领高 1 寸左右，对襟，连袖或接袖，袖长过前襟，垂手处有紧袖口、开袖口和半截袖几种款式。便服款式略同衬衫，尺寸稍大，布料多为斜纹布、毛呢和哔叽等，其实也就是稍微简易的中山服，或称“四个兜”。陕南、陕北山区则有大襟长衫，套在贴身衬衫之上，长度遮住臀部直至膝上，腰间可系带；大裳，类似古代“深衣”，民间称“大氅”，均正开长襟；带腰裤，俗称“大裆裤”，颇受农民欢迎。此外，民间还多穿开腰式裤，亦即所谓西裤，俗称“插手裤”。男子夏季服装，主要有背心，（俗称“汗夹”）、正开襟的衫子、带袖汗夹以及单薄凉爽的夏

① 杨景震主编：《陕西民俗》，甘肃人民出版社，2003 年 5 月，第 156–178 页。

用裤子等。男子冬季服装，主要有中式棉袄，对襟，紧领口，一般再外罩护衫。除此之外，还有棉背心、棉大衣、棉裤等。

陕西妇女的春秋季服装，上衣多为红布衫、月白衫、葱白的确良衫、花格呢衫等。贴身穿的称为内衬、衬衫，外面穿的称罩衫。衫子均圆领，正开襟。陕北中老年妇女喜欢穿着一种圆领大襟衫子。裤子有单、夹之分，除中式传统的带腰裤，还有直筒西式女裤。妇女的夏季服装，主要有花格布衫子或夏布衫子，经济条件好的则穿尼龙、涤丝或丝绸面料的衫子等。老年妇女多为深色夹衫，农村至今依然有妇女穿传统的斜大襟衫子。妇女一般不穿裙装，而多为夏布或市布裤子。妇女冬季服装，主要有中式传统的大襟棉袄、西式女棉袄，此外，女性还多穿毛衣、羊毛衫等。棉裤与秋季裤子的样式基本相同，也有少部分人穿中式直筒棉裤（带腰）。乡下妇女亵衣，多为红色肚兜。

从以上简述来看，陕西地区的服装民俗，除了已经受到中山装、列宁装和西式衣裤的一些影响之外，确实是保存着很多地方性传承的特征，诸如圆领对襟的衬衫、棉衣和棉裤、大裆裤、大襟长衫、肚兜等等。它们作为民俗服装的重要特点，便是和当地的气候、风土及传统习惯密切相关联，与此同时，往往还具有一些独特的穿着习俗。例如，以关中地区来说，在老百姓的顺口溜里，就有很多关于穿衣的说法："旧衣罩在新衣外"（保护新衣，不愿意露富）、"穿厚棉裤敞开怀"（这是春秋季节，适应早、中、晚温差较大的方法）、"大裆裤子没裤带"（挽系即可）、"棉裤棉袄光里外"（以前，农民们较少穿衬衣和内裤）、"四季一身黑穿戴"（衣服的色调较为单一）、“短衣套在长衣外”（马甲与坎肩）、“反穿皮袄毛朝外”（比较耐脏、保暖）、“衣服上下没口袋”（旧时的对襟褂子和大裆裤，均无口袋，钱物一般藏在贴身的肚兜或头顶帕帕里夹带）、“裹兜老少四季戴”（又叫“肚兜”、“麻头”，功能有暖胃、防止着凉、遮羞、护身符和贴身夹带东西等）、“皮袄不穿披起来”（为了夸示），[①]等等。此外，还有“二八月，乱穿衣”、“新三年，旧三年，缝缝补补又三年”等很多谚语，它们都充分反映了当地民众的生活智慧和起居常识，是其民俗生活文化的重要侧面之一。例如，“男女帕帕头上戴”一句，是说关中和地区的农民，喜欢头顶一块黑色或白色手帕（方言称“帕帕”）；而陕北农民的形象，也是身着对襟夹袄，头顶白羊肚毛巾。这主要是因为黄土地带灰尘较大，手帕可以挡风、遮尘、擦汗，顶或戴在头上确实是比较方便。

类似陕西省这样具有地域性的民俗服装，其实还可举出很多实例。中原地区女子的上衣多为布褂子，高领、大襟、大袖，襟及袖口等处镶边，采用布盘扣，有多种盘法。江南水乡的“拼接衫”（图 1–2），是一种贴身短袄，用蓝布拼接而成；袖子用两种以上颜色的布缝制，因为使用的是家织土布，幅面较窄，故上衣的衣摆两边就需要拼接三角布料，有时布料不够，人们就用不同颜色的布拼接；有些容易磨损的部位，例如，袖口、肩背、领口等，也可以用新布替换，从而形成了明显的色彩对比和别致的民俗服装形式[②]。

---

① 惠焕章：《关中百怪》，陕西旅游出版社，1999 年 12 月。

② 赵迄、潘鲁生、孙磊、唐家路：《锦绣衣裳》，山东美术出版社，2005 年 9 月，第 38–41 页。

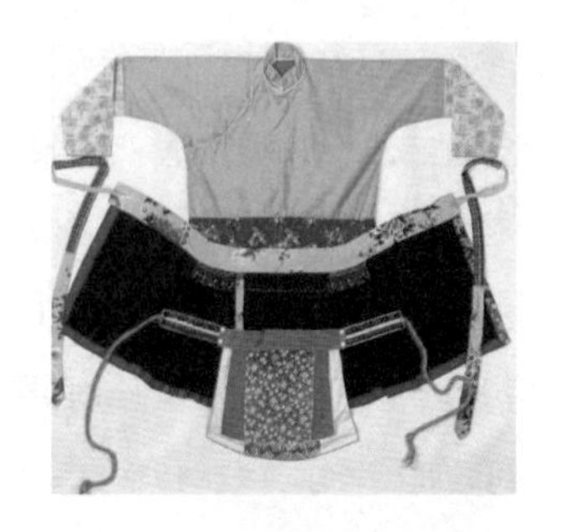

图 1　江南水乡的大襟拼接衫

（崔荣荣提供）

图 2　江南水乡的大襟拼接衫 / 造型

（崔荣荣提供）

南方客家人的服装，老年妇女多穿青布宽大衣衫，上衣为大襟、右扣；中年妇女则喜欢穿碎花偏素、上下同色、尺寸略紧的衣衫以便于劳作①。闽台一带由于四季如春，以薄袄轻衣即可过冬，故较少使用棉袄、棉裤；一般士女均着便于劳作的衫裤，男衫对襟，女衫为侧开襟，即所谓"大面襟衫"；男女裤子均为宽肥的大裆裤，裤头多接白布②。贵州的汉人支系屯堡人的妇女装束，大多为青色或蓝色大襟长袍，腰缠布或丝质长腰带，并在衣襟、袖口等处镶以花边③。据说屯堡人穿着的是六百年前明朝的服装，明朝派军队到贵州去，他们作为军屯士兵的后人，服装保留了几百年前的状态，故有所谓"凤阳汉装"一说（图3）。福建省"惠安女"的装束，

图3　贵州屯堡人的"凤阳汉装"

（采自乐途网）

① 张卫东：《客家文化》，新华出版社，1991年12月，第146页。

② 林嘉书：《闽台风俗》，陕西人民出版社，1991年2月，第27–34页。

③ 周国茂：《贵州民俗》，甘肃人民出版社，2004年1月，第147页。

民间则向有“封建头（头巾遮挡较多）、解放脚（基本上是打赤脚）、经济衫（上衣短窄、甚至露出肚脐）、浪费裤（裤子肥大而又宽松）”等形象的说法（图 4）。

图 4　福建惠安女的服饰

（采自中国摄影在线）

中国幅员辽阔，汉民族人口众多，其居住分布的很多地方的民俗服装多有地域特色，并不存在绝对统一的款式。汉民族不同地区和不同民系的服饰，在多少具有一些共性特点的同时，也每每有所差异，或有一些独到的特点，诸如客家人的凤冠、福寿帽（童帽）和木屐，四川的缠头白帕与女性围腰，陕西、山西和山东的肚兜、虎头帽，上海的兜头手巾、老布作裙（围裙）与叠裤，还有红裙、披风[①]，江苏吴江妇女的传统裙装以及拼接、滚边等缝纫技法[②]，山东渔民补丁

① 郑土有主编：《上海民俗》，甘肃人民出版社，2003 年 12 月，第 212–213 页。

② 魏采苹、屠思华、朱庆贵：“江苏吴县胜浦前戴村妇女服饰调查”，载紫晨主编：《民俗调查与研究》，河北人民出版社，1988 年 10 月。

密布的风衣和旨在保护孩子安康的百家衣[①]等等，不胜枚举。所有这些民俗服装，在特定的场景下，或多或少都有可能成为民族服装的构成要件。

所谓民族服装，主要是指在多民族的族际社会，包括国际社会中，能够作为民族识别或归属、认同之标识或符号的服装。[②]例如，日本的和服，韩国的韩服、印度人的“纱丽”、蒙古人的蒙古袍、藏族的藏袍、纳西族的“披星戴月”服饰等等，都是不言而喻的民族服装。民族服装被认为承载着民族的荣耀，能够以服装来表达国家或民族的认同，有时候它是穿着者个人的荣耀，有时候也可以是一种政治声明的形式。通常情形下，特意穿着民族服装，就是在提醒自己和周围的人们不该忘记当事人的族群出身。这类服装不但作为一种记忆的装置，在有些情境下，穿着它还可能是在向圈外人或其他族裔夸示以及挑战，或者是对本族群其他人放弃这种服装的责难；而越是追求完整或纯粹的民族服装，则通过它来表现某些意图的意识也就越强[③]。

西方一些国家在历史上，也曾有过动用最高权力推行“以民族服装来固化民族感觉”之类政策的情形，例如，在民族国家意识崛起的思潮中，德国巴伐利亚王国的国王马克西姆

---

① 山曼等：《山东民俗》，山东人民出版社，1990年6月，第80页。

② 周星：“中山装·旗袍·新唐装——近一个世纪以来中国人有关‘民族服装’的社会文化实践”，载杨源、何星亮主编：《民族服饰与文化遗产研究——中国民族学学会2004年年会论文集》，云南大学出版社，2005年8月，第3–51页。

③ 〔美〕卢里：《解读服装》（李长青译），中国纺织出版社，2000年1月，第85页。

二世，就曾在1853–1857年连续发布三道诏书，以推广民族服装。当时，出自艺术家之手、具有审美价值的民族服装，其实是汲取了各地农民服饰的典型性特征，其样品挂图免费发放乡村，在公共活动室中展出；学校的节日或毕业考试等仪式性场合，学生们必须穿着；新婚夫妇也应身着民族服装举行婚礼；在乡村的节庆竞技中优胜者的奖品也是民族服装等等。但最终民族服装还是无法在日常生活中保留任何立足之地，今天，只有在表演性场合，才可以看到身着民族服装的人群，而街头的芸芸众生所穿戴的却是在全球化背景下或许是出自某个中国服装加工车间的衣物。[1]

在中国，民族服装这一概念，还经常被用来特指少数民族的服装[2]。就像在全国人民代表大会或全国政协的重要会议上，一些少数民族出身的代表或委员，往往会特意地穿着鲜艳的本民族服装一样（图5），民族服装很自然地成为其少数民族身份的标识。在多民族的中国社会里，少数民族彼此之间以及他们和汉民族间相互区别的较为重要和醒目的标识之一，就是民族服装。其实，类似的情形也见于欧美世界，但对于欧美世界而言，当提及民族服装时，往往就主要是指“第三世界”，说起民族服装，在人们的印象中，似乎它就应该是使用“天然”材料制作的，诸如

---

① 吴秀杰：“文化保护与文化批评——民俗学真的面临两难选择吗？”《河南社会科学》2008年第2期。

② 参阅王辅世主编：《中国民族服饰》，四川人民出版社，1986年10月；韦荣慧主编：《中华民族服饰文化》，纺织工业出版社，1992年9月；杨源编著：《中国民族服饰文化图典》，大众文艺出版社，1999年1月。

棉、丝、羊毛和皮革等[①]，通常不应该是服装工业的产品。

图 5　出席 2006 年 3 月“两会”的苗族代表
（靳小丁摄）

前文对民俗服装的若干描述性分析，大都也能适用于此处所说的民族服装，例如，民族服装也与其具体的自然环境、生计方式和文化历史的传统密切相关[②]。但是，由于“民族”往往具有多层次的结构，其内部常常有支系、次级集团（诸如地域集团、方言集团或某些血缘支脉等）或更为基层的族群[③]，而其服饰民俗也每每会或多或少有所不同，所以，在一定的条件之下，服装也有可能作为次级民族集团的认同标识。

① 〔美〕卢里：《解读服装》（李长青译），第 86 页。

② 参阅邓启耀：《民族服饰：一种文化符号——中国西南少数民族服饰文化研究》，云南人民出版社，1991 年 4 月，第 3–30 页。

③ 周星：“论民族范畴的多义性”，《云南社会科学》1991 年第 5 期。

这方面的例子，或许以贵州苗族的服装文化最具有典型性[①]。

据学者统计，贵州省境内约有苗族服饰一百多种，身着不同款式“苗装”的人们，往往可能属于不同的方言社区或者支系。贵州苗族妇女服装的传统款式，大体上有两个大类，一类是大领或大襟衣配穿百褶裙，二是大襟衣配穿长裤。若是再具体细分，还会有若干类型（黔东型、黔中南型、川黔滇型、黔东北型等）和为数众多的“式”（在每个类型下，又都包括若干式，例如，在黔东型里，有台江式、雷公山式、丹寨式等）[②]。在此，我们不用去描述每种苗族服装的形态学特点及其彼此的区别，而只需指出，苗族服装是在贵州整体的族际环境之中，亦即是在与包括汉族在内的其他各民族的相互对比之中，才凸现其民族服装的属性的。若是没有族际的场景和条件，就可以将它们只理解为民俗服装。换言之，民族服装乃是在族际环境下，由民俗服装延伸而来的。显而易见，在民俗服装和民族服装之间，并不存在本质性和不可逾越的鸿沟。以少数民族不同支系层面的各式服装来说，一方面，它们既具有反映其地域性特点的民俗服装的属性，但同时，又具有在某些族际条件下，作为本民族或其中某一支系民族服装的资格。

第二节　民族服装的场景或情境性

通常当某一套服装并不需要或不具有表达民族共同体或

① 贵州省地方志编纂委员会编：《贵州省志 民族志》，贵州民族出版社，2002年10月，第120–125页。

② 参阅杨正文：《苗族服饰文化》，贵州民族出版社，1998年8月。

族群共同体的自我表象，不需要或并不具有族际识别的意义时，那些地方的、民间的服装，就是民俗服装。换句话说，民族服装的概念，通常是只有在多民族、多元的族际社会里才会被意识、被定义的，其前提之一就是被“他者”的视线所看到，或者是想与“他者”表示“我群”的不同。在日本学者千村典生看来，民俗服装和民族服装这两个概念的逻辑和背景是不同的，对于民俗服装，若是广义去理解，也可以是民族服装，但并非所有的民族服装都能够还原为民俗服装，例如，日本人的民族服装“和服”，就已经无法再说它是日本什么地方的民俗服装了。[①] 我认为，民族服装这一概念的重要内涵，就是它具有场景性或情景性，它总是在多民族社会中，或是在国际社会中才会被意识到的。在我看来，汉服如果要作为民族服装，也需要有族际或国际之类的语境或情景作为背景。例如，中山装究竟是不是中国人的民族服装，常常很难回答，但 2008 年中国驻法大使孔泉去拜访法国总统时穿着它，它就可以代表某种中国属性，于是也就具有了民族服装的意蕴（图 6）。在这里，场景性非常重要，无论是驻法大使自己的意识，还是法国乃至于世界媒体的视线，都会把此时的中山装定义为中国人的民族服装。

再以陕西省的民俗服装为例，由于当地较少其他民族分布，因此，通常也就不用特别强调它其实也就是陕西汉族的服装，而只有当它与其他民族（如回族、蒙古族）形成对比

---

① 千村典生:「フォークロアと現代のファッション」、『繊維製品消費科学』第 30 巻 1 号、1989 年。

图 6　中国驻法大使孔泉
（中国日报网站环球在线）

或将其与西式服装文化进行比较时，它才会显现出其作为汉族服装或作为中式服装的属性，也才有可能发挥出某种程度的族际标识和认同的功能。陕北地区风沙较大，男人习惯于把白毛巾裹在头上以防风沙，这个“白羊肚”的装饰效果，假如不跟北边的蒙古族进行对比时，我们就把它视为具有地方性的民俗服装的一部分，并不需要把它视为民族服装，虽然它确实是陕北汉族的一种装束。但如果把陕北汉人的装束和蒙古族的服装相互对比的时候，它就有资格被叫作民族服装。当我们把它和其他地区的民俗服装进行比较时，由于并不需要它具有族际识别的功能，一般就会说它们分别反映了汉人服饰民俗的地域多样性特点，视其为地方性的民俗服装。

改革开放以来，很多地方性的传统民俗服装重新获得了再现风采的机会，例如，全国各地与传统文化产业有关的场所的工作服，像茶馆、茶艺馆等（图 7–8），其中有些服装，就具有一定的地方性，诸如鲁迅的家乡绍兴地方那种非常朴素、普通的服装。这样的服装，只要有“老外”在场或某少

数民族来欣赏时，你说它们是民族服装，应该没有问题；但是，若要把它说成是全国或所有汉族都承认的民族服装，好像就

图 7　身穿传统服装的茶馆服务员
（采自徐传宏、骆芃芃编著《中国茶馆》第 33 页）

图 8　学习茶文化，身穿传统服装的小姑娘
（采自徐传宏、骆芃芃编著《中国茶馆》第 115 页）

图 9　浙江省云和县石塘陈小顺村谢永芳，成为联合国特刊杂志的封面人物
（《浙江日报》2007 年 1 月 25 日）

有问题。因为没有对比，它就是地方的特色服装、民俗服装，相对于现代日常的衣服穿着而言，也可以说是传统服装。但若是在联合国的杂志封面上刊登的浙江农村女孩，穿着她们当地的服装，说它是民族服装也未尝不可（图 9）。

各地汉人的服饰文化非常富于多样性，在它们都是汉人的装束这一意义上，确实都算得上是民族服装，也都可以把它们叫作“汉服”，或将它们看作是建构现代汉服时所能利用的潜在的服饰文化资源。但当它们在不和其他民族或族群的民族服装发生对比参照的关系时，就是说，如果没有场景性或具体的情景性背景，还是把它们理解为具有地方性的民俗服装似乎更为恰当，因为通常无法或并不需要凸显其作为民族服装的属性或意义。例如，贵州屯堡人的妇女装束，对于汉人来说，它大概属于贵州的地方性民俗服装，但若是将它和贵州当地其他少数民族的服饰相比较的时候，的确又算得上是当地部分汉人的民族服装，只是通常它不会被选择成为代表全体汉族的民族服装的。类似的情形颇为普遍，当研究者把它和其他地区的民俗服装进行对比时，一般会说它们分别反映了汉人服饰生活或服饰民俗的地域多样性特点。换言之，若是没有族际的场景、情境和条件，就可以将它们只理解为民俗服装。

无论民俗服装，还是民族服装，在其作为所属社会之生活文化的意义上，它们并没有本质性的差异，只是后者具有场景或情境性而已。民俗服装和民族服装都在具备保护人类身体之自然属性的同时，还具有通过服装表现某些象征价值和文化意义的社会属性[①]。例如，它们都和其社会的人生礼俗、伦常秩序有着密切的关系，也都经常地被用于作为各种社会与文化场合的身份象征[②]。一般来说，服装的物理实用功能和审美、表现与象征性的功能是同时并存的。越是在无法保证温饱的社会或时代里，服装的物理实用功能（挡风遮雨、避寒、护体等）也就显得越为突出；而越是在经济富足和社会生活自由化的社会或时代里，服装的表现、审美和象征性功能（例如，夸示、职业和身份等级的标志、族群认同、个性张扬等）也就越发会得到膨胀，以至于在现当代的时装社会里，服装的自然物理属性甚至有可能被其社会属性所彻底屏蔽。换言之，在服装的进化历程中存在着物理实用之功能的重要性逐渐减弱，象征、审美和表现功能的重要性逐渐

---

① 〔日〕荻村昭典：《服装社会学概论》（宫本朱译），中国纺织出版社，2000 年 4 月，第 6 页。

② 邓启耀：《民族服饰：一种文化符号——中国西南少数民族服饰文化研究》，第 18–30 页。

增强的倾向，而民族服装只是凸显了服装诸多功能或意义中的一项而已。

民俗服装一般较少发挥族际标识的作用，其物理功能（驱寒等）和自然属性在不同的社区或地域社会之内，有不言而喻的意义，同时，在社区或地域社会的民俗生活中，它也一样可以发挥审美、象征和表现等社会属性方面的功能。例如，作为日常服装、劳作服装和节日盛装的区分与组合，性别、年龄、职业以及不同人生状态（成人与否，结婚与否）的标示等。比起民俗服装来，民族服装由于需要在族际社会里展示本民族的形象，故其物理或自然属性，甚至其他一些社会的属性便不再显得那么重要，与此相应的则是其作为民族之象征符号的属性往往会有突出的扩张。

民俗服装和民族服装的关系，就像方言和标准语的关系一样。民族服装在具体的族际场景和情境下被定义，如同民族的“自称”和“他称”一样，既需要有自称的依据，又需要有他称的承认。民族服装既需要有民俗服装的依据和根源，又需要有族际情境或来自环境、条件的筛选和来自“他者”的认知。并非所有的民俗服装均能够在族际背景下成为民族服装，这要取决于族际关系的各种具体的情形，族际场景通常总会选择一部分民俗服装，而不是其全部来作为民族服装的典型。在大多数场合下，节日盛装要远比日常着装更容易被选择作为民族服装或其改良所依据的原型。文化人类学的研究已经揭示出，这是因为节日盛装比较起来更加符合民众对于其自身“民族形象”的偏好。虽然民族服装大多是从节日盛装而不是日常的常服升华而来，但也会有一些例外，像纳西族妇女的节日盛装和她们劳作时穿的服装，至少就款式而言，原本就没有很大的差别。即便如此，现在纳西族来自日常生活服装的民族服装，还是在迎合各种场景或适应不同情景的过程中，发生了诸如华丽化和轻装化等一系列的建构性变化[①]。

在中国的各种多民族的场景下，尤其是在“华化”（并非汉化）[②]和全球化的趋势中，少数民族的文化认同往往会通过民族服装来予以表达，而建构本民族的鲜明形象的主要途径之一，正是不断地重新定义和推出经过改良了的民族服装。20 世纪 50–60 年代以来，中国各少数民族的服饰文化程度不等地发生了巨变，其绝大多数情形都是以多民族国家的族际关系为背景的。少数民族服装在中国多民族的社会文化环境之中，具有突出的典型性。由于琳琅满目的服饰文化本身所具有的观赏性，少数民族的服装很自然地经常被演绎出许多特定的意义。例如，在很多国家仪式的场合，少数民族的代表身着民族服装已成为一种惯例。

几十年来，少数民族社会通过各种方式不断地致力于改良、创制和界说着各自的民族服装，以及通过民族服装而在多民族的中国社会里展示或形塑着各自的“民族形象”，这在中国是寻常可见的文化动向。例如，少数民族服装的展演化倾向，大体上就可以在如此的文脉中获得理解，因为其有

---

① 宗晓莲：《旅游开发与文化变迁——以云南省丽江县纳西族文化为例》，中国旅游出版社，2006 年 11 月，第 41–45 页。木基元：“略论民族服饰的传承与发展——以纳西族服饰的流变和推广为例”，《思想战线》2002 年第 3 期。

② 周星：“‘华化’、全球化与文化自觉——当前中国少数民族文化的境遇和动向”，载《激荡中的世界与中国——面向现代中国学的构筑：爱知大学 21 世纪重点科研基地工程 2003 年度国际学术研讨会报告》，爱知大学，2004 年 3 月。

很多的场景性需求[1]。很多时候，舞台化的民族服装，或“传统生活装的礼服化”[2]，既可能制造出，也可能迎合于周围其他民族有关某一民族的认知或印象。在中国多民族社会的族际关系里，除了民族服装的自我展示和相互界定之外，服装文化的族际交流也是寻常可见的，服装文化之间互相采借和彼此影响的情形，可以说比比皆是。例如，几乎在所有少数民族社会里，均不同程度地出现了日常男装和所谓汉人的服装以及和都市市民的装束逐渐趋同的发展走向。

第三节　文化实践与中式服装的建构

作为一个国家或民族之认同的象征物，民族服装固然是在其国家或民族的生活文化史中逐渐积累而形成的，但往往也同时是在国际或族际环境中，和其他国家或民族的民族服装彼此互动及相互定义的。和少数民族在中国这个多民族国度里经常需要展示各自的民族服装颇为相似，在很多重要的国际社会的场景下，自然就会出现中国人的民族服装问题。在与西方或东亚各国的服装文化相对比时，明确中国或中式服装的一系列文化特点或其历史传统的背景等，就被认为很有必要。即便在现当代的实际生活中，人们身着民族服装的场景和机会并不是特别多，但中国人的民族服装，亦即中式

---

① 黄柏权：“从生活到艺术——民族传统服饰的当代变迁”，载杨源主编《民族服饰与文化遗产研究——国际人类学与民族学联合会第十六届世界大会民族服饰专题会议论文集》，艺术与设计出版社，2009年7月，第14–24页。

② 杨正文：《苗族服饰文化》，第305页。

服装依然是备受海内外关注的话题。正如和服早已经不是日本国民的日常装束了，但它依然无疑是日本人的民族服装一样，中山装、旗袍或新唐装等，虽然也主要只是在一些典礼或“非日常”的场合（有时候就是国际或族际的场合）被人们所穿用，但它们依然可以作为中式服装而发挥功能与意义。

本书将中国人的民族服装定义为中式服装，并且将其存在的正当性及合理性设定为国际性场景，或者是在将包括各少数民族在内的中国服装文化体系与西方或其他国家的服装文化体系予以对比的情境之下，显然，如此的中式服装原先并不存在，它必须是在上述场景或情形之下被创造、被建构、被表象出来的。在我看来，如此的中式服装，既可以由各地的民俗服装升华而来，还可以从中国的汉族及少数民族现有的民族服装引申而来，更可以从国家及多民族共享的历史上去寻求相关的文化资源，以作为再生产和再创制的依据。在这个意义上，当我们谈论民族服装时，就有了两个文脉不同的“语境”，一是不能完全回避“汉族”在相对于“少数民族”时，同样也会时不时地遭遇到的民族服装问题；二是中国人在和中国以外其他国家或民族相处之际，常常也会有通过中式服装来自我表象的需求。

类似的情形，还有海外华人社区或社团的成长及其对于民族认同的需求，也会促成其不断追寻民族服装的诸多文化实践活动。海外华人不再满足于身穿洋装却保持“中国心”的此种动向，很值得关注。据《南洋商报》等当地媒体报道，马来西亚客家公会联合会，在 2004 年 8 月 28 日举行的代表大会上，曾一致通过将中山装作为各属会的“制服”，并要求将其推广为马来西亚华族男性的礼服，进而还把旗袍作为女性礼服，要求所属客家人在重要集会时穿用。这种动向与马来西亚各民族均有传统服装，唯独华人没有的现实状况有关，也与他们在所在国家作为一个民族或族群的形成以及与他们对于祖国的历史、命运及文化的认同有关。这种动向也反映了海外华人在所在国家落地生根，成为华族，故需要在所在国家的民族关系中以确立民族服装的方式表达自己的民族认同。海外华人有关民族服装的定义和展示，有时也会对中国国内产生一定的影响。例如，对于新唐装和汉服运动等的关注，海外华人媒体就曾经发挥了推波助澜的作用。

中国早从先秦时代起，汉人的服装形制就逐渐地形成了两个基本的谱系或大、小两个传统，并一直延续到 20 世纪初叶。古代有“礼不下庶人”的说法，这大体上也可被视为是服装文化大、小两个传统的分野[①]。上层社会的衣冠礼制是为大传统，以帝王冕服制度和儒家的“深衣”亦即所谓袍服谱系为主，其在古代占据主导性地位。袍服不大方便于劳作，多为上层阶级及知识分子士大夫们所采用。下层民众的服装属于小传统，以简单、实用、朴素为特点，中国各地的民间服饰或民俗服装，大都属于这个小传统。相对而言，下层民众较多地采用上衣下裳、上袄下裙或上袄下裤等款式，

---

① 此处“大传统”和“小传统”的表述，借用了美国文化人类学家罗伯特·芮德菲尔德（Robert Redfield）在 1956 年提出的一组概念，其本意是指在结构复杂的社会里往往存在着不同层次的文化传统。参阅〔美〕罗伯特·芮德菲尔德：《农民社会与文化：人类学对文明的一种诠释》（王莹译），中国社会科学出版社，2013 年 8 月。

再加上大襟、右衽等特点。这两种服装文化的传统并不完全隔绝，而是可以上下流通，彼此互动，属于上行下效的关系[①]。但无论哪种传统或者形制，中国古代的服装基本上都是平面裁剪，多为连袖（无肩缝），不大倾向于强调人的身体与性别特征，而是以宽松、平直、随和，以及遮掩人体为基本。中国古代服装文化的大、小两个传统，很自然地都能够成为后世建构中式服装的历史文化资源。

中国古代文明还有一个叫作"服制"的政治文化传统，朝廷通过建立严密的服制，亦即服饰制度，规范各级官员与人民的行为，维持和体现政治秩序、社会等级和身份地位，任何人不得僭越。因此，它是古代封建制度的重要组成部分。《易经·系辞》："黄帝、尧、舜，垂衣裳而天下治，盖取乾坤"，大概就是这个意思。历代帝王为政，均非常看重"服色"，每逢王朝更迭，往往就会有"改朔易服"之类的举措，这是因为服制与服色不仅被用来象征天命（如龙袍），还可以表现个人的政治抱负和身份、地位等[②]（例如，明清时代的"补子"图案）。

换言之，服装在中国社会里不仅是生活文化的一部分，它往往同时还是一种政治符号，其中蕴含着很多的象征性和意识形态的理念或其背景。正因为如此，民俗学也认为，服装往往有可能成为某种政治观念的载体[③]，不过，服装的象

① 诸葛铠等：《文明的轮回：中国服饰文化的历程》，中国纺织出版社，2007年7月，第131–156页。

② 参考王智敏：《龙袍》，（台湾）艺术图书公司，1994年8月。

③ 钟敬文主编：《民俗学概论》，上海文艺出版社，1998年12月，第89–90页。

征性意义也与其时代的诠释有极大关系。例如，很多年以后，海内外对中山装的印象是“保守”，而西装似乎就意味着“开放”，殊不知中山装当年亦曾是颇为激进的一种“革命”的服装。显然，要想真正地理解中山装，还必须首先从中国服装的近现代史背景去分析方才可能。

从19世纪中叶至20世纪中叶，中国处于长达一个世纪之久的衰败、被侵略、内战和革命的混乱时期。在这个过程当中，晚清时代中国人的装束——亦即男子以长袍短褂和发辫等为其典型形象，女性则多为旗装或以偏襟大衫、裹脚等为其典型形象——被认为保守、落后、死气沉沉和具有封建意识，故而逐渐被国人放弃。与此同时，中国民众的社会生活方式，包括着装服饰等，在迅猛激荡的社会变迁中出现了改良、创新和基本上是以西化为导向的发展趋势。就在大面积的西化发展势如破竹之际，值得注意的却是先后出现了很多次涉及民族服装，亦即中式服装的创制、发明或重新建构的尝试。

生活在既定文化中的人们，固然会受到其文化的熏陶、影响，被“文化化”亦即被同化，但同时，人们在其社会文化中的生活也并非无所作为，并不总是被动的，而是具有主观能动性，可以根据具体的情形，依托各种资源，应对各种问题和需求去创造新的文化，或者参与其社会中关于文化的各种改革与建构活动，人们的这些行为，也就是文化实践。在我看来，一个多世纪以来，中国社会中相继出现的各种涉及中式服装的讨论、创制及穿着，都是这样的文化。这些实践的一般和普遍性的特征就在于它不断地试图将混乱变为秩序，或试图用一种秩序取代另一种秩序[①]。20 世纪前半期中山装和旗袍的创制与流行，21 世纪初，相继出现的新唐装的流行热潮，以及现在仍如火如荼地开展之中的汉服运动等，都是旨在建构中式服装，从而规范或规训人民身体的社会与文化实践。由于中式服装的建构，截至目前还只是部分地有所成就，尚未完成其最终的目标，因此，今后还将不断出现类似的文化实践。

本书所讨论的中式服装，不是在国内多民族场景或情境之下，和少数民族服装相对应的（汉人的）民族服装，而是在国际场域或情境中需要展示（包括少数民族在内的）中国人形象的民族服装。如此的中式服装，在一个多世纪以来，中国社会的各路精英人士与一般民众彼此互动的文化实践当中，已经有了很多积累，但至今仍未能达成全民的共识。鉴于中国人的民族服装或中式服装尚是一个“未完成时”的难题，我认为，这就需要有理念的突破，为此，我在本书中提倡的是“实践、包容与开放的中式服装”的理念，意思是指中式服装眼下仍处于持续的建构性社会文化实践之中，在这个过程中，应该秉持包容和开放的姿态，把过往所有相关的文化积累，包括把历史上积淀深厚的服装文化资源、把近代以来国人关于中式服装反复的创造性建构所形成的文化遗产，以及把当下中国各民族民众日常的服装穿着实践等，均纳入视野之中予以考虑。

---

① 〔英〕齐格蒙特·鲍曼：《作为实践的文化》（郑莉译），北京大学出版社，2009 年 4 月，第 220 页。

第二章　中式服装的诞生

第一节　长袍马褂：清末的服装文化遗产

清朝在中国服装史上是一个较为特殊的朝代，一方面，中国传统服装的大部分基本元素和各种传统技法，到此均基本趋于成熟，故成为后世人们进行服装改良和服装创新时主要的资源与基础；但一方面，由于清王朝曾经通过恶劣、暴虐的强制，迫使汉人男性的深衣袍服传统被强制性中断，所以，后人对它的评价也就比较负面。

清顺治元年（1644），清廷在京城发布告示，命令京师内外“衣冠悉遵本朝制度”；顺治二年（1645）清廷下达剃发令；随后又发布了更衣令，要求“官民既已剃发，衣冠皆宜遵本朝之制”，以发型服式作为被征服者归顺的标志。紧接着，顺治九年（1652），皇帝钦定颁布的《服色肩舆永例》，确立了繁琐的清朝服饰制度，对官员和人民的衣服做出严格规范。清朝的官服采用满清款式，但却汲取了汉式纹样，沿用了明朝的补子。清朝的男服，官员为顶戴花翎，袍服上有不少挂件，以示身份；袖子以瘦为主，但也有稍肥者，袖口呈马蹄形；下身穿长裤及靴子；皇亲国戚的袍服多开四衩，官吏士人开为两衩，普通百姓则不开衩，以开衩为贵[①]。除了袍服，还有袄、褂、衫、裤等；褂为对襟礼服，多罩于袍服之外，长短又有长褂、马褂之分，女性亦可穿用。马褂本为营兵上衣，后演变成男女便服，作为在长衣袍衫外边穿的短上衣。

图 10　清乾隆时期小贩的装束
（采自《1793：英国使团画家笔下的乾隆盛世》）

马褂的袖子宽窄、长短不一，但一般不用马蹄袖，而为平袖口，或对襟或大襟。马褂若去掉两个袖子，即为马甲，马甲就是穿在长袍外的无袖上衣。平民百姓则多为上衣下裤（图 10–11）。

图 11　长袍马褂、马甲是清朝男子的礼服
（采自袁仄、胡月《百年衣裳》第 42 页）

---

① 袁仄、胡月：《百年衣裳——20 世纪中国服装流变》，生活·读书·新知三联书店，2010 年 8 月，第 26 页。

清朝满族女装，主要是袍服（亦即传统旗袍），形制同男袍，但在领、袖之处多绣以花边；长袍外面套以马褂、坎肩等，是为套服；袖子则肥瘦并行。满族女子不裹小脚，穿高底花盆鞋；头饰为叉子头发髻，后发展出所谓的“大拉翅”。汉族女子多从明制，一般是上衣下裙或上衣下裤（汉式），但也时兴披风、袄裙、满裆裤、套裤等，流行缠足，发式受到满族女子影响，以高发髻为常。

长袍马褂和传统旗袍一般均用盘扣，相对来说，比起古代深衣的带子来较为方便。由于清朝的便服相对较为简便，客观上比较容易和近代生活接轨，所以，民国时期废除清朝“服制”时主要是指官服，而民间的便服被保留了下来[1]，成为后来中国传统的服装样式之一。此外，清末服装的立领比起古代的交领而言，款式也较多变化，比较方便做新的设计。基于文化同化的原因，左衽逐渐被右衽所取代，不仅满族、蒙古族的大襟衣，很多少数民族都采用右衽[2]，就是说到了清朝，右衽、左衽的区别已经不能再作为族群的标识了。

清朝统治者始终是把“服制”视为大清体制的物化表象，乾隆五十五年（1790）各属国外番皆派遣使团前往承德祝贺乾隆八十大寿时，安南国王主动要求在典礼上改穿大清衣冠，表示政治上的臣服，得到了清廷嘉奖[3]。但此类服制及其理念的偏执化和僵硬化，随后却也导致晚清时朝廷在服装方面

① 诸葛铠等：《文明的轮回：中国服饰文化的历程》，第 254–255 页。

② 同上书，第 241–242、256 页。

③ 葛兆光：“朝贡、礼仪与衣冠——从乾隆五十五年安南国王热河祝寿及请改易服色说起”，《复旦学报（社会科学版）》2012 年第 2 期。

的改革举步维艰。日本的明治维新在1871年和1872年相继颁布了“断发脱刀令”、“改用西历令”等，随后确定以西服为官方正式礼服，全社会进入追求“文明开化”的局面。这些改革在中国的保守派看来，是本末倒置、不成体统。由于服装在“中体西用”的逻辑中，属于“体”而非“用”，所以，不仅顽固派对西服洋装深恶痛绝，就连洋务派也把服装视为体制的象征，归根到底，是害怕服装的变革会导致以“夷”变“夏”，导致体制崩溃。1875年，李鸿章和日本公使森有礼举行会谈时，李鸿章就对日本改变旧有服装、模仿欧风感到不解；而森有礼的回答却很有实用性：旧有服装，宽阔爽快，极适于无事安逸之人，但对于多事勤劳之人则不完全适合。所以，在当今形时势之下，甚感不便。李鸿章则认为，衣服旧制体现了对于祖先遗志的追怀，子孙应该珍重，万世保存才是。[①]但现实却完全是另一回事，1872–1875年，朝廷官派赴美留学的幼童120人，当初出国时穿着传统的满清服饰，但归来时大都换为西服洋装，这预示了服装改革的大趋势难以回避；与此同时，晚清的“舆服僭越之风”也早已在预示着封建服制的“礼崩乐坏”[②]。到清末时，朝廷再也不可能通过杀头来禁止各种“服妖”了。

1898年，康有为上“请断发易服改元折”，指出“今为

① “李鸿章与森有礼问答节略”，载戚其章主编：《中国近代史资料丛刊续编、中日战争》（第二册），中华书局，1989年3月。王晓秋：《近代中日启示录》，北京出版社，1987年1月，第73–74页。

② 李长莉：《晚清上海社会的变迁——生活与伦理的近代化》，天津人民出版社，2002年8月，第202–205页。

机器之世，多机器则强，少机器则弱，……且夫立国之得失，在乎治法，在乎人心，诚不在乎服制也。然以数千年一统儒绶之中国，褒衣博带，长裾雅步，而施之万国竞争之世，……诚非所宜矣。”在戊戌变法中，有恳请皇帝断发易服、听任百姓穿着自便的谏言，也有主张通过剪发易服，亦即改易西式服装，推动立宪改革的见解，甚至传说光绪亦曾“潜遣中使购西服五百余袭，杂优人衣冠以进，将改元开化，择吉谒庙”，“一时京中传遍”[①]，但最终服装改革和政治改革均因遭到顽固派的抵制而不幸归于失败[②]。

随后，伍廷芳等人在宣统初年又提及全面剪发、普及西式服制的议案，结果不了了之。1910年10月至1911年1月，在清廷资政院第一届常会上，议员罗杰提出“剪辫易服与世界大同”的议案，周震麟提出“剪除辫法改良礼服”议案，资政院也做出决议，承认两案的合理性，承认非剪除辫发，改冠易服，不足以顺应时代大潮。但遗憾的是，辛亥革命的爆发已经不再给清廷以任何机会了。

从清末到民国时期，中国民众的服装生活呈现出空前的混乱状况，可以说五花八门、中西混杂，同时也是生机勃勃，极具多样性和多元化。“西装东装，汉装满装，应有尽有，庞杂至不可名状”[③]；但这种状况也预示着新的中国人形象

---

① 〔清〕苏继祖编：《清廷戊戌朝变记》，广西师范大学出版社，2008年11月，第226页。

② 樊学庆：“‘剪发易服’与晚清立宪困局（1909–1910）”，《中央研究院近代史研究所集刊》第69期，2010年9月。

③ “闲评”，《大公报》1912年9月8日。

呼之欲出。在香港、澳门、台北等殖民地，在上海、广州、天津、大连等通商口岸及各国租界，从事洋务买办与海外贸易的商人，以及留洋归国的“洋学生”群体，逐渐迈向“文明开化”，掀起了洋装热，西服洋装、西式连衣裙等如潮水般地涌入中国。虽然长袍马褂作为清末的服装文化遗产，因受到士绅阶层的支持并没有立刻退出历史舞台，但在西装化的潮流之中，也出现了很多中西合璧的衣着打扮，除了较为纯粹的中式打扮，如长袍马褂、马甲配以瓜皮帽等之外，还有长袍马褂配礼帽，长袍和西服、皮鞋搭配等情形，总之，长袍马褂是各个阶层都穿，颇为大众化。

民国时期，从长袍还发展出来一种常服，亦即长衫（图12）。长衫起源于袍服，在北方因为御寒而长及脚踝，但到南方，因为天气炎热，就形成了单层长衫。长衫的袖子不是很宽大，因受西服等的影响而变得较窄。当时社会上逐渐形成了一些关于衣着的惯例，长衫成为知识分子和社会中上层的常服；短衫上衣和阔腰长裤（大裆裤）则是下层民众，尤其是广大农民的常服。劳工和乡民阶层的大裆裤、短袄、布衣衫子或褂子、绣花鞋、布鞋和草鞋等，依旧根深蒂固，且因受到生计的制约而难以改变（图13），但他们若稍有充裕，就多会以长袍马褂为礼服。无论是知识阶层和年轻学生们的长衫、西裤和皮鞋、礼帽以及连衣裙、短衫（小袄）阔裙等，还是乡民们的大裆裤、短袄、布衣衫子，均反映出时代特有的风尚。此外，还有国内各少数民族款式众多的民族服装，依然固守着其族群身份的标志，不过，曾经在“旗装”和“民装”之间森严的界线却迅速解体，趋于合流。

图 12　民国年间的长袍马褂和长衫

（采自包铭新主编《近代中国男装实录》第 49 页）

图 13 民国初年的短衣劳动者

（采自包铭新主编《近代中国男装实录》第 130 页）

在很长的一段时间内，服装成为中国社会万花筒里最为繁杂多变的图案，也屡屡成为扎眼的社会文化问题。以服装表达主义者有之，以服装表现身体曲线者有之，反对以制服束缚自由者有之，致力于服装复古者有之，主张全面洋装化者有之，慨叹某些较大尺度裸露的时装有伤风化者有之。在所有这些动态中，长袍马褂作为中式服装而从清末延续下来，但它并非原样不动，而是开始经历许多改良。

第二节　昙花一现的“汉衣冠”

在20世纪中国人服装生活的大变局中，曾于辛亥革命前后，有过“汉衣冠”的昙花一现[①]。辛亥革命革除了数千年的封建帝制，彻底颠覆了异族的高压统治，它的目标是要建立一个现代的多民族国家。由于辛亥革命多少具有一些民族革命（推翻满清、恢复中华或汉人正统）的属性，故汉衣冠也就很自然地成为革命的一个重要环节，其逻辑是改朝换代就必须伴随着“易服”革命。由于清朝不仅形成了完整的封建等级服制，还始终坚持把接受其服装视为汉族及其他异族表示臣服的标志，并不惜以暴力手段来实行，因此，当清朝摇摇欲坠时，人们往往就以“剪辫”、“易服”作为象征，表达反抗及革命的志向。诸如太平天国时期的蓄发易服、清末结社如南社，以及革命党人如同盟会的剪辫易服、海外留

① 周星：“新唐装、汉服与汉服运动——21世纪初叶中国有关‘民族服装’的新动态”，《开放时代》2008年第3期。

学生的剪辫易服，最后发展到新军内部的剪辫及易装等等。

有清一朝，少数汉族士人对于汉家衣冠的历史记忆，始终不绝如缕[①]，例如，黄宗羲、江永、钱玄同持续绵延的深衣考等，都可以说是一种文化记忆和认同的表示。道光时期，曾有士人向朝鲜使臣表示身穿满族服装和剃发并非由衷，乃不得已[②]。和朝廷的“生从死不从”政策不无关联，为数众多的汉族士人坚持葬礼着汉家衣冠入殓，于葬俗中寄托对于本民族服装传统的执着，例如，黄宗羲死后遗嘱，希望“以所服角巾深衣殓”[③]，章太炎家族的葬礼“皆用深衣殓”，“无加清时章服”[④]等等。太平天国时期，曾试图建构不同于清朝的服饰制度，起义者剪辫留发，不穿清朝衣服，特意着汉人的瘦袖袍服，内着裤，束腰或不束腰，头戴自己特征的冠帽或用布帛包头。

当初，革命党人推翻清朝的诉求之一，便是复我冠裳，如邹容的《革命军》就曾痛陈：“嗟夫！汉官威仪，扫地殆尽；唐制衣冠，荡然无存。吾抚吾所衣之衣，所顶之发，吾恻痛于心。吾见迎春时之春官衣饰，吾恻痛于心；吾见出殡时之孝子衣饰，吾恻痛于心；吾见官吏出行时，荷刀之红绿衣，喝道之皂隶，吾恻痛于心。辫发乎！胡服乎！开气袍乎！红顶乎！朝珠乎！为我中国文物之冠裳乎？抑打牲游牧满人

---

① 杨娜等编著：《汉服归来》，中国人民大学出版社，2016 年 8 月，第 18–19 页。

② 葛兆光：“大明衣冠今何在”，《史学月刊》2005 年第 10 期。

③ 孙静庵：《明遗民录》，浙江古籍出版社，1985 年 7 月，第 74 页。

④ 王玉华：《多元视野与传统的合理化：章太炎思想的阐释》，中国社会科学出版社，2004 年 11 月，第 124–125 页。

之恶衣服乎？我同胞自认。”[①]由此可知，在宣传革命时，汉衣冠往往成为颇具悲情、适于社会政治动员和最易获得民众共鸣的符号。

章太炎流亡日本时，曾经改和服而标“汉”字，故被认为是近代复兴汉服第一人[②]。辛亥革命爆发，有关汉衣冠的想象就变成了实践，它主要表现为在南方很多城市光复之时，有一些民众特意着明朝古装（往往就是戏装），头系方巾，上街以为庆祝。据亲历者回忆，当时守卫武昌大汉军政府的士兵“身穿圆领窄袖的长袍，头戴的是四脚幞头，前面还扎一个英雄结子”，使人疑惑是否刚从戏台下来[③]。武昌城内，有青年身着青缎武士袍，头戴青缎武士巾，巾左插上一朵红绒花，足穿一双青缎薄底靴，同舞台上武松、石秀一样打扮，大摇大摆，往来市上，大概是“还我汉家衣冠”之意[④]。这种情形在其他发生革命的地区，也几乎是同时出现，一般以军人、士人为主，也有部分民众响应，但由于日常生活里并不存在汉家衣冠，所以，就直接把戏服拿来临时借用，这是因为人们认为传统戏装较多地保存了汉家古衣的风貌[⑤]。在

---

① 邹容：《革命军》，华夏出版社，2002年10月，第28页。

② 章太炎在1914年5月23日的家书中写道：“今寄故衣以为记志，……斯衣制于日本，昔始与同人提倡大义，召日本缝人为之。日本衣皆有圆规标章，遂标‘汉’字，今已十年矣。”

③ 任鸿隽：“记南京临时政府及其他”，全国政协文史资料委员会编：《辛亥革命亲历记》，第777页。

④ 程潜：“辛亥革命前后回忆录”，全国政协文史资料委员会编：《辛亥革命亲历记》，中国文史出版社，2001年10月，第107页。

⑤ 葛兆光：“大明衣冠今何在”，《史学月刊》2005年第10期。

长沙，光复后的大街小巷，也经常出现模仿戏台上武生打扮的青少年，表达改朝换代，不再接受清朝统治的意志[①]；大汉四川军政府成立以后，成都和附近一些县城的街头也出现了许多头扎发髻或戴方巾（类似道士的服装）、身着圆领大袖宽袍或戏装的人，以及腰配宝剑、足登花靴而招摇过市的人。据说当时的川西同志军，“为了恢复汉族衣冠，许多人奇装异服。有的绾结成道装，有的束发为绺，有的披头散发，有的剪长辫为短发”[②]。

当时有部分知识分子精英幻想新的民国，应该是宪政、共和、自由，人民峨冠博带，政府有汉官威仪。他们中有些人甚至还躬行穿深衣、戴玄冠之类的举动，如夏震武、钱玄同、张大千等人。除了身体力行的穿着实践，很多人还利用报纸媒体，在易服的舆论方面做宣传，或为新生的民族国家提供服制改革方面的建议。在《民立报》1911年10月28日登载的“中国革命本部”的宣言书中，甚至直言中夏的“衣冠礼乐，垂则四方，视欧罗巴洲之有希腊，名实已过之矣”[③]。上海《申报》1911年11月19日发表的“服式刍议”一文提道：“今日大汉光复，发辫之物，在所必去，衣服之制，亦

---

① 藤谷浩悦:「湖南省の辛亥革命と民衆文化—姜守旦再来の謡言を中心に—」、愛知大学21世紀COEプログラム、国際中国学研究センター編『現代中国における思想、社会と文化—中国文化とアジア世界の文化共生研究会COE最終報告書』、愛知大学、2007年3月、第175–190頁。

② 王蕴滋：“同盟会与川西哥老会”，中国人民政协文史资料研究委员会编：《辛亥革命回忆录》第三集，中华书局，1962年9月，第220页。

③ “中国革命宣言书”，上海社会科学院历史研究所编：《辛亥革命在上海史料选辑》，上海人民出版社，1981年3月，第44页。

宜定式。国人深于习惯，本其旧见，每谓吾侪汉民，应复汉式，束发于顶，卧领长袍，是其固制。若断其发，短其衣，则变夷矣。”

虽然革命之初汉衣冠的昙花一现说明它在当时并没有获得一般民众的理解[①]，后来的“洪宪帝制运动”，仍然是把汉衣冠作为继承中华文化正统的象征而予以利用，于是，汉官威仪就成为袁世凯称帝、“恢复中华”的政治合法性依据。1914年，北洋政府颁布了“祭祀冠服制”和“祭祀冠服图”，对官方的祭祀服制做了规范，据说所确定的祭祀冠服是以明代祭服为样本而创制的，它被认为是几千年王朝历史上最后的冕服（图14）。1914年12月23日冬至，袁世凯模仿古代帝王，在北京天坛举行了祭天仪式（图15）[②]，帝制的鼓吹者们认为，此类仪式表现了汉官威仪，所谓“有归汉官之盛仪重睹”[③]，所谓“中华民国之首出有人，复睹汉官威仪之盛”[④]云云。袁世凯在1915年复辟帝制时穿过的“洪宪龙袍”，即为十二章衮服，其高圆领、右衽、大襟、大袖的款式，据说也是参照明朝皇帝的龙袍设计的（图16）[⑤]。

---

① 高霞铃、成小明：“试论清末民初汉装复兴的际遇”，《忻州师范学院学报》2005年第3期。

② 李俊领：“仪式与‘罪证’：1914年袁世凯的祭天典礼”，《扬州大学学报》2011年第6期。

③ “与孙毓筠等促袁世凯登极折”，《政府公报》第1304号，1915年12月25日。

④ 刘晴波主编：《杨度集》，湖南人民出版社，1986年3月，第604、607页。

⑤ 黄能馥、陈娟娟编著：《中国服装史》，中国旅游出版社，1995年5月，第384–385页。

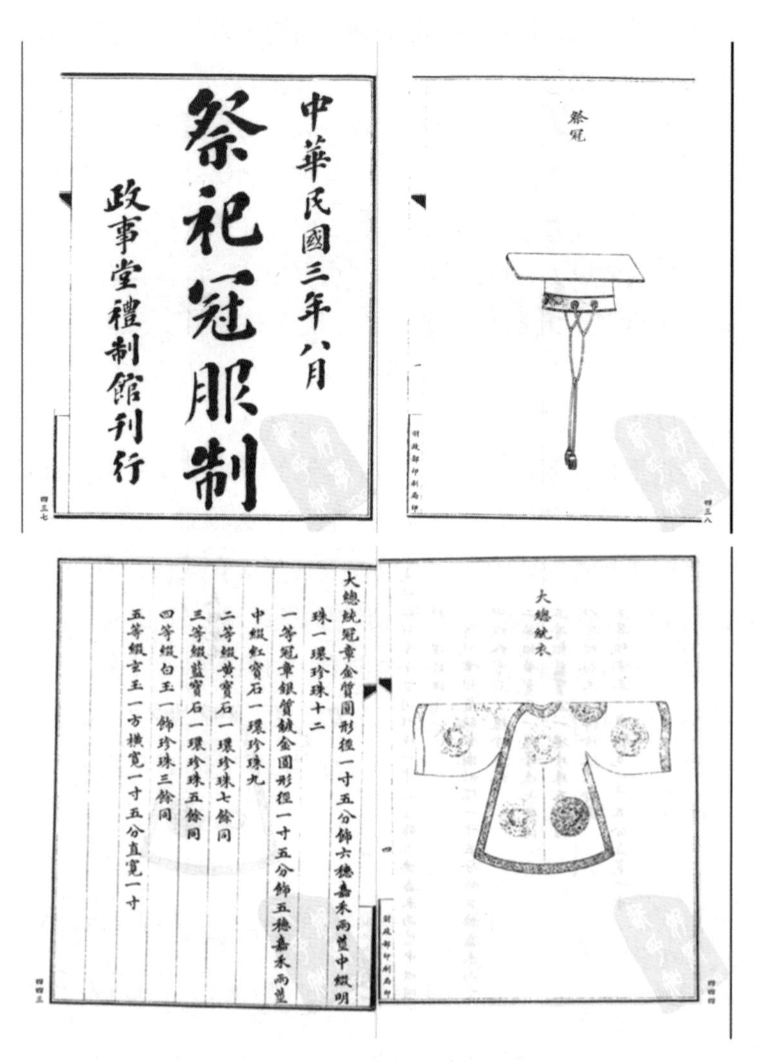
中華民國三年八月

祭祀冠服制

政事堂禮制館刊行

四三七

祭冠

財政部印刷局印

四三八

大總統冠章金質圓形徑一寸五分飾六穗嘉禾兩莖中綴明珠一環珍珠十二

一等冠章銀質鍍金圓形徑一寸五分飾五穗嘉禾兩莖中綴紅寶石一環珍珠九

二等綴黃寶石一環珍珠七餘同

三等綴藍寶石一環珍珠五餘同

四等綴白玉一飾珍珠三餘同

五等綴玄玉一方橫寬一寸五分直寬一寸

四四三

大總統衣

財政部印刷局印

四四四

图 14　民国初年的祭祀冠服制

图 15　1914 年袁世凯祭天

图 16　身穿“洪宪龙袍”的袁世凯

然而，由于帝制复辟的失败，使得汉衣冠从革命之初的积极、正面意义迅速地转为消极和负面，其原初的封建性含义，亦即作为专制制度的温床或符号的属性迅速凸显。紧接着的新文化运动对于封建传统的猛烈批判，则进一步促使复兴汉衣冠的思潮自行消退，并最终销声匿迹[①]。新文化运动促使在中国社会的文化界和知识界形成了激进的文化革命思潮，从而使得任何保守的以“复古”为主旨的主张都失去了影响力。唯独在台湾于1960年代末，据说还曾参照宋明文献，进一步确定了涉及祭孔的冠服，这大概可以看作是历史的一点遗绪。

辛亥革命前后的易服，曾经有过一个可能的选项，便是恢复古代汉人的服装，但其时的国内形势和国际潮流，却均使复古诉求不再具有现实的可行性。有学者不无道理地指出，当时在汉衣冠和“夷服”（西服）之间难以抉择的情形之下，只好就暂时保留了清末的长袍马褂[②]。鲁迅曾经谈到汉衣冠的不合时宜，他指出：“恢复古制罢，自黄帝以至宋明的衣裳，一时实难以明白；学戏台上的装束罢，蟒袍玉带，粉底皂靴，坐了摩托车吃番菜，实在也不免有些滑稽。所以改来改去，大约总还是袍子马褂牢稳。”[③]无论如何，汉衣冠曾经重现街头的事实表明，当时确曾有过此类实践，但它的无疾而终却也是有若干深刻的缘由。

其一，易服诉求所积累的张力，被剪辫运动及迅速取得的成功所释放，因为剪辫基本上就实现了对于清朝暴力统治

---

① 李竞恒：“衣冠之殇：晚清民初政治思潮与实践中的‘汉衣冠’”，《天府新论》2014年第5期。

② 吴昊：《都会云裳——细说中国妇女服饰与身体革命（1911–1935）》，三联书店（香港）有限公司，2006年7月，第6页。

③ 鲁迅：“洋服的没落”，载《鲁迅全集》第五卷，人民文学出版社，1981年，第455页。

汉人之身体的符号性颠覆。1912 年 3 月 5 日，临时大总统孙中山通令全国剪辫："今者满廷已覆，民国成功，凡我同胞，允宜涤旧染之污，作新国之民。"[①] 由此，剪辫运动迅速蔓延全国并获得成功，这在相当程度上初步满足了革命的诉求。

其二，当时更多的有识之士认为，易服就是脱去满清强加的衣冠，至于换上何种服饰，却未必一定要回归古代，换上西装革履，也是易服。换言之，西服洋装提供了比古代汉服更为可能和现实的选项。对于当时的普通民众来说，钱玄同等人提供的深衣玄冠，实在是过于陌生和玄乎，故对它有拒斥感。和西服洋装相比较，深衣汉服丝毫没有显得更加现实或具有可操作性。从清末至民国初年，民众对西服洋装的穿着实践，早已经比零星的汉衣冠更为普及，而且，其与外部世界的关联性也使它具备了全新的时代感。特别是在上海、武汉、天津等城市，穿用西式服装已成潮流，以至于要从海外大量进口，从而引发了对于国货不振的担忧。各大衣帽公司竞相在《申报》发布公告，以西式服饰招徕顾客，其广告用语往往标榜"倾向大同"[②]，相比之下，在当时的时代背景下，倾向大同的理念，显然要比深衣汉服所内涵的复古理念，更加容易获得民众的共感。

第三，积贫积弱的新兴国家，缺乏全民换装的经济实力。

---

① 孙中山："命内务部晓示人民一律剪辫令"，载《孙中山全集》（第二卷），中华书局 ,1982 年 10 月。

② 李跃乾："论辛亥革命前后的服饰改革"，《淮阴师范学院学报》1999 年第 2 期。韩雪松、张繁文：《中国时尚：清初以来的流行文化史》，（香港）中华书局，2013 年 7 月，第 34–35 页。

一般民众艰难的生计状况很难支撑汉衣冠，尤其是深衣玄冠、峨冠博带的造型款式。当时的中国社会，基本上无力、无暇开展一场以复古为导向、旨在恢复或重构并不存在于现实生活之中的古代汉服的社会运动。事实上，民国初立，政府内务部的意见就考虑到经济方面难以支撑全面易服："国民服制，除满清官服应行禁止穿戴外，一切便服悉暂照旧，以节经费而便商民。"①

第四，若要实现全民换装，其实就是一个非常庞大的习俗改革运动，其工程之巨大、之艰难，很难一蹴而就。以当时的中国社会而言，尚有很多远比复兴汉衣冠更为急迫的社会风俗改革任务，诸如剪辫、放足、破除迷信、婚姻自由等。

此外，虽然清初的满族入关伴随着武力征服，进而通过高压实现了文化的征服，亦即强迫汉人放弃衣冠而改穿满式服装，但在几百年之后的20世纪初叶，却已经形成了两个基本的既成事实：一是除服饰以外，清廷乃至满族在很大程度上反倒被汉文化所同化，清王朝自诩中国王朝，以中华正统自居；二是除少数汉人知识精英之外，绝大多数民众均已将长袍马褂视为理所当然的衣着，它已经成为服饰民俗的一部分。因此，异族的政治高压一旦解除，几乎就失去了进一步换装的内在驱动。

辛亥革命成功后未能兑现恢复汉衣冠的口号，主要是因为传统汉服的宽衣、博带、长裙有碍劳作，与现代社会生活

---

① "内务部关于一律剪发暂不易服的告示"，《湖北军政府文献资料汇编》，武汉大学出版社，1986年11月，第721页。

已不相适应，而建立在等级制基础之上的汉衣冠体系，也难以符合现代民族国家有关人民一律平等的基本理念。的确，相对于地域、职业、阶级等结构异常复杂的中国社会而言，曾经主要是古代士大夫衣着的深衣汉服，很难一下子就被普罗大众所认可。但更为重要的还是，早在清王朝崩溃之前，中国就已经出现了西装化的趋势。新生的中华民国实际上面临着全球化进程中西方文化潮水般涌来的格局，所谓世界潮流浩浩荡荡，深衣汉服显然是无法在和西服的竞争中取胜的。

第三节　民国服制与“中式服装”的诞生

中华民国成立之后，易服就不再只是民间的实践，它还成为政府施政的一个环节。虽然在涉及易服的讨论中，不乏封建王朝时代“易姓受命”、“王者改制，必易服色”之类通过易服重建正朔的传统观念，但另一方面，通过确立新的服制以建设国家形象和提振民气以及推动社会更新，则是更为一般的意见。民国的国家体制和清末以前的帝国体制根本不同，因此，民国服制虽然也有历史继承的一面，多少受到历史上易服之类政治文化传统的一些影响，但我们还是应该将它与历史上的封建服制区别看待。清王朝及以前的封建服制，是以朝廷的冕服[①]为主体、以官僚等级制为核心，旨在

① “冕服”原本是指周王朝君臣的礼服和祭服，它被视为礼制的体现或载体。但历代对于它的演绎和诠释，通常总是伴随着程度不等的想象、误读和重新建构，从而使这一问题高度复杂化了。参阅阎步克：《服周之冕——〈周礼〉六冕礼制的兴衰变异》，中华书局，2009 年 11 月，第 13–23 页。

区分尊卑、亲疏和内外的文化象征体系[①]，而民国的建立促使几千年的封建服制，亦即所谓“衣冠之治”趋于解体，而伴随着新的社会改革进程，服装革命自然也就成为当时社会生活中的重大命题。

在新的政府治理之下，全社会主导性的服装话题，与其是说通过恢复汉衣冠和汉官威仪来建构正统性，不如说是在西服洋装已成大趋势的格局下，如何既贯彻服式基本采取的大同主义，接受西式服装的合理性，同时又较快、较好地成功建构新的中式服装，以继承中华服饰文化传统和凝聚国民认同。换言之，在新的时代背景下，服装作为族际标识的意义，比起汉满之间而言，更重要的是在中西、中外之间。为此，新生的民国政府采取了中西兼取并置的策略。在百废待兴的民国初年，政府较早颁布了《服制》，对中式、西式予以兼顾，并及时回应了当时社会舆论对于易服的高度期盼。

孙中山和袁世凯相继主导了制定民国服制的工作。就任中华民国临时大总统的孙中山，曾于1912年1月5日，颁布了几乎完全是学习西式军服的《军士服制》；同年4月11日，孙中山提出的政纲，也包括“绘制服图”。1912年5月22日，《申报》发表消息，公布了民国新服制的草案：国务院现已将民国服制议定，大别为三：（一）西式礼服，（二）公服，（三）常服。礼服纯仿美制，公服专以中国货料仿西式制用，礼帽也是西式的云云。袁世凯要求法制

① 张法：“中国服饰：从传统向现代化的第一次浪潮”，《天津社会科学》1996年第1期。

局“博考中外服制，审择本国材料，参酌人民习惯以及社会情形，从速拟定民国公服、便服制度，绘图具说，俟经国务会议同意后即呈，由本大总统提交参议院议决，颁布施行”。“惟礼服不仅上级官厅应有，即下级官亦应有；不仅官家应有，即平民亦应有。故现又从新议定，分中西两式。西式礼服以呢羽等材料为之，自大总统以至平民其式样一律。中式礼服以丝缎等材料为之，蓝色袍对襟短褂，于彼于此听人自择。此亦过渡时代之一法也。”[①]《大公报》1912 年 5 月 23 日也登载一则消息：“民国服制之赶订”称：“法制局……奉大总统谕，……谓民国统一政府成立多日，各友邦亦将正式承认，尚未有相当服制，殊为不合。应赶即筹订，以壮观瞻。务于六月以内，核定筹情，并申明意见，大略拟分礼服、官服、常服三项。礼服、官服分别等级，常服普通一律。尤须以保守利权、符合世界大同及社会习惯为原则……”

1912 年 6 月，临时参议会提议《服制草案》，明确了趋于大同的原则：“民国初建，亟应规定服制以期整齐划一。今世界各国趋用西式，自以从同为宜。然使尽用西式，于习惯上一时尚未易通行，日本维新以来，洋服与和服并用，女子则用洋服者更少，亦职是之故，兹定礼服为公服常服两种，而西式则同其并用，女子礼服纯不采用西式料，均用绸缎或呢，所以寓维持国货之意也。除深衣外，色俱用黑，亦以从各国所尚之同也。”如此服制对两性做了区别，男子服装趋于西化，女子服装则尽量维持传统；男子礼服、

① “袁总统饬定民国服制”，《申报》1912 年 5 月 22 日。

公服为西式，常服为深衣，实际亦即中式长袍；女子礼服规定为套裙，上衣下裙，周身绣饰，质料为绸缎，其便服也是衣裙。同年 7 月，临时参议院对此案略加修改，列旧式长袍马褂为礼服，女子亦采用中式，其实乃是清末汉人女性上衣下裙结构的延续[①]。

1912 年 9 月至 1915 年 11 月，当时的北洋政府相继颁布了 22 项服饰制度及相关条令，其中包括国家公务员之特殊职业，如军警、司法、铁路等的制服，以及分别涉及外交官、蒙藏王公、地方行政官员的公服、祭祀冠服、学校制服和一般国民的男女礼服服制等[②]。根据《政府公报》第 157 号：男子礼服分为两种：大礼服和常礼服。大礼服即西方的礼服，有昼晚之分。昼服长与膝齐，袖与手脉齐，前对襟，后下端开衩，用黑色，穿黑色长过踝的靴。晚礼服似西式的燕尾服，而后摆呈圆形。裤，用西式长裤。穿大礼服要戴高而平顶的有檐帽子，晚礼服可穿露出袜子的矮筒靴。常礼服有两种：一种为西式，其形制与大礼服类似，惟戴较低而有檐的圆顶帽，另一种为传统的褂袍式，亦即长袍马褂，均黑色，料用丝、毛织品或棉、麻织品。女子礼服为中式绣衣加褶裥裙，用长与膝齐的对襟长衫，有领，左右及后下端开衩，“周身得加锦绣”。下身着裙，前后中幅平，左右打裥，上缘两端用带，下身用黑裙。

---

① 吴昊：《都会云裳——细说中国妇女服饰与身体革命（1911–1935）》，第 20 页。诸葛铠等：《文明的轮回：中国服饰文化的历程》，第 293–294 页。

② 中华民国国务院印铸局编：《法令辑览》（第九册），“第十七类·服制徽章”，1919 年 12 月。

若是从1912年《服制》中“以图释义”的上述基本内容来看，有关礼服，确实是做到了官民“式样一律”，但涉及官服、公服的有关制度，依然是维持了等级原则。1912年的服制可以说是民国前期的服饰制度，礼服制和官服制不同；仅就其礼服制度而言，没有官民区别，的确是一个很大的进步；但官服制的另行存在本身，又意味着官民尚不平等，说明它尚有封建服饰观念的烙印遗留着[①]。至于祭服仍用爵弁、并以章数为等差，显然也可以视为古代冕服文化传统在当代的遗存。总体而言，民国服制的意义在于废除了封建王朝强加给人民的服装规制，还人民以本该享有的服饰生活的自由[②]。

北洋政府确立的服制，最大特点是中西式并置，以西服为主要导向，这就使得当时中国社会的服饰改革具备了明显的西洋化和国际化色彩（图17）。因为除礼服中的男子长袍马褂、女子上衣下裙之外，不仅以西装为大礼服及常礼服之首选，更多的制服、官服和公服，也都采用源于西方的立体剪裁技术。对于西服的推崇，其实是对清末民初以来社会现实的一种追认；和传统的长袍马褂相比较，西服具有合体、挺括、庄重、简易，以及便于运动等优点，一个时期之内已然成为“文明”和“开放”的象征。一方面，“西人之衣服，较满洲式尤为便利，故今人多服之，亦大势所趋，非空言所

① 〔日〕夏目晶子：《清末至民国时期中国服饰文化变迁与社会思想观念》，南开大学博士学位论文，2009年5月。

② 徐清泉：《中国服饰艺术论》，山西教育出版社，2001年12月，第98页。

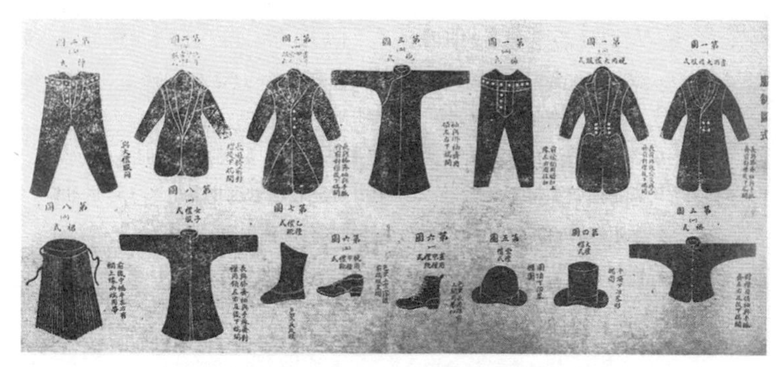

图 17　北洋政府《服制》确定的男女礼服，
体现了中西式并置的原则

能挽回者”[①]；但另一方面，民国初年确定的新服制，也非常清晰地确立了传统服饰的地位，亦即将长袍马褂和对襟的上衣下裙和西服相并列，从而直接促成了近代中式服装的诞生。

实际上，对西式大礼服的设定，主要是为了满足“易服”的象征性，至于其实用性从一开始就受到质疑。“京师自国会议决大礼服以后及国会重开，议员鲜有著大礼服者，或不著乙种常礼服，而以大襟马褂、皂鞋与会。邻邦讥起无礼，无惑乎立法不适民情。人民多数不遵行，名器虚设。而军人军服、警察警服，则等威有定，而瞻礼尊严。祭服郊天用者尤少，人民所用者，皆前清之便服。”[②]具体到广大的基层乡村，相关的规定更是没有多大的意义，以河北省阳原县为例，民国年间的男子礼服直至 1930 年代仍主要是长袍马褂、

① “谈谈新装束”，《申报》1925 年 12 月 21 日。

② 吴廷燮等纂：《北京市志稿・礼俗志》，北京燕山出版社，1998 年 6 月，第 186–187 页。

外加呢帽、皮鞋；女子礼服则为沿用自清末的敞衣（后改为长衣）和民国初年的裙子（素式桶裙）[①]。

长袍马褂之所以在民国年间被官方视为中式服装，同样也是由于它在清末民初中国人的服装生活里较为普遍地存在这一基本的社会事实。虽然后来有不少人把长袍马褂视为清朝遗老遗少的象征，但是，在那个特定的时代，民国政府公布的以双轨并置为特点的礼服方案，依然是合情合理地保留了它的位置。当年在北京召开国会时，议员们的着装一定意义上正是对民国服制的遵从和实践，当然这不仅是对当时基本国情的反映和尊重，同时还是对传统服饰作为文化载体之象征意义的重视。据说“五四运动”过后，北京大学曾整饬校风，规定制服，请学生们公议，但最终形成的议决却仍是袍子和马褂。

所谓“中式服装”，基本上是在和西服洋装的呼应、对照之中才得以定义的。中式服装这一概念原来并不存在，在西式服装传进中国以前，自然也就没有中式服装。清末民初，洋人进来了，留洋的学生出去又回来了，在上海滩和广州等口岸还有一些外国商人来做生意，于是，在意识到西服洋装的前提下，国人才把自己的服装定义为中式服装。中式服装从一开始就是在与海外、西方或东亚其他国家的服装相互对照和比较中得以形塑的，而基本上不以国内多民族的格局为背景。长袍马褂固然是具有清朝统治民族满族的文化起源，但在强制同化政策下，到清末时，它已经成为中国一般男性

---

① 刘志鸿等修、李泰棻纂：《阳原县志》，1935年铅印本，第172–178页。

图 18　2010 年台北祭孔
（采自中国台湾联合新闻网）

的通用服装，故在清末特定的时代场景下，在当时特定的历史文脉的“语境”中，它们很自然地被定义为中式服装。辛亥革命时的汉衣冠之所以未成气候，大概就是因为长袍马褂在中西对峙的格局或前景下，已经被定义为中式服装，而汉衣冠更多地被置于满汉之间，基本上没有机会被置于中西比较或并置的场景之中。所以，民国服制把以长袍马褂为主的中式服装和西装相并列，除了祭服，基本上没有对汉服给予采纳。因为当时是将中式服装和西式服装这两套系统均予以关照，既对外来的文化予以接纳，同时又对自己的传统予以重视。对中、西服装兼容并重的基本姿态，此后一直对中国人的服装生活产生着深远的影响。直至几年前，台湾领导人马英九每年祭孔时仍要穿上长袍马褂，作为孔子第 79 代嫡孙的特任奉祀官孔垂长也身穿长袍马褂，这意味着民国服制关于中式礼服的规范在台湾确实是一直延续了下来（图 18）。

除了新生的多民族国家需要通过中式服装来保持某种文化特性之外，从保护民族纺织工业的角度，当时的服制特别强调采用国产布料和国产纺织品。给中式服装赋予合法地位，其背后蕴含着对民族纺织工业和家庭手工业及女红传统亦能获得发展的期许。即便是采用了大同主义的西式服装，当时也有为保存“国货”而突出强调“易服不易料”的主张。据说在汉口，还曾经有过绅商学界发起的汉口国货维持会，举凡入会者，“以不着外国衣履帽为第一义务”。把长袍马褂明确为国民礼服，有助于改变当时曾经有过的将其和辫子、缠足一起视为“落后”、“愚昧”之表征的认知，有助于形成中式服装的正面印象。虽然民国服制对于传统服装的温存，并不意味着其具体形制有多少变化，但在和西服的对比、参照中，它却具备了不同于清朝以前以等级制和皇权至上的服饰制度的全新意义，亦即它是新的民族国家致力于建构新的国民文化的一部分。

随后的南京国民政府，在施政中依然把服制改革视为建构新的国民文化的重要路径。从 1928 年 11 月起到 1933 年 1 月止，国民政府相继颁布了 14 项涉及服制的条例或法规[①]，除了警察、军队、铁路、司法、海员等国家公务人员的制服之外，以 1929 年颁布的《学生制服规程》和《服制条例》影响最大。通过这些条例或法规，南京国民政府对北洋政府时期制定的服制做了较大幅度的改进，例如，取消了外交及地方行政官员的制服；简化了各种制服形制，比如，对上装的长度予以改短、减少钮扣等；值得指出的是，

① 中华民国立法院编译处编：《中华民国法规汇编》（第八册），中华书局，1934 年 10 月。

还较大幅度地修订了《服制条例》。和北洋政府时期的《服制》主要是礼服制有所不同，南京国民政府的《服制条例》既对一般国民的礼服有所规定，也对国家公务人员的制服有所规范。难能可贵的是，《服制条例》对于礼服和制服的规定，并不包含公务人员的服装优越或高于一般国民的寓意。

《服制条例》所规定的礼服，更加重视“中式服装”，男子的长袍马褂曾被规定为一律用黑色，这时则改为蓝袍黑褂；女子礼服则增加了前期服制中所没有的蓝色旗袍。北洋政府时期的女子礼服，曾被规定为上衣下裙，要求对襟，身长至膝，周身得加绣饰，衣料无颜色限制；南京国民政府规定的女子礼服，保留了上衣下裙形制，但上衣和旗袍均要求“齐领前襟右掩”（近似于右衽），衣长改短为过腰，颜色设定为蓝色，裙子为黑色。这些改动使得女子的着装相对而言，显得更加活泼和明快①。至于以西服洋装为礼服的思路依然存在，但只是简单地表述为“因国际关系服用礼服时得采用国际间通用礼服”。可以说南京国民政府的新服制，在国民礼服方面，强化了“中式服装”的重要性而对西服有所淡化，其优先顺位发生了从西服到“中式服装”的逆转，这意味着服制改革具有本土化的色彩（图 19–21）。与此同时，对于民众的日常生活便装没有做任何规定，反映了服装生活平民化和自由化的趋势。

---

① 〔日〕夏目晶子：《清末至民国时期中国服饰文化变迁与社会思想观念》。

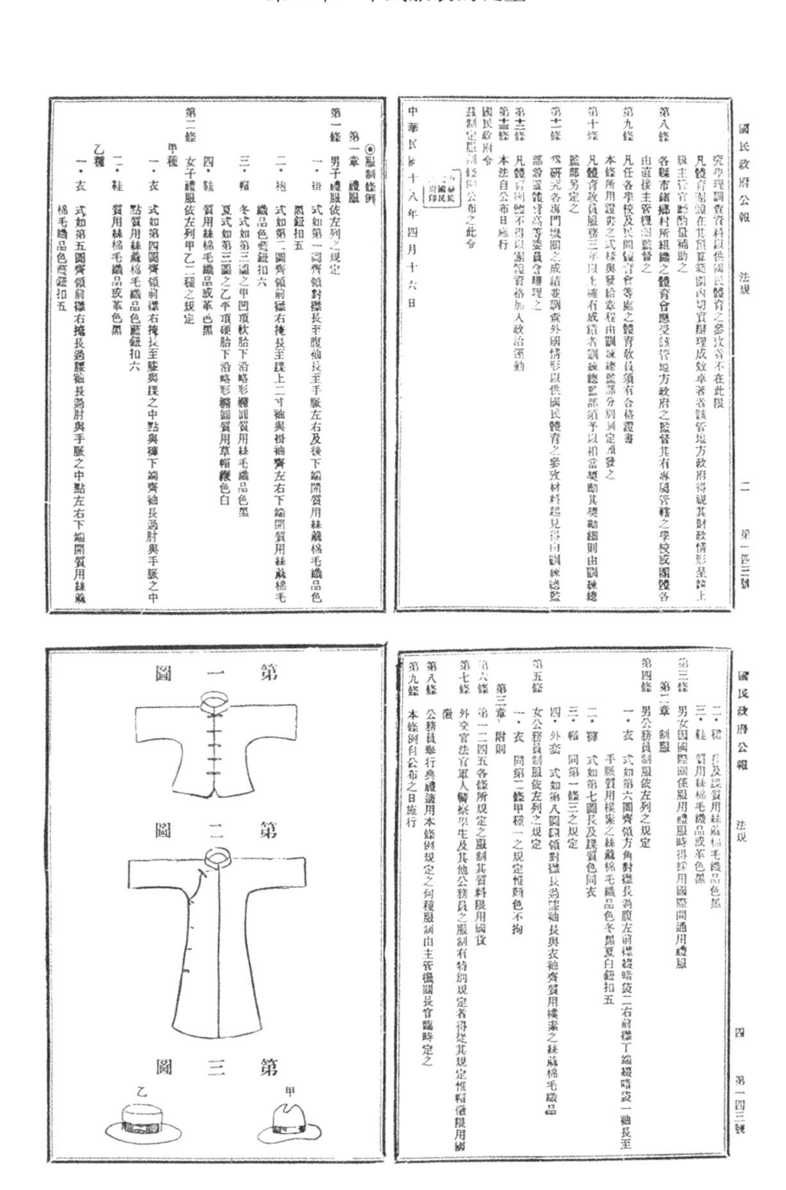

究學理調查資料以供國民體育之參攷者不在此限

凡體育團體在其預算範圍內切實辦理成效卓著者該管地方政府得視其財政情形呈請上級主管官署酌量補助之

第八條　各縣市鄉鎮村所組織之體育會應受該管地方政府之監督其有專屬管轄之學校或團體各由直接主管機關監督之

第九條　凡任各學校及民間體育會等處之體育教員須有合格證書

本條所用證書之式樣與發給章程由訓練總監部分別固定頒發之

第十條　凡體育教員服務三年以上確有成績者訓練總監部須予以相當獎勵其獎勵細則由訓練總監部另定之

第十一條　為研究各專門機關之成績並調查外國情形以供國民體育之參攷材料起見得由訓練總監部設置體育高等委員會辦理之

第十二條　凡體育團體不得以團體資格加入政治運動

第十三條　本法自公布日施行

國民政府令

茲制定服制條例公布之此令

中華民國國民政府印

中華民國十八年四月十六日

◉服制條例

第一章　禮服

第一條　男子禮服依左列之規定

一・褂　式如第一圖齊領對襟長至腹袖長至手脈左右及後下端開質用絲麻棉毛織品色黑鈕扣五

二・袍　式如第二圖齊領前襟右掩長至踝上二寸袖與褂袖齊左右下端開質用絲麻棉毛織品色藍鈕扣六

三・帽　冬式如第三圖之甲凹頂軟胎下沿略彎帶週質用絲毛織品色黑

夏式如第三圖之乙平頂硬胎下沿略彎帶圍質用草帽辮色白

四・鞋　質用絲棉毛織品或革色黑

第二條　女子禮服依左列甲乙二種之規定

甲種

一・衣　式如第四圖齊領前襟右掩長至膝與踝之中點與褲下端齊袖長過肘與手脈之中點質用絲麻棉毛織品色藍鈕扣六

二・鞋　質用絲棉毛織品或革色黑

乙種

一・衣　式如第五圖齊領前襟右掩長過腰袖長過肘與手脈之中點左右下端開質用絲麻棉毛織品色藍鈕扣五

二・裙　長及踝質用絲麻棉毛織品色黑

三・鞋　質用絲棉毛織品或革色黑

第三條　男女因國際關係服用禮服時得採用國際間通用禮服

第二章　制服

第四條　男公務員制服依左列之規定

一・衣　式如第六圖齊領方角對襟長為腹左前襟綴暗袋二右前襟下端綴暗袋一袖長至手脈質用樸素之絲麻棉毛織品色冬黑夏白鈕扣五

二・褲　式如第七圖長及踝質色同衣

三・帽　同第一條三之規定

四・外套　式如第八圖翻領對襟長過膝袖長與衣袖齊質用樸素之絲麻棉毛織品

第五條　女公務員制服依左列之規定

一・衣　同第二條甲種一之規定惟顏色不拘

第三章　附則

第六條　第一二四五各條所規定之服制其質料限用國貨

第七條　外交官法官軍人警察學生及其他公務員之服制有特別規定者得從其規定惟帽徽限用國徽

第八條　公務員舉行典禮適用本條例規定之何種服制由主管機關長官臨時定之

第九條　本條例自公布之日施行

图 19　民国政府公报第一四三号

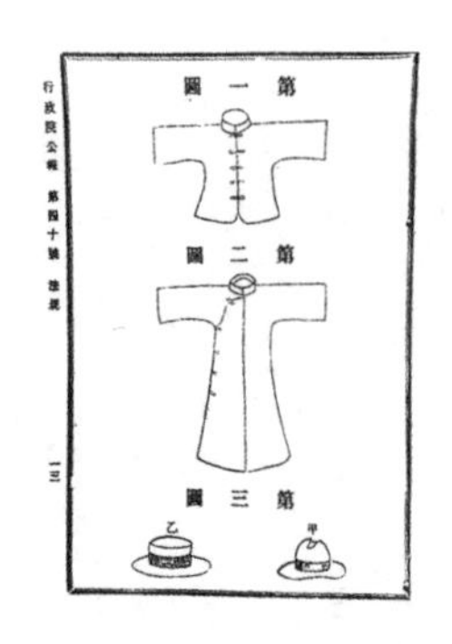

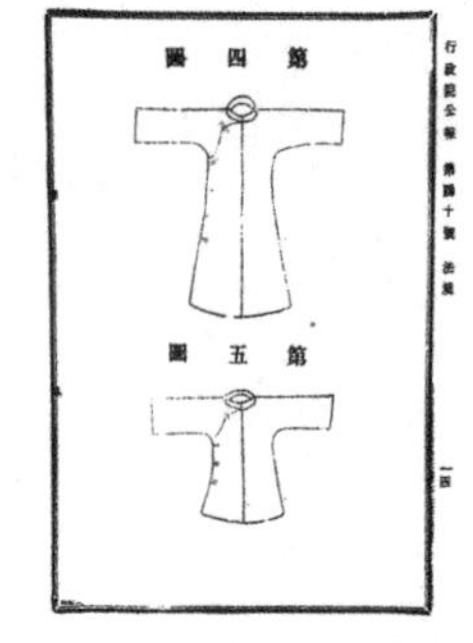

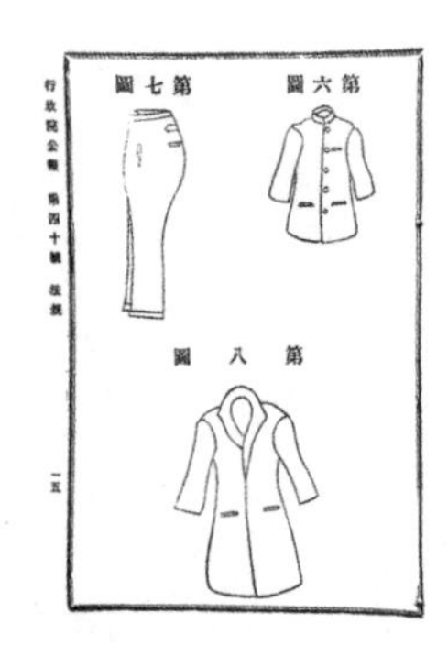

图 20　1929 年《服制条例》插图

（行政院公报第四十号）

图 21　1930 年 3 月 1 日国民党第三届三中全会
开幕时全体中央执行委员合影

（采自万仁元主编《蒋介石与国民政府（上）》第 132-133 页）

《服制条例》中涉及制服的部分，主要是针对除军警、铁路等特殊职业之外的国家一般公务人员而言的。女子以旗袍为制服，作为礼服的旗袍和作为制服的旗袍，不同之处在于制服的规定是颜色不拘，此种简约规范为旗袍在公共场合的表现提供了很大的自由。男子制服规定为裤子采用西裤，上衣用立体形制，和男学生制服类似，胸前装有三个暗袋，服色为冬黑夏白。或有人将此种男子制服理解为中山装，但当时并未明确将中山装确定为公务人员的制服或礼服，分歧主要来自应如何理解《服制条例》对男性公务人员制服款式的描述。由于相关描述非常简略，且与当时的学生制服颇为接近，同时也由于中山装的起源及其和学生制服、军服等款式的关系问题较为复杂，故很难马上得出结论。但随后在1936年2月出台的《修正服制条例草案》，确实是明确地将中山装列为公务员制服："制服：男公务员采中山装式，女公务员采长袍式，均得并用西式服装。"与此相关的"说明"则提到："现行服制条例所定男公务员制服，式如学生装，实行以还，各机关迄未严格遵守，诚以此项款式，未尽妥适，致推行不无窒碍……"由此可知，此前的《服制条例》因对男性公务人员制服款式的描述过于简略，又与学生制服接近，未尽妥适，故未能严格地得到遵循，于是才有了予以修订的必要。

民国服制对于学生的制服较为重视，这是因为国家在建构新的国民形象之际，男女学生的形象更加容易引起关注。北洋政府时的学生制服，规范笼统，男生制服形式，"与通用之操服同"，夏天用白色或灰色，冬天用黑色或蓝色，帽子与"通用之操帽同"，或用本国制草帽，靴鞋也用本国制造品；大学生制帽，"得由各大学特定形式，但须呈报教育总长"。女生"即以常服为制服"，"著裙，裙用黑色"。所谓操服、常服的具体款式并不清楚，或可推测操服大概就是对当时军服的模仿，常服的不确定性则为各学校的自由发挥留下了余地。比较而言，南京国民政府对于学生制服的规定，要更加体系化和具体化，从相关规定看，也是更多地接受了来自军服和西式服装的影响（图 22）。

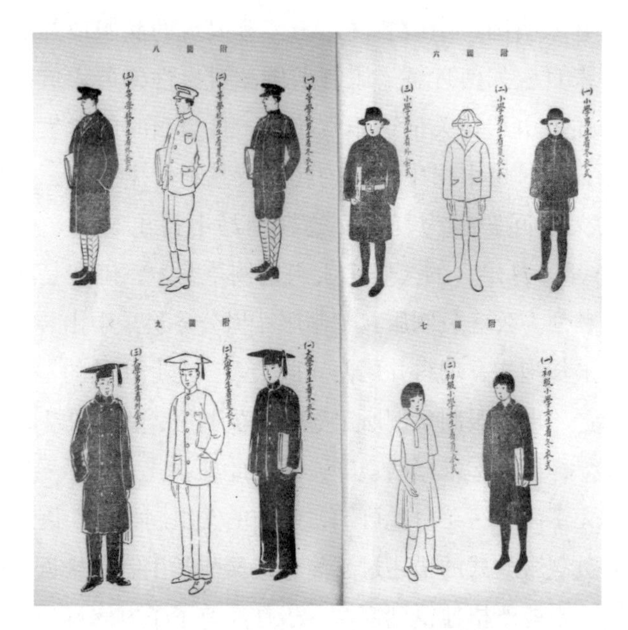

图 22　1929 年的学生制服规程图

总体而言，南京政府对民国服制的改革，明确凸显了中式服装的地位，将其置于比西式礼服更为重要的地位，包括将旗袍确定为民国礼服和女性公务人员的制服等，可以说是尊重了民众服装生活的基本现实。民国服制对于当时和后来很长一段时期内中国民众的服装生活产生了深远的影响，也推动了一般国民逐渐形成新的现代服饰意识。民国服制是近代中国社会与文化急剧变迁之过渡阶段的历史性产物，如果说北洋政府时期的服制主要是回应易服的时代性课题，试图通过服制确立新政府的权威性，那么，南京政府在前期的基础之上，经由服制改革所确立的新服制，则更多地是要建构新的国民文化，亦即制造新的“国民”。也因此，在兼顾西式礼服和西式制服的前提下，中式服装便得到了更加明显的强调。

20世纪20–40年代，中国民众的服装生活方式，总体上出现了“短装化”的走向，民国服制也直接推动了人民的着装之由传统的宽大松缓逐渐向现代的简短精干的方向实现转换[①]。以女学生的着装为代表，改良式女装的一般特点是上衣较短、长不过臀，整体装束追求朴素大方。长袍马褂则有了两个分化的支流，一是从长袍经改良发展出了中式长衫，二是从马褂经改良而演绎出各种中式短装。单布长衫或夹层长衫，曾经是1920–1940年代知识分子或经济条件一般的公务

图23　长袍

图24　长衫

① 丁万明：“民国初期服制变革的成效及其文化意蕴”，《社会科学论坛》2012年第3期。

员、大学生等较多穿用的典型装束，和长袍马褂之长袍相比较，长衫更加合体贴身，袖口也趋于紧窄，再配以西裤、皮鞋、礼帽等，显然是一种亦中亦西的穿着；长衫的线条比较简练，布料比较随意，剪裁制作也比较简单，可与之搭配的配装（鞋、礼帽、围巾等）也有相对较多的选择，因此，它和现代旗袍能够构成一组相互呼应的男女服装。从此种中式长衫的形制变化和配套的辅装来看，其所受西式服装的影响自不待言。（图 23–24）进入 1950 年代之后，长衫逐渐消失，进而中国人的男装就彻底实现了“短装化”。

和通过国家权力建构服装制度以引导或介入民众服装生活的方式有所不同，近代以来中国服装文化的变迁更加具有重要性的则是普通民众的穿着实践。无论是礼服，还是常服，抑或是劳作时的穿着，民众服装生活以约定俗成为原则，同时也在不断地实践着改良和革新，其中包括对服装自由化和时尚化的追求。事实上，在老百姓日常的服装生活中，还有很多中式服装的其他形态，例如，民国时期的传统男女裤很多都是平面剪裁的“缅裆裤”，中下层劳动阶级的男子往往还要扎着裤脚，只是因为它们太过民俗，而没有被服制改革者所关注而已。

第三章　中山装：西式服装的“中国化”

第一节　孙中山的民族服装思想

中山装究竟是不是由孙中山亲自创制的，这在近现代中国史上还是一个谜题。但至少可以说，孙中山生前在一些场合穿过的某种款式的衣服，大概就是后来中山装的祖型；孙中山曾经拜托过当时的裁缝或服装店定制过他心目中理想的服装；而且，他的民族服装思想，也确实是深刻地影响到当时参与中山装创制的团体或个人。

早在中山装被推出和逐渐普及之前，中国人在服装生活方面的变革便已有诸多迹象可寻了。在晚清掀起的海外留学热潮中，在海外华侨社群中以及在沿海各通商口岸的城市里，洋装逐渐出现并为人们所广泛关注。1911年，辛亥革命爆发前后，很多知识分子和商界精英均采取反清崇洋的立场，他们留学欧美、日本归来后，纷纷剪去辫子，脱下长袍马褂，蓄起“西发”、穿起西装，曾一度导致出现过长袍马褂和洋装混搭的局面，诸如在长袍外罩以西装之类的现象。历史发展到辛亥革命前后，中国人服装生活的革新巨变业已揭开序幕，并初步具备了一定的社会基础。

由于中国政治文化的传统之一是要在改朝换代时更改年号和服制等，所以，辛亥革命成功后民国政府的急务之一，也是要尽快改变国人长期以来被西方列强视为“羸弱”和“病态”的印象，亦即通过剪辫、放足、易服、“咸与维新”，来逐渐树立起中国人的全新形象。

孙中山就任中华民国临时大总统以后，曾经颁布了许多涉及政治、经济和社会改革的法令，其中有关剪辫、易服等方面的内容尤其值得关注。在孙中山和他周围的革命党人看来，剪辫旨在“涤旧染之污，作新国之民”，是可以在令到之日 20 天以内实现的；但易服就不是很容易，服装改革的问题之所以较为复杂，乃是因为服装不仅涉及民族标识等重要的象征性，它同时还涉及国计民生与民众生活等各个方面的实际问题：从国家的纺织与服装工业的水平，到各个地域普遍存在的民俗服装，以及各种不同职业与性别的服装；与社会的阶级、阶层结构和人生的不同阶段与不同状态等等均紧密相连；此外，在社会生活的诸多具体场合或场景，也都往往需要人们通过不同的服装去表现或应对；等等。人们的服装生活，实在是很难在短时期内仅通过行政命令就能有所改变的。所以，易服原则上主要是指礼服的变革，至于百姓日常生活中的常服则宜于听民自便。如前所述，政府于 1912 年 10 月颁布的服制，只有中、西式礼服和昼礼服、晚礼服等[①]，也正是体现了服装改革的这种特点。

---

① 参考《政府公报》第 157 号，1912 年 10 月。

近现代中国的服装文化之所以形成西洋化和国际化的发展趋势，除了西服被作为易服之首选，在国家服制中具有合法性之外，还有一个重要侧面值得注意，亦即军警制服和学生制服在当时的影响很大，它们的款式其实均来自西式军队，其剪裁技法也是西式。从最早始于清末新政时的军队改革，包括新军易服在内，当时的军警官宪以军服为范本的多种制服，到民国时期便逐渐发展出学生服，进而也可能影响到中山装的形制。可以说，正是在西式军服或学生制服大面积存在的背景之下，中山装的创制才堪称是西式服装中国化、本土化的一个范例。在西式服装中国化的过程中，孙中山的民族服装思想曾经产生过很重要的影响。

孙中山于1912年2月4日写给“中华国货维持会”的信函，全面地表达了自己的民族服装思想，其文如下：

径复者：

来书备悉。贵会对于易服问题，极力研求，思深虑远，具见关怀国计，与廑念民艰热忱，无量钦佩。礼服在所必更，常服听民自便，此为一定办法，可无疑虑。但人民屈服于专制淫威之下，疾首痛心，故乘此时机，欲尽去其旧染之污习。去辫之后，亟于易服，又急切不能得一适当之服式以需应之，于是争购呢绒，竞从西制，致使外货畅销，内货阻滞，极其流弊，诚有如来书所云者。

惟是政府新立，庶政待兴，益以戎马倥偬，日夕皇皇，力实未能兼顾及此。而礼服又实与国体攸关，未便轻率从事。且即以现时西式装服言之，鄙意以为尚有未尽合

> 者。贵会研求有素，谅有心得，究应如何创作，抑或博采西制，加以改良，既由贵会切实推求，拟定图式，详加说明，以备采择。此等衣式，其要点在适于卫生，便于动作，宜于经济，壮于观瞻。同时，又须丝业、衣业各界力求改良，庶衣料仍不出国内产品，实有厚望焉。
>
> 今兹介绍二人，藉供贵会顾问：一为陈君少白（香港中国报馆），一为黄君龙生（广东省海防）。陈君平日究心服制，黄君则于西式装服制作甚精，并以奉白。藉颂
>
> 公安[①]

从上文可知，孙中山认为，所谓易服，就是指郑重场合的礼服，“礼服在所必更，常服听民自便”，这意味着国家并不需要干预普通民众的常服。他曾经对将西服洋装规定为民国的礼服有所不满，并担忧若西装成为定制之后，必然要使用大量的外国衣料，为此，他明确地提出倡导国货的主张。作为爱国者的孙中山，甚至计算了进口洋布和西装可能给国民经济带来的损失，因此，发展民族工业，提倡国货，以解决国人穿衣问题，便构成了其创制中山装的基本动机[②]。

孙中山认为，创制新的国民礼服衣式，应该遵循几个大的原则，亦即“要点在适于卫生，便于动作，宜于经济，壮于观瞻”，注重经济、实惠、便民和利于卫生和劳作，可以说，

---

① 孙中山：“复中华国货维持会函”，《孙中山全集》第二卷，中华书局，1982年7月，第61–62页。

② 陈高华、徐吉军主编：《中国服饰通史》，宁波出版社，2002年10月，第555页。

这些原则也是后来促使中山装获得成功的原因。孙中山的民族服装思想，原本是较少有将衣冠政治意识形态化的内涵，只是在后来具体的创制和相关“言说”之中，中山装才被国民党人视为国民革命和三民主义的物质载体或象征符号。

孙中山认为，穿衣是随着文明进化而发展的，故文明越进步，穿衣问题也就越复杂。孙中山主张的“民生主义”的第一个问题是吃饭，第二个问题就是“穿衣”；他认为，今日民众所需要的衣服之完全作用，必须能护体，能美观又能方便，不碍于做工，那才是完美的衣服。就是说，服装应该既护体，又美观，还必须方便，不碍于劳作。他和当时很多革命党人多倾向于认为，长袍马褂不适宜于现代生活，且剪裁费料，不经济。在他们看来，对襟式短衫又有失简陋；大襟式长衫则行动不便。换言之，传统的中式服装被认为既不实用，也不合时宜。西装在当时的中国虽然流行一时，但它除了上衣，还需配合衫衣、领带、皮鞋、手套和礼帽等，不仅较为繁琐、费事，且价格较为昂贵，多需进口，故亦不大适合当时国人的生活方式。

孙中山所理想的民族服装，实际上就是使西服实现“中国化”，同时还应该满足“适于卫生，便于动作，宜于经济，壮于观瞻”的要求，也就是说，他是希望有一种既能反映国人新的精神风貌，又具有时代和民族特色的服装式样。中山装也正是在这样的背景下应运而生的。

孙中山本人大约是于 1895 年年底前后，在日本的横浜剪辫、易服，穿上了西装和日本当时的新式服装如学生装、士官服等，以表示与清朝决裂和崇尚新文化的革命决心。孙中山最初的易服行为，在辛亥革命成功后，逐渐地发展成为有关民族服装的思想，进而还进一步发展为具体地创制、示范、提倡和积极推广中山装的社会文化实践活动。孙中山早年曾经穿着过长袍马褂、西服和日本学生制服等，但晚年却主要只穿后来被称为“中山装”的服装。在孙中山个人魅力的影响下，当然也有他民族服装思想的感召力，同时也受到革命党人的响应、追随，以及民国政府大力推行的影响，中山装终于在他逝世之后，迅速风靡全国。

孙中山很在意着装，辛亥革命成功以后，他出席各种重要活动的场合时，亦曾因不同场景的需要而分别穿过长袍马褂、西服和后来被视为中山装之原型的服装（图 25）。在他看来，西服虽好，不适应中国人民的生活，正式场合会见外宾有损国体；而传统服式，不仅款式陈旧，还与封建体制不易区别。在一定意义上，正是他的着装实践，开创了近现代中国政府领导人的“着装政治学”。孙中山对于新式服装的探索和穿着

图 25　穿长袍马褂的孙中山

（1924 年 11 月下旬，采自万仁元主编《孙中山与国民政府》第 68 页）

实践，一直持续到他去世时为止，不过，虽然后人将他视为中山装的原创者，但更为接近历史真相的事实却可能是，他生前并没有明确究竟哪一套服装才是他亲自设计或较为心仪的。孙中山本人对于创制新服装的构想，一直有“博采西制，加以改良”，“以备采择”的说法，这和他本人曾经穿用过多款改良服装的具体实践是密不可分的。

第二节　中山装的缘起与意义

关于中山装的原型与由来，学术界有多种不尽相同的看法[①]。或认为它是改自当时的学生制服，或认为它汲取了西服造型而设计[②]，或认为它来自南洋华侨的“企领文装”，或认为它从当时的陆军军服改进而来，是一种源自军装的新便服。有些人认为，中山装和当时很多留日学生的学生服有一定的关联，留日学生的学生服，后来还多少影响到中国当时的校服。

具体说来，第一套中山装究竟是由谁、在哪里以及是怎样制造出来的，它的款式又是什么样的，这可以说是近现代中国史的一个谜题[③]。有关第一套中山装的发明权，其实是有颇多的争议。据有关人士回忆，1905年前后，孙中山曾经

① 参阅〔日〕山内智惠美：《20世纪汉族服饰文化研究》，西北大学出版社，2001年8月，第105–106页；陈高华、徐吉军主编《中国服饰通史》，宁波出版社，2002年10月，第555页。

② 黄能馥、陈娟娟：《中国服饰史》，第611页。

③ 季学源、竺小恩、冯盈之主编：《红帮裁缝评传》，浙江大学出版社，2011年5月，第62–63、116–117页。

偕同黄兴等人，拜访横滨华侨张氏的同义昌呢绒洋服店，将创制中国新服装的意图托付给了张方诚等服装界的华侨，这批日本华侨采用西装造型和制作技术，参照日本学生装、士官服的改革思路，融入中国服装传统的要素，根据中国人的体型、气质和社会生活的动向等，试制了初期的中山装。它为直翻领、胸前 7 个钮扣，4 个口袋，袖口 3 个钮扣，孙本人曾经试穿过，也得到周围人们的肯定。辛亥革命后，孙中山带着日本陆军士官服、学生装和在日本做的早期中山装，又到上海的“荣昌祥”，要求依此几种样本做一套直翻领、有袋盖的四贴袋新服装，袋盖做成倒山字形笔架式，同时把门襟由 7 扣改 5 扣等。经孙中山本人试穿之后，感觉是胜于西装，也比横滨早期的中山装有较大改进。这便是中国第一套中山装。[①]

第二种说法是指孙中山大约在 1923 年前后，委托越南河内洋服店的华侨黄隆生设计新的服装款式。黄隆生参考多种服装样品，最后以英国学生制服（或曰南洋华侨中流行的企领文装）为蓝本设计并亲自缝制好样品，受到孙中山和革命党人的欢迎。这里提到的黄隆生，应该就是孙中山在 1912 年 2 月 4 日写给“中华国货维持会”的信函中提到的广东省海防人“黄君龙生”，当时他对黄的西式服装的制作技术备加赞赏。

第三种说法是认为中山装曾经受到南洋的影响，是在汲

① 陈万丰主编：《中国红帮裁缝发展史（上海卷）》，东华大学出版社，2007 年 4 月，第 30–31 页。

取了南洋华侨“企领文装”的上衣形式，才创制出来的[①]。与此说较为接近的是，还有人认为，中山装起源于“广东便服”，只是把直领改为了翻领。[②]

第四种说法是孙中山亲自设计（或说他从日本带回铁路工人装），交由上海亨利西服店裁缝制作出第一套具有汉民族特点的简便服装，亦即中山装。

第五种说法认为，是浙江宁波奉化籍的“红帮裁缝”[③]王老板和他在上海创设的“荣昌祥呢绒西服号”，制作了中国第一套中山装。这种说法和第一种说法的后半段有部分吻合。

此外，还有“王顺泰西装号”接受孙中山委托而制作的说法等等。

上述说法虽然各有理据，但大都缺乏实证，多为口碑传说，也不排除借孙中山之名抬高自己的可能。此外，还有一些人在情感上不能接受是日本影响到中山装，故会强调其他的主张。根据多种资料推论，最有可能的是在孙中山 1925 年去世之后，人们在他生前相对较多穿着的那几款曾深受学生制服和新式军服影响的服装中，选择命名了中山装（图 26–29）。

---

① 徐清泉：《中国服饰艺术论》，第 96 页。

② 孙沛东：“总体主义背景下的时尚——‘文革’期间广东民众着装时尚分析”，《开放时代》2012 年第 4 期。

③ “红帮裁缝”当系“奉帮裁缝”的讹称，奉帮裁缝也就是出身奉化的洋装裁缝。旧时专门剪裁制作长袍马褂和中式对襟服装的裁缝，称为“本帮裁缝”；与之相对应，专门剪裁西服或各种准西式服装的，便是所谓红帮裁缝。若进一步细分，又有男式红帮裁缝和女式红帮裁缝的不同，前者主要来自宁波，以做男西服为主，后发展成西服业，后者主要来自上海，以做女式西装及旗袍为主，后发展为时装业。参阅刘云华：《红帮裁缝研究》，浙江大学出版社，2010 年 5 月，第 6–7、188 页。

图 26　1912 年孙中山就任临时大总统时留影

（采自《孙中山全集》第二卷）

图 27　1917 年孙中山在广州和宋庆龄合影

图 28　1918 年孙中山在上海留影

（采自《孙中山全集》第四卷）

图 29　1923 年孙中山在广州穿着中山装

检索民国时期的图像资料可知，孙中山本人从民国初年至病逝之前，在重大场合穿过的服装，主要有大元帅服、西服、长袍马褂、军服（1912年1月就任临时大总统时）、学生制服（1921年4月7日赠给日本友人山田纯三郎的照片，现存日本爱知大学校史纪念馆），以及由多种原型（学生服或军装、企领文装等）改良的若干立体剪裁的西式或准西式服装等。大体上，在1914年之前，孙中山较多穿西装，随后则较多地穿学生装，故时有“先生喜服学生装”一说[①]。有的研究者认为，就其生前的穿着实践来看，他比较喜欢原型缘于日本的立领、三个口袋的学生装，以及由军装改进故有军装风格的翻领和四个口袋的服装，而后者应该就是“中山装的雏形”[②]。另有学者指出，四个口袋的军服与后来的中山装形制最为接近，翻阅和对比多种图像资料发现，中山装在款式的设计上，与20世纪初流行于西方和日本的现代军服有明显的联系[③]。鉴于当时中国军队以西方为样板的服制改革，全社会对于现代军服的形象形成了普遍认知，因此，中山装最有可能是从军服改良而来。因此，说“中山装似乎是从德国借道日本传到中国的”[④]，大概正是指其源于军服之意。华梅教授在谈到服装（时装）的循环流动时曾经指出，欧洲的西服上衣被引进日本后，成为立领的制服，后来，中国人又将其改为立折领（融入了清代的领衣式样），并改三

---

① 袁仄、胡月：《百年衣裳——20世纪中国服装流变》，生活·读书·新知三联书店，2010年8月，第116页。

② 安毓英、金庚荣：《中国现代服装发展史》，中国轻工业出版社，1999年4月，第30–31页。

③ 〔日〕夏目晶子：《清末至民国时期中国服饰文化变迁与社会思想观念》。

④ 〔美〕葛凯（Karl Gerth）著：《制造中国：消费文化与民族国家的创建》（黄振萍译），北京大学出版社，2007年12月，第112页。

袋为四袋而成为中山装；中山装随后又作为中国特色的服装，引起了欧洲青年们的效仿。[①]

1925年4月28日，上海“亨利西服号”在《申报》刊登广告称：“‘Prince of Wales Style’英皇太子式西服，世界各处无不仿行之。本号对于此式服装，专门研究有素，故式样方面，精优无比。吾国第一伟人孙中山之衣服，亦多在本号所制。”由此可以推知，直至孙中山逝世后不久，尚不见“中山装”这一称谓。1926年12月6日，《申报》发表文章提到“国民的服装，需有一定的规定，现在洋服既易遭一部分人的反对，长衫又有种种弊端，惟有孙中山先生所提倡的学生装最妥了”[②]。但据上海《民国日报》1927年3月26日所刊广告的信息，因孙中山生前在该店“定制服装，颇蒙赞许”而名声大噪的上海荣昌祥号，在“国民革命军抵沪”之际，为提倡服装起见，曾低价销售中山装，以便“民众必备中山装衣服”。1927年3月30日，《民国日报》又刊登“王顺泰西装号”广告，提及“至于中山先生之服装，则其式样如何，实亦吾同志所应注意者。前者小号幸蒙中山先生之命，委制服装，深获嘉奖。敝号爰即取为标准，以供民众准备。式样准确，定价特廉”云云。1927年6月26日的上海《申报》广告，也说有商人制作中山装出售，并称“青天白日旗帜下之民众，应当一律改服中山装，借以表示尊重先总理之敬意”。1927年9月6日，上海市国民党部秘书发布通告，

---

① 华梅：《服饰社会学》，中国纺织出版社，2005年3月，第117–118页。

② “改良中国男子服装谈”，《申报》1926年12月6日。

亦即“党员服装宜用国货案”，要求国民党员在提倡“国货”方面身体力行，有把中山装推为国服之意。1928 年 3 月，国民党内政部要求部员一律穿棉布中山装[①]；1928 年 4 月，首都（南京）市政府要求职员一律穿中山服；1928 年 7 月 9 日，张恨水在北平《世界晚报》副刊撰文“中山服应用中山布”[②]。综上所述，可以推定大约是在 1927–1928 年间，才正式形成了“中山装”或“中山服”的称谓，随后，也才出现了较大规模的民众穿着实践。

1929 年 4 月，政府在第二十二次国务会议上议决《文官制服礼服条例》，提出“制服用中山装”，从而使中山装在法律上获得了崇高的地位，成为法定的公务员制服。而在同时或随后颁布的多项服制法规中，有些地方也提及中山装，例如，要求陆军、警察、公署卫士等制服款式，“依照中山装样式”。于是，也就出现了党政要员多以中山装为礼服或正装的倾向。由此可知，中山装反过来还对当时的服制确实产生过重大的影响。

综上所述，大体上可以肯定中山装的款式定型，大约是在 1922–1924 年间，但其称谓的确定基本上是在 1925 年下半年到 1929 年这一段时间之内。其称谓确定的前后，也正是国民党中央和南京国民政府为了政治方面的考量，在全国范围内大力组织孙中山纪念活动，大力推动孙中山崇拜，以有助于统一全国民众之向心力的时期[③]。可以说，正是在大力

---

① “薛内长的谈话”，《中央日报》，1928 年 3 月 28 日。

② 水：“中山服应用中山布”，《世界晚报》副刊“夜光”，1928 年 7 月 9 日。

③ 陈蕴茜：“时间、仪式维度中的‘总理纪念周’”，《开放时代》2005 年第 4 期。

建构孙中山崇拜的过程中，以“中山”命名的军舰、公园、城市道路，以及他生前较多穿用的服装等动向，遂在全国遍地开花。1934年2月，蒋介石开始提倡“新生活运动”，由于其理念和孙中山早年的民族服装思想颇有契合，从而进一步推动了中山装的普及①。1936年2月，蒋介石下令全体公务员穿统一制服，式样为中山装②；几乎同时出台的《修正服制条例草案》，也非常明确地确认了中山装作为男性公务员的制服：“制服，男公务员采中山装式，女公务员采长袍式，均得并用西式服装。（说明）现行服制条例所定男公务员制服，式如学生装，实行以还，各机关迄未严格遵守，诚以此项款式，未尽妥适，致推行不无窒碍……”意思是说以前“式如学生装”的男性公务员制服不是很妥当，应以“中山装式”来取代。从此，中山装在中国就更进一步地普及开来，并获得了某种官方地位。

中山装原本并不是中国人的民族服装，其历史也并不很长。但是，为数众多的中国人却把原本具有西式来源的中山装解读为自己的民族服装，这其间的缘由究竟是什么呢？对于中山装之和孙文其人的特殊关系、中山装与海外华侨的密切关系、中山装与西式服装文化的密切关联、中山装所县有的革命意识形态属性等，几乎都是为大多数研究者们所承认，但在分析有关中山装的问题时，我们既应承认孙中山个人的巨大贡献，也必须看到20世纪前半叶，中国人民服装生活变迁的时代大趋势及其深厚广大的社会基础。中山装的推出

① 〔日〕乗松佳代子：「民国期の中山服に関する一考察」、『愛知県立大学大学院国際文化研究科論集』、第13号、第187–208頁、2012年。

② “蒋院长令饬公务员穿制服”，《中央日报》，1936年2月19日。

和逐渐普及，被很多研究者看作是中国服装史上具有深远影响的重大改革，无怪乎有人说它使中国人较为彻底地告别了几千年的袍服传统；也有人指出，中山装在相当程度上满足了当时国人对民族服装的渴望。可以说，在民国时代服装发展平民化、大众化、都市化及西化的趋势中[①]，中山装所发挥的前导作用尤其不应该被忽视。

缘起于军服或学生制服，又对军警及国家公务员制服产生过深远影响的中山装，从一开始就不是一套普通的服装款式，而是和现代多民族国家的权力及国民文化建设有着密切而又深刻的纠葛。作为孙中山崇拜的符号之一，中山装主要只是男性的服装，它曾被很多国民视为是具有现代性的，可以在国际社会重塑国家形象和国民全新的精神状态，因而也是特别具有象征意义的礼服。伴随着中山装不断地走向大众化、平民化，在全国逐渐普及开来，它的各种符号意义也不断被加以补充、修正和强化。

第三节　中山装：西式服装的“中国化”

中山装虽历经改良，但就基本形制而言，当属西式款式。然而，中山装的风格却无疑属于中式，此种中式属性的获得，并非来自剪裁技术或款式方面，而主要来自它所承载的寓意和象征性。中山装是在中国近现代多民族国家创造国民文化的实践过程当中出现的，它既有作为中式服装的民族性，又

---

① 徐清泉：《中国服饰艺术论》，第 271–273 页。

因为和西式服装能够通约而具有某种现代性。在规训国民身体的意义上，它反映了民国时期政府力图通过推广这款服装以重塑国家形象和国人精神面貌的努力[①]。

中山装的款式原型基本上是外来的，它以西式服装——无论其原型模仿自欧洲还是日本——为样本，采用了西式服装剪裁亦即立体剪裁的技术的技巧。虽然中山装的款式细节长期以来一直处于变化之中，但它接近于各种制服的属性，以及它在裁缝制作的技术体系上，均应该被归于西式服装的谱系。中山装由中国裁缝参照西服的款式、剪裁及缝制的技法，按照中国人的体型、气质和生活环境，不断加以改进，即是中国化的过程[②]。早期的中山装以立领、领子紧扣、对襟、装袖、暗兜或四明兜、后背破缝、直线排列七扣、六扣或五扣为等特点。关闭式的中山装小立领和开放式的西装大翻领，相互可以形成鲜明的对比。同样参照西裤样本设计的中山装裤子，把传统的连裆裤改为前后两片组合，其特点是前面开缝用暗扣，左右侧设暗兜，左右臀部或各挖一暗兜，裤腰打褶，裤管翻脚等。在后来的发展中，中山装也不断得以改进和简化，如立领改为翻领（亦称翻折式立领），破缝、袖扣等逐渐消失。中山装的关闭状立式翻领、对襟、四个明贴袋、袋盖附以明扣等，又与欧美及亚洲各国的类似服装有所不同，多少被视为是独有一些中国的特色。

中国传统服装的剪裁方法，为平面剪裁或直线剪裁，与西

① 陈蕴茜："身体政治：国家权力与民国中山装的流行"，《学术月刊》2007年第9期。

② 季学源、竺小恩、冯盈之主编：《红帮裁缝评传》，第60页。

方惯用的立体剪裁，亦即量体裁衣形成鲜明的对比，两者的差别主要是在于服装与人体的关系紧密贴身与否[①]。就欧美的紧身衣裤而言，剪裁必须依据人体的复杂体面关系而进行，力求服装与人体的贴合，所以，其剪裁工艺比较复杂和讲究；往往还需要通过收缝、接口和各种剪裁手法将面料组合成为一套体面较多变化的服装，相对而言，导致或便于款式变化的因素较多。传统中式服装则正好相反，通过平面剪裁而制成的衣服较为宽松，不显露形体，领和袖的变化也比较少；一般也不需要运用复杂的工艺来使得服装和人体过于贴合；而且，由于肩袖相连，甚至也不需要明确的肩宽，腰身不用收缝，用一根带子即可束腰。这种平面剪裁的传统工艺，数千年变化不大，故中国传统服装的款式通常也较少有很大的变化。简单地说，它较为简便、易于掌握，颇为适合自己动手、丰衣足食的中国文化。[②]无怪乎后来的汉服运动也把是否采用平面剪裁技术，视为当代一件衣裳算不算是汉服的唯一和首要标准，并且认为它除了技术层面，内涵也有审美与文化的不同[③]。

由于中山装就剪裁技艺而言属于西式，所以，早年人们一般是去西服店定制中山装，通常不会去本帮的裁缝铺。中山装的造型不同于传统中式服装的平面与连袖剪裁，它通过装袖、垫肩、适当收腰等技法，总体上达到贴合人体而又端庄持重、简朴大方、严谨干练，有阳刚之美的穿着效果。中山装虽然取法于西式服装，但缝制工艺较为简易，并且是既

① 汤献斌：《立体与平面·中西服饰文化比较》，中国纺织出版社，2002年6月。

② 诸葛铠等：《文明的轮回：中国服饰文化的历程》，第17–18页。

③ 杨娜等编著：《汉服归来》，第48页。

可使用高级衣料制作，也可使用一般布料制作；既可作礼服，也可作为日常衣服，能够适用于很多场合。因此中山装被认为具有实用、方便和经济等优点，的确是较为符合孙中山当初的民族服装思想。中山装的款式也与欧美的西服有一些不同，它将一般西式服装的三个暗袋改为四个对称明兜，颇符合国人的均衡审美观。

和上装相比较，民国时期下装的西式化其实更为彻底，故有人称之为“裤子革命”①。除了自清末传承下来、采用平面剪裁的传统式“缅裆裤”之外，从海外引进的现代式西裤很快就在大中城市普及开来。分别与西服配套的西服裤和与中山装配套的中山装套服裤（以裤脚缅起为特点），两者差异不大，随后趋于合流。西裤除了和西服及中山装可以搭配之外，其实它和长袍马褂、传统布鞋等也很协调。有一个时期，上层社会曾流行吊带西服裤，通常是必须和西式衬衣、领带或领结、西装坎肩、西服外套等相匹配的，后来裤吊带却被裤腰带所替代。以上海为中心的都市女性们也穿起了西裤，并和缩短了的中式小袄可以协调搭配；应该说西式女裤的普及，又进一步推动了相对于上衣下裙之上衣下裤的女性着装新风俗。

中山装的另外一个重要的特点，就是它具有强烈的政治象征性，亦即在西装基本样式上渗入了中国的传统意识和革命意识形态②。中山装的中式属性，更多地是经由孙中山的三民主义以及后来不断附丽其上的诸多“言说”，人为地予以建构的，其中最根本的或许是它最终成为中国民族主义的

① 吴昊：《中国妇女服饰与身体革命》，东方出版中心，2008年1月，第55页。
② 孙世圃编著《中国服饰史教程》，中国纺织出版社，1999年7月，第195页。

重要载体，故成为中国人表达民族主义思想或情绪时最为醒目和普及的符号。据说早期的裁缝业者在把七纽扣改为五纽扣时，说是象征“五权宪法”（一说象征“五族共和”）[①]；中山装的四个明兜，标志着“国之四维”（《管子·牧民》：礼义廉耻）；兜盖呈笔架式，则象征着中国的民主革命重视笔杆子（知识分子）；明兜的四粒纽扣，蕴含着人民拥有“四权”之意[②]；衣领的颈部紧收，被认为是应对压力与危机的象征。有的裁缝师傅还认为，中山装袖口的三个边扣代表着三民主义，四只加盖的明兜则表示四海归心，甚至把中山装后背无缝，也说成是象征着国家统一等等。所有这些“言说”未必有可靠的出处，但却在坊间以口碑形式广泛流行，成为早期制作中山装业者之间的一些固定说辞。无论如何，它们对于在民间形成有关中山装的集体印象，对于将中山装视为某种意义上的国服想象或民族心理认知，却有不宜忽视的重要性。可以说，由于中山装是基于革命党人的政治理念人为创制的，故蕴含着创制者强烈的主观意愿和设计理想，其象征性的特点也就显得尤为突出。

大约到1940年代前后，中山装不但普及到了中国社会的基层，还逐渐向边远地区持续渗透。当时在一般的县城里，公务人员均多穿着中山装。这种情形反映了新兴的国民国家在建构国民文化方面所做出的努力及其成果，也深刻地说明了国家机器和制服、礼服之间的深刻关联。实际上，这种情

---

① 所谓五权，是指“行政、司法、立法、考试、监察”；所谓五族，是指“汉、满、蒙、回、藏”。

② 亦即所谓“选举、创制、罢免、复决”。

形甚至也在一定程度上，为在1950年代以后，中山装逐步发展成为所谓的“干部服”，奠定了一定的历史背景和社会基础。

第四节　制服社会及其衰微

1949年10月，中国发生了政权交替。新政权提倡人民在服装方面的平等，于是，社会上层流行的长袍马褂、西装和长衫等逐渐退场，而中山装、各种中式短上衣和学生装，便成为多数男子的选择，全社会进一步的短装化迅速成为现实。新中国革除了民国政府时代的很多政策、举措，却较为完整地继承了中山装的遗产，包括其内涵的民族主义、革命和反帝、反封建的政治象征含义，并使之有了进一步发展。究其原因，除了毛泽东等中国共产党领导人也自称是孙中山及其事业的追随者和继承者之外，新中国政府事实上既没有必要，也不再打算在传统的中式服装、西装和中山装之外，再一次进行服制的改革了（图

图30　1949年毛泽东在天安门城楼上

30）。换言之，曾经涉及国人形象和中国人民族服装的服制改革，经由孙中山等革命先行者们的改制实践已初步获得成功，中国社会对此也已经做出了肯定性的选择。

中山装的款式细节，在1940年代以后，曾不断地发生微调，并一直延续到1950–1980年代的“干部服”、“人民服”、军便服等，其寓意也不断地有新的拓展，但民族主义始终构成其内涵的根本。1950年代以后的新中国，中山装进一步得到普及，不仅党和国家领导人穿，全国广大的干部、工人、学生和知识分子也都穿，甚至还逐渐渗透到了基层农村，刚开始时，农民把它叫“干部服”①，后来农民们自己也开始开始穿了。不过，由于城乡二元结构和农村的现状，在很长的时期内，中山装仍与贫困地区农村里人们现实的衣着生活关系不大②。

从1950年代起，还产生了所谓的“毛式中山装”。据说，1956–1957年北京红都时装公司特级工艺师王庭淼、田阿桐先后为毛泽东制作服装时，对中山装进行了一些改制，将领型、袖型、兜袋和前后身的板型都做了一定的修订和调整，使之更显大气和高贵（图31–33）③。毛泽东经常穿的这款中山装，又称“人民服”，它可能受到列宁装的某些影响，其八字形翻折领变得稍尖，上下贴兜的形式也有所简化，中腰稍有收

① 从农民的立场来看，中山装曾经几乎成为国家各级干部的象征，故又有“干部服”之称。在四川农村，说“四个包包”（中山装的四个兜）便是指国家干部。

② 〔日〕山内智惠美：《20世纪汉族服饰文化研究》，第87页。黄能馥、陈娟娟编著：《中国服装史》，第385–386页。

③ 季学源、竺小恩、冯盈之主编：《红帮裁缝评传》，第42页。

敛等。随后，它几乎成为国家领导人、各级干部和出国人员的标准制服。和民国时代相同的是，毛式中山装同样具有突出的意识形态属性，它在中国的政治生活与政治艺术中，不仅是现代革命者及其权力的象征，同时也仍然是中国民族主义的基本符号之一。

图31　毛泽东生前爱穿的“毛式中山装”
（采自袁仄、胡月《百年衣裳》第328页）

图32　曾于1957年4月为毛泽东设计过中山装的田阿桐（右），被视为“毛氏中山装”的创始人
（任海霞摄）

图 33　2007 年英国展出世界十大名人套装，毛式中山装入选
（国际在线）

虽然在 1956 年的多次谈话中，毛泽东表达了他的服装思想：服装应该不断发展变化，不应停留在一种款式、一种风格之上；不同时代应该有与其特色相适应的服装；应该鼓励多样化、鼓励标新立异，创造有中国特色的服装；服装发展也要借鉴国外，洋为中用等[①]。但令所有人均未能料到的，到 1960-1970 年代，人民的服装生活却进一步意识形态化了，有关社会主义纯洁性的观念迅速膨胀，很快地，长袍马褂和旗袍，或者成为地主老财、封建余孽的符号，或者成为女特务、交际花的标签。一个时期内，甚至女性领子或袖口稍微露出花衬衣上的小花图案，都有可能被批评为小资产阶级。“文革”前夕对“奇装异服”的污名化声讨，其实就是“破四旧”运动的先声[②]，

① 季学源、竺小恩、冯盈之主编：《红帮裁缝评传》，第 37 页。

② 孙沛东：“裤脚上的阶级斗争——‘文革’时期广东的‘奇装异服’与国家规训”，《开放时代》2010 年第 6 期。

几乎与此同时，以中山装为底型的解放军军服的款式，却迅速蔓延开来，叫做“军便服”。“文化大革命”期间，军便服迅速普及到全中国。当年，“红卫兵”的标准装束正是所谓的军便服。以军装、军便服和中山装为主要形制的短装上衣和西裤，逐渐扩散到全社会，除了各地乡间以对襟短袄和大裆裤等为主流的民俗服装之外，其他中式服装几乎全部不见了踪影。中山装和军便服在普通老百姓的看法中，其实并没有多大的不同，它们在中国社会的彻底普及，事实上也就促成了短暂，但也非常明确的制服社会。在那个贫穷而又节俭的时代里，人民的服装生活形成了款式和色彩均非常单调的局面，不分阶层、职业，不分衣料档次，不分年龄，不分场合，不分季节，中山装成为男装几乎独一无二的款式①。

在这个特定的时期，服装的划一事实上成为官方统一人民思想的有效途径，这意味着它程度不等地被权力关系所影响、干预甚或控制，被“强迫”完成某些任务②。一般民众不断地被暗示或教导，只有那些经济、实用、朴素而不显形体的服装，才是符合社会的道德标准的，此种政治意义的服装与其说是团结、奋进的表征，不如说是单调、压抑和没有个性的产物③。原本只是日常生活领域中富有多样性的一部分，但由于意识形态的浸入，服装不仅呈现出高度同一化的

---

① 常人春：《老北京的穿戴》，第40页，燕山出版社，2007年6月。

② 〔法〕米歇尔·福柯：《规训与惩罚：监狱的诞生》（刘北成等译），生活·读书·新知三联书店，1999年5月，第27页。

③ 〔澳〕朱利安·鲁滨逊：《人体包装艺术》（胡月等译），中国纺织出版社，2001年8月，第146页。

特征[1]，它还成为区分政治和阶级立场的标志。不知不觉之间，意识形态通过服装对身体的规训，促使人们意识到分别与政治或阶级相对应的服装属性：中山装、军便装、人民装象征着革命的意识形态，而连衣裙、高跟鞋、旗袍等则象征着资产阶级或封建、反动的意识形态，由此，便实现了意识形态的教化和整合。在这个时期，人们的思想普遍“左倾”，完全没有时装概念，对于奇装异服的批判也是特别尖锐和具有实质性的[2]。

如果把一部中国近现代服装史予以初步的分期，那么，清末以前的中国可以称作“服制社会”；民国时期至“文化大革命”，不妨称之为“制服社会”；改革开放以来，则进入到“时装社会”。历史上的服制社会，是指每个朝代都有自己的服制，或叫作“舆服”制度，朝廷通过服装来区分官僚的等级和人民的职业，彼此之间是不平等的。进入中华民国时期，一般人民的服装应该是彼此平等的，领袖穿的中山装和普通的国民穿的中山装，都是同一个款式。由于国民文化建设的需要，也由于社会动员的需要，充满意识形态符号意味的中山装，似乎就慢慢具备了国服的属性，于是，后来就出现了朝向制服社会的发展，结果是在“文化大革命”期间达到顶峰，几乎每人都穿一身中山装[3]，连女孩子也不例外，

---

① 彭喜波：“日常生活的意识形态化——基于‘文革’时期服装特点的研究”，《天津行政学院学报》2011年第1期。

② 诸葛铠等：《文明的轮回：中国服饰文化的历程》，第314–315页。

③ 以广东省为例，“文革”期间得以普及的中山装，大致有“正式的”中山装（亦即人民服）、军干装（包括由正式的中山装改制的干部服或“干装”，以及由正式的军装改制的“军干服”，又称军便服）、同志装（近似于正式的中

叫作“中华儿女多奇志，不爱红装爱武装”。所谓制服社会，就是一般国民的服装生活被统一了起来，形成了“政治化的日常着装秩序”[①]。对于海外华侨、华人来说，中山装逐渐地堪称是国服，而在国内，它则往往又被认为是汉民族的主要服装，很多少数民族的男子也都穿起了中山装或军便服。

服装原本主要是个人的穿着问题，是人民的生活方式问题，它可以表达个人的审美、个人的爱好，当然也可以表达族群的认同。但在制服社会里，服装却被高度政治化和意识形态化，伴随着中国社会的意识形态极端化走向，中山装颇为自然地就实现了大一统的局面。值得指出的是，无论在民国时期，还是在新中国，中山装都对现代国家体制之下的各种制服，产生了直接而又深刻的影响。据说毛式中山装实际上就曾影响到后来中国人民解放军元帅服装的造型；1984 年元旦开始换装的“中国八三式警服”，其基本款式也是取材于中山装。对于“文化大革命”期间的解放军军服、民间仿制的军便服和“红卫兵”服装等，也都是可以在中山装的延长线上，获得某种程度的理解。

作为在 20 世纪的中国最为具有代表性的服装样式之一，中山装的创制是以革命领袖的直接倡导和执政党及政府的强力推动为特点，具有明显的革命性；事实上，它也是新兴的

山装，又称“翻领文装”）、企领民装（又称企领文装，企领就是直领，民装或文装是区别于军装的称谓）等，此外还有“红卫装”（源于北京，但在广东，又称为青年装）。参考孙沛东：“总体主义背景下的时尚——‘文革’期间广东民众着装时尚分析”，《开放时代》2012 年第 4 期。

① 孙沛东：“总体主义背景下的时尚——‘文革’期间广东民众着装时尚分析”，《开放时代》2012 年第 4 期。

国民国家致力于国民文化建设的一个主要成果。中山装从革命先行者孙中山的探索及创制到毛泽东的继承与发展，先后得到了民国政府和新中国政府的大力推广。由于中山装被认为具有以民族主义和反帝、反封建为基调的意识形态属性，尽管它实际上原本具有西式服装传统的由来，却依然被中国人在民族心理的层面上，将其认同为民族服装。换言之，由于中山装被赋予了本土革命及其相关意识形态的意义，故在人们的穿着实践当中逐渐被承认或接受其为中式服装的一种，重要的是，这一点同时还得到外部世界的广泛认知。

中山装的出现和普及，迎合并推动了中国近现代服装史上“西服平民化”以及“西装中国化”这一服装文化变迁的总趋向。中山装成为中国人最喜闻乐见的短装，中国男性也因此实现了从袍服向短装化的彻底转变；正是由于亿万国民的穿着实践，最终才使它成为影响世界的“十大服装”之一[①]。中山装的特点是庄重、有尊严感，它所指向的乃是中国人在世界民族之林中的形象，和清末拖着辫子的国人形象相比较，通过中山装建构的国人形象，的确是好了很多[②]。

孙中山开辟的中国式“着装政治学”，随后被国共两党及海峡两岸的党政领导人所继承。重庆谈判时，孙中山已经去世，国共两党领袖蒋介石和毛泽东却都不约而同地穿着中山装，都

① 2007 年 11 月，中国很多媒体争相报道称，英国有一个展览会把毛泽东穿的中山装列为影响世界的十大服装之一。“英国展出影响世界十套服装：中山装入选”，中国新闻网，2007 年 11 月 23 日。

② 夏目晶子：「中山服と中国人イメージ」、鈴木規夫編：『イメージング・チャイナ：印象中国の政治学』、第 59–92 頁、国際書院、2014 年 3 月。

通过服装表达作为中山先生门徒的寓意。服装在这里就成为一个非常重要的符号。这同时也表明它在当时的中国已经成为超越党派的全民性服装（图 34）。至今在海峡两岸之间为数不多的共享记忆之一，便是孙中山以及以他的名字命名的中山装（图 35）。孙中山生前在不同场合穿着不同服装，以创造或应和不同场景的气氛或价值观的倾向性，这个传统一直延续下来，被后来的政治领导人所延续，并形成了独有的服装政治语汇。国家领导人在接见外宾时多穿西装，表示开放、开明的姿态，愿意和外部世界打交道；在国内视察军队，往往就穿中山装；在另外一些场合，也许会穿传统的中式服装（例如，祭孔时穿长袍马褂），以表示对中国文化传统的强调。邓小平、江泽民、胡锦涛在阅兵时，要穿特别款式的中山装；习近平和胡锦涛在中央军委会议上交接班的时候，作为新任的中央军委主席，习近平也穿着特殊颜色的中山装，这方面虽然并没有明文

图 34　重庆谈判期间毛泽东与蒋介石的合影

规定，但作为惯例，它却是一个全体国民皆洞悉其意义的身体表象，它表达的寓意是党指挥枪，是党的意识形态指导，是通过服装语言来展示其政治的正统性。

图35　2011年8月，东方网与上海中华老字号服装企业合作，共同推出1000套“百年辛亥限量珍藏版中山装”

在始于1978年的改革开放时代，伴随着中国纺织和服装工业的大发展，人民的穿衣问题逐步获得了解决[①]。不仅如此，经济的高速增长和社会生活的日益民主化，还促使中国社会迅速地从以中山装为基调的制服社会，实现了朝向一个瞬息万变的时装社会的转型。所谓时装社会的特点，一是和国际化的时装潮流相互接轨，二是服装文化的变迁和流行呈现出加速的趋势。大概从1990年代开始，中国人纷纷脱下了单调的中山装，而开始追求五彩缤纷和独具个性的时装，这在一定程度上意味着中山装的权力象征性、意识形态正统性逐渐丧失，或至少是意义

① “文革”期间，国民经济崩溃，一个时期曾需要通过“布票”实行配给；极端贫困的一些农村居民甚至曾使用过“日本尿素”的袋子作为衣料。

的衰减。西装在改革开放的中国各地城乡日益盛行，同时，中山装却逐渐趋于式微，令人意外地在很短时间内就从全国各大中小城市里消失了，这可以说是改革开放以来中国社会发生的剧变之一。有人不无道理地指出，如此近乎全民“大换装”的变化，多少与“文化大革命”结束之后，人们痛定思痛、反思制服社会的弊端有关[①]。当然，这种变化也可以从中山装本身找到一些原因，例如，中山装也有一些缺点，它的领部比较呆板，卡扣比较紧，钮扣也不像西装那样收放自如等，从而使身体受到束缚，不大符合现代时装社会人们向往开放、自由的心理需求。而最主要的是，由于过往曾经把“三民主义”以及无产阶级革命等很多理念，镶嵌或附会在中山装之上，结果是物极必反，慢慢地走向了反面，在社会公众中中山装的印象逐渐发生了朝向保守、僵硬和死板、封闭等消极象征意义的方向的转变，在一个时期内，中山装几乎成为“极左”和守旧的象征。实际上在1980年代，胡耀邦大力推行对外开放，领导人身体力行穿着西装，于是，西装似乎就成为表达开放意愿的服装语言了。随着中山装的权力象征性、意识形态正统性的逐渐衰减乃至丧失，它也就渐渐退出了一般民众的日常生活。实际上，稍早之前，在台湾大概也是因为“时装社会”的到来，即便是尊孙中山为“国父”的国民党领导人，也鲜有穿着中山装的情形了。就是说，中山装的去意识形态化乃是两岸的共同趋势之一。

值得一提的是，所谓“礼失求诸野”，中山装直至最近

① 诸葛铠等：《文明的轮回：中国服饰文化的历程》，第322–323页。

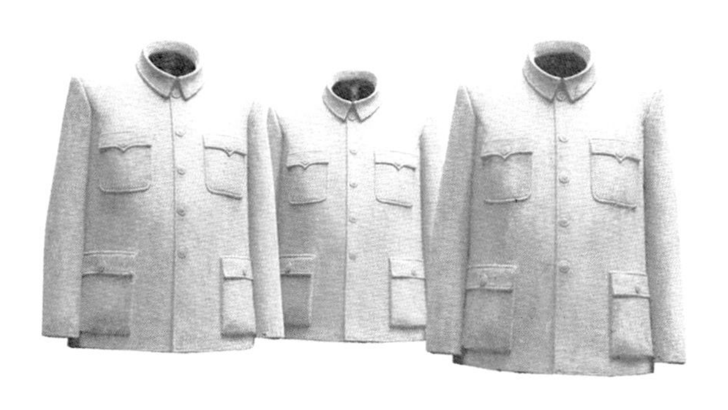

图 36　衣钵
（隋建国作品）

在中国大陆的一些偏远的农村仍有些微的留存；另一方面，它作为革命的记忆或符号，并没有被完全放弃。即便是现在，在某些特定的场合和情境下，党和国家领导人、社会名流、电视节目主持人或某些艺术家们，往往也依然会通过中山装来表达自己的信仰、立场、民族自尊、自信以及怀旧之类的信念与情感（图 36）。例如，近年就有一种情形，当涉及对那个特定年代的记忆时，人们往往就通过军便服、中山装之类的服装符号和“唱红”之类的行为，表达一种怀旧的情绪。

第四章　现代旗袍：中式服装的“西化”

第一节　传统旗袍与现代旗袍

和中山装主要是借鉴西式服装的情形有所不同，现代旗袍或所谓新式旗袍则主要是以传统的满族旗装为基础加以改良的。在悠长的中国服装史上，多民族服饰文化之间相互借鉴和相互影响的情形是颇为寻常的，其中，现代旗袍可以被看作是在清末民初的特定时代背景之下，满汉妇女服装交流与融合的结晶。

旗袍原本是满族继承其先世并发扬光大于清朝的传统民族服装，不论贫富皆穿，惟在色彩、质料上有所变化而已①。《大金国志》记载的妇女“大袄子”，其实就是一种直身袍服。“旗袍”一词，大概是在有了八旗制度之后才出现的称谓，最早是专指清代满族女性简洁的袍服。清代满族

① 周虹：《满族妇女生活与民俗文化研究》，中国社会科学出版社，2005年1月，第84–86页。

妇女的旗袍，主要特征有圆领窄小、右衽大襟、饰以各式绊扣、直筒腰身；围边镶缝或另行缀滚、嵌线出各色边沿，配色合谐或形成对比。据说在咸丰、同治年间，京旗妇女的旗袍镶边，竟有多达十八道者，亦即流行一时的所谓“十八镶滚”。旗袍作为常服，其质料、薄厚、颜色和装饰纹样等，还经常会因为季节、场合的不同而有所差异，可供八旗妇女四季穿用。满族贵族妇女的旗袍，面料多为绸缎，其上大多织有各种吉祥纹样；宽松、修长而及于脚面，再配以厚底旗鞋，走起路来有人用“风摆荷叶”来描述（图 37）。

图 37　满族的传统旗袍

（采自白云《中国老旗袍》第 9 页）

满族妇女的衬衣与氅衣，可以说是旗袍的两种独特式样。衬衣与氅衣的款式相似，均为圆领、右衽、捻襟、直身、平袖。但衬衣无开衩，氅衣则在左右两边开衩高至腋下，其镶滚边饰通常也比衬衣更为宽大和华丽。八旗女子穿着衬衣和氅衣时，往往在脖颈上系饰一条丝巾，其花纹、色彩也与袍服相协调。新妇少女们还经常在旗袍大襟的钮扣上系以荷包香囊之类的佩饰。旗袍之外，妇女还有套穿在外的马褂和坎肩。马褂式样男女相似，但女式马褂多全身施以纹彩，并镶有花边。

伴随着八旗兵丁的驻防布置，满族逐渐散居全国，满族妇女的旗装尤其是旗袍也就广为全国所知晓，其后在不断改良的基础上，由它衍生出现代旗袍，并进而在全国风靡一时。清廷曾致力于以暴力手段强制推行满族服装，并在辫发和男子服制方面取得了成效，但汉族妇女被允许保留汉式衣裙，汉人女装遂基本上保持了原样，亦即和“旗装”形成对比的所谓“民装”。此种衣衫肥大的民装，将女性的身体层层包裹，以四平八稳为基调，使得女性的外观主要呈现出溜肩、平胸等特点（图 38–39）。有学者认为，清朝早期“十从十不从”政策的核心，其实就是“男从女不从”[①]，之所以有此区别，是因为统治者认为既然通过“男从”已经实现了对汉族的征

图 38　晚清的汉人女装

（采自崔荣荣、牛犁《明代以来汉族民间服饰变革与社会变迁》第 60 页）

① 孙彦贞：《清代女性服饰文化研究》，上海古籍出版社，2008 年 6 月，第 36 页。

服，则汉人女装就没有那么重要了，至于民间的“男降女不降”之类的说法，却仍流露出某些抵抗的心理。

图 39　晚清汉族女装的上衣下裤

（采自孙彦贞主编《清代女性服饰文化研究》第 63 页）

清朝时，满族妇女的袍服与汉族妇女的上衣下裳以及长裙等，一直是有较为明显的区别①，这种状况一直持续到清末民初，汉族妇女和满族妇女基本上仍是各有其民族特色的服装（图 40）②，但由于满汉杂处，在社会逐渐安定和民族关系逐渐趋缓的背景下，满汉服装文化的交流互动则在上层和民间均有较大的发展③，遂使得民族服装之间出现相互交

① 也有学者认为，满族袍服实际上很早曾受到过中原汉人服饰文化的影响。至于旗袍和中国古代袍服传统的关系，应留待专家另做讨论。

② 崔荣荣：《近代齐鲁与江南汉族民间衣装文化》，高等教育出版社，2012 年 6 月，第 31 页。

③ 孙世圃编著：《中国服饰史教程》，第 175–189 页。

图 40　桃花坞年画

（晚清的旗装和汉人分上下两截的服装及缠足。
采自诸葛铠等《文明的轮回》第 21 页）

图 41　汉官太太图

（采自［清］佚名绘《北京民间风俗百图》）

融的现象，不仅多有旗女穿着民装的情形，汉人的上层妇女也有模仿满装的情形（图 41）。到了晚清，不仅一些汉族妇女对旗袍逐渐接受，满族妇女中也出现了“大半旗装改汉装，宫袍裁作短衣裳”的情形，“满洲妇女近乃皆改汉装。后此满、汉种族之不分，亦犹昔时汉、胡、羌、戎、契丹、女真之不能别也”[①]。与此同时，上层阶级的妇女，还参照西装以改良自己的服饰，其特点之一就是把旗袍等显著地予以收窄和缩短，再让衣领夸张地升高，以突显腰身和脖颈的细长，无非都是羡慕西服而为之。

民国初年的易服，主要是针对官服和男性服装而言的，但不知为何，在北洋政府颁布的“服制”中，女式礼服也是另行设计的，既非汉族女性传统的长袄，也不是清末的旗袍，这种设计和一般民众普遍穿着的女装确实有一定的距离。这套人为设计的礼服，后来并没有普及开来，事实上，它刚一推出，就有女界人士批评。据说 1913 年初，“中华国货维持会”还曾邀请女界代表对其提出修改的方案[②]。虽然说北洋政府颁布的女子礼服并不是很成功，但综合判断，它仍然可以算作是基于传统服饰文化资源，而对中式服装的一种形制创新的尝试。

民国时，万象维新，一切均要求除旧布新，当时一般的汉式女子长袄和旧式旗袍都在悄然而又迅速地发生着变革。辛亥革命以后，满汉矛盾得以消解，女装之间的族际交流更加深入，与此同时，满族妇女因为感受到来自易服潮流的压

---

① 吴廷燮等纂:《北京市志稿·礼俗志》,北京燕山出版社,1998 年 6 月,第 187 页。

② 吴昊：《中国妇女服饰与身体革命》，第 18 页。

力，或因为时代变迁而逐渐放弃了传统旗袍，取而代之的便是当时流行的各类新式女装。1912–1915年间，很多汉人年轻女性也选择放弃大襟长衫，而较多采用上衣下裙；衣裙也因时代风潮的影响不断变得窄瘦，并逐渐地不再流行配色，开始崇尚衣裙同色，这是受到西式服装的影响而特意追求服装的雅洁，放弃了传统服装的繁复绣饰；再往后，大约在1919年前后，女装进一步出现了从上衣下裙到上衣下裤的发展趋向，亦即所谓的“裤子革命”[①]。清末以来的传统女裤常与女子长袄、长裙或旗袍相配，本属于内裤，但到民国前期，上海等一些都市的年轻女子，尤其是一些青楼女子却将其作为外裤穿出来，并和中式小短袄搭配（图42）。

图42 露出小臂和小腿的上衣短裤
（采自吴昊《中国妇女服饰与身体革命》第58页）

现代旗袍正是在上述的时代背景下，主要是在1920年代初期和中

① 吴昊：《都会云裳——细说中国妇女服饰与身体革命（1911–1935）》，第55–63页。

期的上海，这座当时中国社会最具有消费流行文化特点的城市，通过对传统旗袍的西式化改良而得以形成，进而在沿海及全国各主要城市风靡开来。有人认为，现代旗袍不是直接起源于传统的满族旗袍，而是起源于一种长马甲（长半臂），妇女穿用它代替长裙，随后，有人将长袄和马甲合并，便成就了风靡一时的现代旗袍，故当年曾有“旗袍马甲”之称。不过，通常的看法还是承认现代旗袍在基本款式上缘起于传统旗袍。事实上，传统的旧式旗袍早自清末就开始受到当时来到中国的外国使节夫人们的西式女装，诸如西式连衣裙之类的影响并逐渐发生着改进；而各地城市汉族女性大面积地采用新式旗袍的动向，进一步推动了现代旗袍的成熟与演变。可以说，现代旗袍是在传统旗袍的基础之上，通过紧身、掐腰等改良举措，以展示中国女性之美的全新的中式服装。南京政府后来颁布《服制条例》，曾将改良旗袍确定为女式礼服，这意味着是对现代旗袍这一中式服装的方向性给予了肯定。

在讨论现代旗袍的意义时，以下几点尤其值得重视。

第一，现代旗袍是基于对传统旗袍的继承、借鉴和改进而发展起来的。除了名称之外，现代旗袍在偏襟、传统盘扣、滚边和镶边等工艺[①]，以及上下连体的袍服型制等方面，均程度不等地继承了传统旗袍的要素或遗产。但是，现代旗袍的文化属性及其指向，则是作为中国人的民族服装。从作为

① 据说在1930年代的上海等地，妇女们为自己的旗袍滚缎带、镶蕾丝、缀珠片的做法也曾风行一时。

旗装亦即满族服饰的传统旗袍，到为各民族女性同胞共同欣赏的改良旗袍，进而再逐步发展成为中国女性的基本装束之一，或中国女性具有代表性的服装类型，现代旗袍的发展遵循着从民族服装向国民服装发展的轨迹，换言之，它逐渐地具备了新兴的中华民国之国民文化的属性，故又有女性国服之说[①]。

第二，和中山装的推广普及过程多少有一点相似，经过改良之后的现代旗袍，也被认为具有经济、便利、制作工艺简明，亦即适宜于现代生活等多方面的特质。就是说，现代旗袍的物理实用性曾经得到过特别的强调。例如，有学者就曾经指出过，20 世纪 30–40 年代兴起的现代旗袍，在材料上，从高级绸缎到普通棉布；在装饰上，既可以华贵繁缛，也可以简洁朴素；在场合上既可以作为礼服，也可以在上班和日常生活中穿用；在年龄上，则是老妇幼女皆宜。此外，根据季节的变化和穿着者的不同需要与爱好，旗袍也是可长可短，还可以有单旗袍、夹旗袍、衬绒短袍和丝棉旗袍之分。现代旗袍适用于各种国产布料，丝绸、锦缎和一般的棉布、粗布均可以适用，它一改传统女装的繁琐工艺，从经济上看，既省工省料，又穿着方便[②]。而且，随着所选面料的不同，还可以形成不同的风格，例如，选用小花、素格或细条丝绸制作，可以显示质朴、温和及端庄、稳重的风韵；而选用织锦类面料制作，则可以作为迎宾、

① 〔日〕山内智惠美：《20 世纪汉族服饰文化研究》，第 90–91 页。

② 崔荣荣：《近代齐鲁与江南汉族民间衣装文化》，第 62 页。

赴宴和参加典礼的华丽服饰。现代旗袍的款式细节，其实也是有很多的可能性，例如，衣襟有如意襟、琵琶襟、斜襟、双襟等；衣领有高领、低领、无领等；袖口有长袖、短袖、无袖等；开衩有高开、中开、低开等；裙长则有长旗袍、短旗袍等；薄厚则有单旗袍、夹旗袍、单旗袍等。与此同时，现代旗袍和其他不同款式、色彩及材质的配饰（例如，围巾、披肩、手袋、鞋帽、丝袜、高跟鞋、首饰、发型等）、配装（短衣、大衣、大氅等）的自由搭配，更加能够不断地花样翻新，从而极大地丰富了民国年间妇女的服装生活（图 43–45）。

图 43　新式旗袍与西式短衣、长筒丝袜等搭配

（采自吴昊《中国妇女服饰与身体革命》第 254 页）

图 44　高开衩旗袍和透视的内衣

（采自白云《中国老旗袍》第 152 页）

图 45　1930 年代参考宋美龄照片创作的月份牌广告

（采自白云《中国老旗袍》第 107 页）

第三，新式的现代旗袍最先出现在上海，并非偶然。上海是中国当时最有条件形成中西服装文化大面积相互影响和交融格局的城市[①]，故其服装时尚经常风靡全国，各地城乡皆以上海的时装为摩登。现代旗袍从上海，进而通过北京、南京、天津等大城市，迅速地向中小城市、乡镇和一些农村地区扩散，前后大约仅用了二十多年时间，其传播速度之快反映了中国社会文化的变迁在20世纪前半期所呈现出来的加速趋势，同时也与现代旗袍的雅俗共赏等优点密切相关。应该说，现代旗袍和中山装之间处于相互推动和相得益彰的关系，这是因为在中山装的官方地位及其作为男装在中国社会中逐渐得以确立的情形下，女装的社会需求问题自然也就会更加凸显出来。不过，客观地讲，现代旗袍终究更多地或主要还是城市女性和乡村富裕家庭女性的服装[②]，一般并不特别适合艰苦的农耕和工厂劳作。

第四，现代旗袍虽然和传统旗袍不无关系，但它们基本上可被视为是不同的两种服装[③]，虽然称谓有关，但服装的理念却完全不同。可以说，新式的现代旗袍背后的社会意识，内涵着新时代女性反对封建压迫，追求自由、自主、自强以及平等、平权的现代性，因此，它明显地具有促成妇女解放（包括女性的身体解放）和体现女性之主体性精神面貌的倾

---

① 吴昊：《中国服饰与身体革命（1911–1935）》，第36页。

② 黄能馥、陈娟娟编著：《中国服装史》，第386页。

③ 周星：“中山装·旗袍·新唐装——近一个世纪以来有关‘民族服装’的社会文化实践”，杨源、何星亮主编：《民族服饰与文化遗产研究·中国民族学会2004年年会论文集》，第23–51页。

向[1]。传统旗袍以遮蔽女性的身体为特点，现代旗袍则是以展示女性的身体为特点，其内涵的服装思想截然不同。古代中国的“服制”是以皇权、男尊女卑和男性官僚等级为基本思想背景的，而女性的身体则是要被服装最大限度地遮蔽起来，然后，主要只是通过色彩、纹样等来体现出性别。犹如张爱玲在《更衣记》里所说的那样，女子“在这一层层衣衫的重压下”，本人却失踪了，她本人是不存在的，不过是一个“衣架子”罢了。历史上的传统女装，在很多方面表现出封建社会对于“女德”的要求，用张竞生的批评是“误认为衣服为‘礼教’之用”，对人体极尽遮蔽和压迫。但现代旗袍则恰好相反，它最大限度地表现女性的身体曲线之美[2]，因此，构成了近代中国历史上颠覆性身体革命的重要一环。和以 H 形造型为特点的传统旗袍不同的是，以 S 形造型为特点的现代旗袍，不仅在款式上有很多改良，更有对女性身体的独特表现，这可以说是对传统女装的重大挑战与变革，通过现代旗袍对于妇女人体审美的表达和凸现，把历来饱受封建时代压制的女性置于了服饰艺术的中心地位，因此，它非常明确地是对禁欲主义的一种反抗。

现代旗袍的快速发展，在一定程度上，也与民国时期西方的人文主义思潮大举传进中国的影响有关，从而促使在中国逐渐形成了与传统的服制思想相对立的新的服装理念，

① 吴昊：《都会云裳——细说中国妇女服饰与身体革命（1911–1935）》，第 267–268 页。

② 韩雪松、张繁文：《中国时尚：清初以来的流行文化史》，（香港）中华书局，2013 年 7 月，第 16 页。

亦即衣服不只用来遮蔽身体，它还应该被用来表现人体，因此，在中国社会也就慢慢地出现了人体“曲线美”的观念，以及可以通过服装来表现人体美的社会文化氛围[①]。事实上，传统旗袍的改良基本上就是依据表现人体这样的理念而展开的，通过收腰（紧身）、低领、窄袖且长不过肘、袍长缩短、开衩、下摆呈弧线形等诸多吸收了西式剪裁技术的改良，新式旗袍使得女性的颈、胸、腰、臀、腿等诸多部位，包括肌肤和人体曲线，或得到解放，或得以展示[②]。

总之，现代旗袍是和封建时代的文化格格不入的。正是在这个意义上，现代旗袍堪称是民国时代新女性的代表性服装。经由旗袍所表现和展示的女性身体，彰显出进取、健康、美丽和富于魅力的正面积极价值，至今海内外评价旗袍的优点时，依然会指出现代旗袍的造型与中国妇女的体态相适合，它优美、大方，适宜于表现东方女性的体态与风韵。

第二节 流行的旗袍及其污名化

与男性的长袍马褂一直比较具有稳定性明显不同的是，现代旗袍从它开始诞生之日起，就表现出了作为流行时装、流行文化的一系列特点。换言之，新式旗袍早在 1920–1930 年代，就已经属于时装了。时装是现代服饰文化的基本特征，它不断地追求变化、追求个性、追求创新、追求差异化、追

① 郑土有主编：《上海民俗》第 201–203 页。

② 韩雪松、张繁文：《中国时尚：清初以来的流行文化史》，第 50 页。

求时代感。而流行时尚化，可以说是现代旗袍的一个非常重要和鲜明的特点。和中山装的国家或官方属性相比较，现代旗袍至少在其早期主要是民间属性的，其形成具有一定的自发性，与其说它获得了国家或政府的强力支持，倒不如说它获得了市场、新兴的市民社会和海派文化的有力支撑。

现代旗袍之在上海兴起，固然与西方人文思潮的浸润有关，但也与市场经济和国民文化在上海的初步发展密切相关。在一定程度上，这意味着中国资本主义经济的初步发展，以及中产阶层和市民社会至少在上海等东南沿海城市的初具规模，为现代旗袍的孕育、发展和流变，提供了颇为适宜的社会土壤。现代旗袍并没有具体的发明者，它基本上是由上海等东南沿海城市里的裁缝界、商界、都市摩登女郎及一般女性所共同创造的。但现代旗袍的出现与流行，多少还是与中山装的推广和当时西装的流行有关联，因为它适时地为现代中国女性提供了堪与中山装、西装等男装相匹配的女装（图 46）。

图 46　民国时期的长衫、旗袍、西服和西式女装

（采自袁仄、胡月《百年衣裳》第 215 页）。

成立于1927年的“云裳”时装公司，由数位知名女性和红帮裁缝联手合作，专门设计和生产中西式女性时装，其自创的“云裳”女装以现代旗袍为大宗，并很快成为著名品牌，对上海乃至全国的影响都很大[①]。虽然有人曾对其提出激进的批评，认为云裳公司“以为现代中国的妇女，还不够装饰，还不够穷奢极侈。所以他们想要把中国的妇女，个个引成‘商女不知亡国恨，隔江犹唱后庭花’的那些东西”[②]，但这种批评并不是很公平，因为该公司的理念是“创中国未来的美的装束”（图47），这一点当然是值得赞赏的。

图47　1931年云裳公司的时装广告

（采自吴昊《都会云裳》第249页）

---

① 袁仄、胡月：《百年衣裳——20世纪中国服装流变》，第201页。

② 呵梅：“对于云裳公司的几句话”，《民国日报》，副刊（《青年妇女》第二期），1927年8月15日。

20世纪20–40年代，中国现代旗袍呈现出许多戏剧性的变化，从领子的高低，到袖子的长短，再到裙摆的高低，当然还有面料、纹饰和配饰等，无一不处在流动之中[①]。例如，在短短的20年间，新式旗袍先后就经历了从高领、低领，再到无领；从长袖、短袖，再到无袖；袍长或长及拖地，或短至膝上；开衩从无到有，并忽高忽低等等，诸多变化令人眼花缭乱[②]。也就是说，它的款式、造型和装饰等，均始终处于变动流行的状态，在这个过程当中，现代旗袍本身发展出了据说有数十种之多的款式，而且，在维持其时装属性的同时，还出现了明显的社交"礼服化"的趋向。

既然是流行，那就难免或多或少地要受到当时世界范围内时装文化的影响。正如日本学者指出的那样，1920年前后，在西欧出现了身长过膝的女式礼服，受其影响，中国的旗袍也变得短了一些，而袖筒亦同时变窄[③]。根据口述史资料，大概在1925年前后，进一步改良使之出现了结构性变化，例如，在腋下加胸省，从而使女性的胸部呈现出立体感[④]。也有中国学者指出，到1920年代末，旗袍的身长和袖长均曾出现过较大幅度的变短，这也可能与当时西方女性比较流

---

① 周星："中山装·旗袍·新唐装——近一个世纪以来有关'民族服装'的社会文化实践"，杨源、何星亮主编：《民族服饰与文化遗产研究·中国民族学会2004年年会论文集》，第23–51页。

② 郑土有主编：《上海民俗》，第204–208页。

③ 〔日〕道明三保子、田村照子：『アジアの風土と服飾文化』、放送大学教育振興会出版、2004年3月、第207页。

④ 刘云华：《红帮裁缝研究》，第190页。

行短衣、短裙的时尚风气相关[①]。

由于现代旗袍具有经济便利、搭配容易、线条流畅、美观适体，以及较强的可搭配性等特征[②]，使其在短期之内迅速流行与普及。旗袍的流行时装化，对于丰富普通民众的服装生活，对于中国当代服装文化的多样性发展，均做出了非常重要的贡献。因此，有研究者认为，现代旗袍的西式化发展趋势，在某种意义上，也正是其从具有满族的民族服装属性的传统旗袍，朝向流行的时尚服装不断发展的过程[③]。当然，在上海等当时已初现雏形的市民社会里，还有其他各色流行，但新式旗袍作为一种时装的流行，或许是那个时代最为醒目的、最令人难忘的。也正是由于它具有时装的多变性，所以，在将其视为中国女性的民族服装时，就多少会有一些人感到抵触。

在现代旗袍变化多样的流行及普及的过程当中，有很多社会名媛、知识女性、电影娱乐明星、十里洋场或社交场上的“交际花”与“摩登女郎”、官绅富豪的阔太太和大小姐、小康之家的小家碧玉，甚至还有风月场所的青楼女子，均程度不等地发挥了推波助澜的作用。以这些相对而言较为富裕的女性群体为主，她们相对更早地挣脱了旧的服装文化的束缚，当仁不让地扮演了当年妇女服装变革之领潮人的角

① “旗袍的旋律”，《良友》1940 年总第 150 期。

② 吴昊：《都会云裳——细说中国妇女服饰与身体革命（1911–1935）》，第 273–274 页。

③ 謝黎：『チャイナドレスをまとう女性たち—旗袍に見る中国の近・現代』、青弓社、2004 年 9 月、第 140 頁。

色[①]。这些状况一方面反映了当时那个时代女性走向社会的一些特点，但另一方面，也对后来不少人形成有关旗袍的某些成见、偏见产生了一定的影响。特别是现代旗袍较为突出地展现女性身体之美，尤其是性感之美，这种身裹旗袍的东方女性形象，或许多少迎合了当时半封建－半殖民地社会里西方人对于东方女子的“性对象化”想象，故难免给人留下一些“风尘感”。

1950年代以后，现代旗袍的命运和中山装截然相反，在中山装日渐普及的同时，旗袍则遭致了明显的冷遇。先是其华贵的风格没有了，复杂的滚边与精致的盘纽等被简化成拉链，而锦缎或丝绸面料则变成了国产的机制布或土布，再到后来，穿着旗袍几乎就慢慢地成了禁忌。究其原因可能有二：一是旗袍很不幸地被阶级斗争的意识形态污名化，被定义成为“资产阶级”或“小资产阶级”小姐、太太们的文化或不健康的生活方式的表征，特别是1950–1960年代以来的革命文艺作品对穿旗袍者的描述，不是交际花，就是女特务，或者就是风尘女子，这种印象曾经在全社会产生了深远的影响；二是旗袍的反禁欲主义属性，已经无法适应当时多少具有禁欲倾向（例如，对朴素生活方式的宣扬、“不爱红装爱武装”的服装观、反对人性论和对人体的任何表现等）的意识形态变化。于是，原本和中山装同样都具有服装革命之意义的现代旗袍，却不幸地被和长袍马褂相并列，在异口同声的媒体

① Valery M. Garrett. “Chinese Clothing: an Illustrated Guide” Hong Kong; New York: Oxford University Press , 1994, pp. 102–105.

批判声中变成了一个没落时代的象征，成为“破四旧”的对象。

有趣的是，1980年代以后的改革开放，再次导致旗袍和中山装命运的颠倒。中山装的急剧衰退和旗袍的再现以及某种程度上的流行，事实上反映了那个连服装也被意识形态化的时代的彻底终结。在目前的中国，旗袍虽然不再具有以前那样的风光，但它确实成为众多中国女性青睐的礼服品类之一，尤其在婚礼和其他诸多礼仪场合，旗袍的选择往往会被优先考虑。与此同时，旗袍还被较多地采用为宾馆、饭店、酒吧、迪厅以及很多店铺礼宾或导购小姐的礼服。尽管旗袍眼下往往被一些服务行业选用为“工作服”，甚或被用于制造性感与风情，但有关旗袍的负面印象，在当下的中国社会里已不再有多少市场了。

改革开放以来，旗袍又像1930–1940年代在上海那样，呈现出姿态多变的流行时尚。可以说，从20世纪30–40年代的时装展示会，直到进入21世纪以后无数次时装表演，旗袍扮演的角色和发挥的功能，却几乎是一脉相承。2012年5月20日，上海市曾举办过千名穿旗袍的申城女性齐聚上海东方艺术中心，参加“520旗袍文化日暨上海旗袍沙龙五周年庆典”，致力于弘扬旗袍文化的活动，她们认为旗袍有一种优雅的气质，一定要把它发扬光大。但这种活动反倒说明在当前的中国社会，旗袍其实在普通民众的服装生活里，尚没有那么普及。由于种种原因，现代旗袍依然没能成为中国女性的日常服装，这主要是因为在当前的时装社会里，女性有关服装的选择余地极大地得到了扩展，而旗袍只是其中的选项之一而已。值得注意的是，即便在当前，旗袍款式的细节仍一直处于变动和不断的创新之中，例如，先后出现的装袖、有肩缝旗袍，暗褶式开衩旗袍、短连袖旗袍等等，可以说均充盈和洋溢着当代开放时代的时装新气息。

第三节　现代旗袍：中式服装的“西化”

如果把中山装视为近现代中国人服装生活中西式服装“中国化”或“本土化”的成功范例，那么，现代旗袍便是中式服装得以“西化”的经典范例[①]。和中山装一样，现代旗袍在一定程度上，也是中国人追寻全新的民族形象，几乎是自发性的社会文化实践的产物。和人为地建构的中山装主要是以权力动员来推广，以及充满意识形态属性的符号性相比较，现代旗袍则主要是从城市女性的穿着实践中自发产生的。如前所述，它是以资本主义消费社会在中国的初步发展为背景，并最终是由社会各界女性同胞们的穿着实践所完成的。虽然它后来也被南京政府纳入国民礼服的体系之内，但说到底，它是基于自下而上的穿用实践而得以形成的，这一点和中山装是自上而下的推广，有着很大的不同。现代旗袍之所以在当时的诸多流行女装（连衣裙、西式裙等）中能够脱颖而出，正是因为它不仅具有中式的起源，而且还被认为具有中式的风格。

我们之所以说现代旗袍是中式服装趋于“西化”的范

① 韩雪松、张繁文：《中国时尚：清初以来的流行文化史》，第 55 页。

例，除了它与上述表现女性身体的西方服装思想密切相关之外，事实上，它也汲取了西式服装的剪裁技艺。现代旗袍既可以平面剪裁，也可以立体剪裁，其款式的特点是贴身、合体、适度裸露（通过开杈等），并凸显女性“三围”等身体特征。关于现代旗袍的剪裁制作工艺，确实存在着由中式平面剪裁，逐渐地演变为立体贴身剪裁之西式技法的倾向，也因此，它可以使旗袍更加贴身，并使每一位穿用者均感到合体。

当初西式服装进入中国，欧美女装讲究适体，突出女性胸部、腰部和腿部曲线之美的特点，例如，贴身合体的西式连衣裙，就曾吸引了无数的中国女性，进而促成了中国女装传统的变化，诸如宽幅的衣裤逐渐收小，阔条滚边也缩减简化，袖子变短，领子高耸，腰身收拢以便衬高胸部等等，所有这些细节变化的总趋势，最终便颇为自然地导致了从宽大直筒式传统旗袍，发展出流行至今的现代旗袍。可以说，现代旗袍其实就是依据西方标准的服装观演变而成的。不过，虽然民国时期社交服装的发展方向或主流是西化，但与此同时，人们的趣味也逐渐趋向于在中国原有的旗袍美的基础上再发展一点西式女装的特点，正是由于它兼收并蓄地吸纳了西式服装的一些优点，而把旗袍之美推向了极致，它的确是充分反映了中国妇女的丰富创意[①]。

和中山装一样，现代旗袍的兴起也与当时的爱国主义或

---

① 吴昊：《都会云裳——细说中国妇女服饰与身体革命（1911-1935）》，第304-305页。

民族主义思潮密切相关，因此，也都表现出尽力采用“国货”缝制的倾向。1925 年“五卅”惨案发生后，全国城乡的民族情绪高涨，普通民众的服装不知不觉也出现了脱离东洋、西洋服饰而回归中式的倾向，故在 1926 年前后，现代旗袍曾颇有卷土重来、再次时兴的趋势。国民革命军北伐前后，社会上男子多穿中山装，女子多穿旗袍，俨然成为风尚。1929 年 4 月 16 日，国民政府公布《服制条例》，规定中山装为男性公务员制服，亦将旗袍列为女子礼服，但同时规定长至膝和脚踝之间，里面着长裤，用布要蓝色等。所谓“蓝布”，就是当年民族工业所突出标榜的高素质土布，亦即“阴丹士林布”（图 48），于是，伴随着旗袍的普及，甚至出现了全国一片蓝的局面。1942 年汪伪政权公布的《国民服制条例》亦规定“女子常服与礼服都仿如旗袍的改装”，大概只是对改良旗袍作为礼服的普遍现状予以追认而已。

图 48　阴丹士林布匹广告：旗袍采用了西式衣袖和西式裙脚

（采自吴昊《都会云裳》第 305 页）

1930年，上海举办第三届“国货运动会”，其中一项活动内容是10月9日举办的“国货时装展览会”，当时展出的女子时装有两类八种。第一类中国式，有三种：普通服（上衣下裙，上衣下裤）、短旗袍、长旗袍；第二类西洋式，有五种：晨服、常服、茶舞服、晚服、婚礼服[①]。由此可知，旗袍的中式属性很早就被全社会所认知，后来，它甚至成为很多女校的校服。民国时期的集体婚礼，往往就是男性多穿中山装，女性多穿旗袍，这几乎成了那个时代的风潮。

1934年开始的“新生活运动”，当时也要求人民的服装能够整齐划一，“一时人人以华服美食为不宜，布衣最为普遍，妇女‘阴丹士林’牌细布蓝色长衫最流行”[②]。于是，旗袍进一步普及开来，因为大家的穿着显得整齐划一，还被认为反映了集团主义的精神。所以，新生活运动在某种意义上，也曾经是“反洋装运动”[③]。不过，它在有些地方却发生了过犹不及的问题，例如，在北平，就曾经禁止女性的短袖旗袍，“故北平女生现作旗袍时，袖口皆作长过肘。但平日则将其高卷二三摺，仍将肘露出。至受干涉时始放下，令干涉者无话可说。现裁缝已懂此妙诀，而专作此种袖口之衣服矣”[④]。1936年，国共合作抗日，妇女界开始对女性的服装进行规范，

---

① 吴昊：《都会云裳——细说中国妇女服饰与身体革命（1911–1935）》，第248–250页。

② 王宇清：《历代妇女袍服考实》，中国祺袍研究会（台北），1975年8月，第102页。

③ 吴昊:《都会云裳——细说中国妇女服饰与身体革命(1911–1935)》,第301页。

④ 无聊：“卷袖时装”，《北洋画报》第1620期，1935年6月22日。

如要求剪短旗袍[①]，或重新穿起裤子，以便应对战时的需求。

对于现代旗袍，固然可以从国内妇女解放及反封建思潮的背景去理解，但应该说它也和国际女性服装的全球化发展大趋势密不可分。进入 20 世纪以后，伴随着女性参与社会生活的意愿、机会和可能性不断增强，西式女装也发生了很大改观，女性被从此前传统的以丰胸、束腰、紧身、翘臀为特点的紧身衣裙中解放出来，逐渐走向简洁、轻便、实用和展现自然体态之美的款式形态。中国现代旗袍的诞生与流行，其方向性正与国际女装时尚变革的此种趋势相一致。

对于现代旗袍，不宜执著地用族别意识去做狭隘的理解。若一定要涉及族属，它应该是在满汉服装文化相互融合的基础之上，以西式女装为参照，汲取了西式女装文化的若干要素，部分采用了西式剪裁技艺，而以近现代中国沿海城市的消费社会为背景所形成的一款或一系列中式女装。早在 1920 年代，就有人为淡化其族属，将现代旗袍改为“祺袍”或“中华袍”[②]，这个提法当时并没有引起多大反响，但后来将现代旗袍和满族传统旗袍予以区隔的观点一直不断如缕，王宇清经过对历代妇女袍服的考察，认为中国妇女之袍服，乃数千年之古礼，远非满族旗袍所可覆盖，而“旗袍”一词起源甚晚，故应该改称“祺袍”[③]。1975 年元旦，中国祺袍研究会在台北成立，并做出决议正式宣布改“旗袍”为“祺袍”，不过，一般大

① 珍妮：“剪短你的旗袍”，《妇女生活》，第八卷第一期，1939 年 9 月 16 日。

② “袍而不旗”，上海《民国日报》1926 年 2 月 27 日。

③ 参阅王宇清：《历代妇女袍服考实》，中国祺袍研究会（台北），1975 年。

众仍习惯于使用“旗袍”一词[①]。我 2013 年 9 月中旬赴台湾调查时，曾经访问过专门制作旗袍的老铺，经确认台湾确实是一直有“祺袍”的用法。在台湾、香港和东南亚的华人移民中，人们还把旗袍叫作“长衫”，也是为了把它和传统旗袍有所区分。在 1930 年代，台湾的日本殖民统治时期，为抵抗殖民当局“去中国化”的同化政策，曾有很多民众自发地从上海引进旗袍，以表达自己的中国属性，当时穿旗袍同时就是“新文化运动”的一部分。1949 年后国民党政府在台湾实行去殖民化政策，大力复兴中华文化，于是在 1950–1960 年代，旗袍在台湾就进入鼎盛时期[②]。显然，对于现代旗袍而言，早已经无法用满族或汉族的族别视角去认知，而应把它视为是在全球化背景下得以“混杂”生成的中式女装。

林语堂曾经对民国时期的西装化趋势表示不满，他不仅坚持不穿西装，还在 1934 年写作“西服论”，并引起很大反响[③]。林语堂指出，中西服装哲学之不同，“在于西装意在表现人身形体，而中装意在遮盖身体”；但老胖女子穿中装较为合适，因为中装比较一视同仁，比较自由平等，美者固然不能尽量表扬其身体美于大庭广众之前，而丑者也较便于藏拙，不至太露形迹，所以，中服很合于“德谟克拉西的

① 崔荣荣、牛犁：《明清以来汉族民间服饰变格与社会变迁（1368–1949 年）》，武汉理工大学出版社，2016 年 6 月，第 113 页。

② 郑静宜：“旗袍的文化根实性”，载罗麦瑞主编：《旗丽时代》，辅仁大学织品服装学系、国立台湾博物馆，2013 年 5 月，第 14–23 页。苏旭珺：“旗袍流变——浅析旗袍的历史脉络及剪裁形制变迁”，载同上书，第 66–102 页。

③ 林语堂：“论西装”，《林语堂选集（上册）》，海峡文艺出版社，1988 年 3 月，第 351–354 页。

精神”，亦即中装中服代表着民主自由；而且，中装中服还与中国人性格相合，因为它蕴藏着儒家思想的中庸之道云云。的确，中国传统女装能够遮掩女性身材比例上的缺陷[①]，林语堂对服装和人体美丑的见解颇有独到之处，隐含着对现代旗袍的批评和对传统女袍的维护，但他对中式服装承载儒家思想寓意并和国人民族性格相合的说法，却没有多少新意。

无论如何，中山装和现代旗袍是民国时期留给当代中国的两项非常重要的文化遗产，它们作为民国时期建构国民文化的成就，值得我们倍加珍惜。近代以来中式服装的建构，男性以中山装的创制、普及最为重要，女性以对传统旗袍的改良以及现代旗袍的出现与流行最为重要。如果说中山装彻底地改变了中国男子长袍马褂的传统形象，那么，也可以说现代旗袍的出现，意味着新时代中国妇女全新形象的逐渐确立。中山装的创制和定名差不多是在1920–1930年代，大体上，现代旗袍的出现也是在这个时期，它们几乎同时形成，显然不是偶然。在某种意义上，它们就是新兴国家在国民文化建构方面的基本成就。

直至1950年代，现代旗袍一直深受各阶层妇女喜爱，从国家领导的夫人到一般家庭妇女，几乎都是旗袍爱好者。1956年2月，团中央和全国妇联联合召开座谈会，讨论改变服装式样和色彩单调的问题，主张根据经济、实用和美观的原则予以改进，以反映人民的美好生活。当时社会上对于旗

---

① 马大勇编著：《霞衣蝉带——中国女子的古典衣裙》，重庆大学出版社，2011年3月，第5页。

袍仍是肯定的姿态。1956 年 3–4 月，毛泽东多次发表谈话提及服装的发展问题。他认为，在革命胜利后的一个时期内，妇女不能打扮，是标志一种风气的转变，表示革命，这是好的，但不能持久，还是多样化为好[①]。但实际上，1950–1960 年代，先是由于苏联的影响，城市进步女性热衷于穿列宁装，当时有一句话叫作“做套列宁装，留着结婚的时候穿”。随后，伴随着社会主义禁欲思想的扩展，虽然也曾有过布拉吉（连衣裙）的短暂流行，但旗袍和裙装之类很快就因被污名化而退隐，中国女性的服装生活遂迅速地进入到上衣下裤的短装时代。

1980 年代的改革开放，促使中国民众的服装生活出现了自由化。1979 年，皮尔·卡丹率法国时装表演团到北京访问时，走秀台上的时装模特光艳照人，下面的观众却穿得非常朴素，一片的灰、黑、蓝，彼此形成了非常鲜明的对照。但很快，中国就迅速地进入时装社会，人民的服装生活发生了翻天覆地的变化，其变化之一就是包括旗袍在内（除了典型的长袍马褂组合中的长袍），中式服装在相当程度上出现了回暖。全国各地的服装市场上，小孩子的马褂、唐装、裹肚、瓜皮帽等，构成了一道鲜艳的风景线；与此同时，各地独具风情的民俗服装也屡屡登场，引人注目。人民服装生活的丰富性，还表现为除了典型的中式、西式服装之外，很多难以被定义的服装也不断地涌现和流行起来，例如，夹克、牛仔裤、健美裤、蝙蝠衫、文化衫以及各种休闲服等等。

① 季学源、竺小恩、冯盈之主编：《红帮裁缝评传》，第 36 页。

在时装社会的大背景下，旗袍的复活非常自然，旗袍被重新“发现”，再次成为时装社会里中国女性着装的重要选项之一。但改革开放以来旗袍的复活，还是形成了一些和旧时不同的倾向或可能性：一是作为民族服装的倾向，有人把它表述为中国女性的民族服装，在研究旗袍的学者中不少人持这样的见解；二是把它作为一些仪式场合，比如，婚礼和特定的社交等仪式场合的女性礼服，例如，所谓“礼仪小姐”的装束，往往就是旗袍；三是在一些服务行业，例如，高级餐厅、茶艺馆、特定的会所或俱乐部等，常把它作为工作服。这其实也正是旗袍的困扰之一，因为旗袍有展示女性性感的一面，再加上 1960–1970 年代，因为意识形态的影响而对早期上海滩“交际花”服装的记忆或想象，换句话说，对旗袍的“风尘感”的印象[①]，始终没能完全消失，所以，确实有一些人对于使旗袍备选中国女性的民族服装存在一些心理上的障碍。

中式服装里的长袍马褂、中山装和现代旗袍，在民国时期诸多特定的礼仪性场合，多少可以满足人们通过服装表现文化认同的需求。但它们与广大的劳动者，尤其是那些生活贫苦的人们现实的衣着生活之间还是存在着明显的差距[②]。中国内地乡村和社会底层民众的日常穿着，事实上很难为上述中式服装及其变迁过程所完全涵盖。在很长的一个时期内，各地乡间仍延续了清末的衣着现状，亦即上衣（袄）下裤（裙），很多男人下身为大裆裤，上身为简易的对襟衫子。1960 年代

① 周星：《乡土生活的逻辑——人类学视野中的民俗研究》，第 279 页。

② 〔日〕山内智惠子：《20 世纪汉族服饰文化研究》，第 87 页。

以降，由于革命的意识形态进一步浸润到底层社会，西服洋装自不待言，就连那些曾经具有国民文化属性的长袍马褂和现代旗袍，也逐渐被重新定义为封建余孽或买办、资产阶级属性的服装或其象征符号，从而变成了社会主义革命需要予以革除的对象。

虽然在1950年代中期，政府有关部门和少数有识之士，曾经强调丰富民众服装生活的重要性，提倡并呼吁女性“穿花衣”，把生活装扮得更加美丽一些，但到20世纪60年代以后，中国社会还是不可避免地逐渐迈向了制服社会。以军装（六五式军装）、军便服（老百姓仿照六五式军装自制）和中山装为主要款式形制的短装上衣和西裤，逐渐扩散到全社会；于是，除了各地乡间以对襟短袄和大裆裤等为主流的民俗服装，以及少数民族的一些特色服装之外，长袍马褂和旗袍几乎不见了踪影。虽然也有列宁服、布拉吉（连衣裙）等为数有限的外部影响，但总体而言，民众的服装生活慢慢地形成了款式和色彩均非常单调的局面。尤其是女性的衣着逐渐地出现了革命化、男性化或“中性化”的倾向[①]，服装已经不再能够作为女性性别身份的表象，不仅如此，在极端情形下，哪怕是稍微重视一下服饰打扮的人，很现实地就有可能面临被指责为小资产阶级情调的危险。

这其间有一个有意思的插曲。中国恢复在亚运会的合法席位，并于1974年9月第一次参加于伊朗首都德黑兰举办的

① 张玲：“改革开放前中国女性着装中性化的影响因素”，《服装学报》2018年第5期。

第七届亚运会时，中国女运动员在入场式上统一穿着的一种款式为交领、开襟的淡绿色连衣裙装（图49），却一时引起了海内外媒体的广泛关注，因为它既非运动服，也不是当时国内职业女性较多穿用的小翻领女西装。据说这套裙装是由江青主持设计的，故有“江青裙”或“江式裙”的叫法。后来，取得优异成绩的中国体育代表团归国，接受党和国家领导人接见时，江青本人特意穿着一件鹅黄色的同款式裙装，暗示了她与这套裙装的关系。

图49　第七届亚运会（德黑兰）开幕式上中国女运动员的服装
（新华社）

鉴于在“文化大革命”期间，中国处于制服社会的状态，人民的服装生活颇为单调，大多数人的服装都是蓝色或灰色的中山装（人民服），要不就是黄色的军便服，甚至不少女性也穿蓝衣黑裤，即便是在炎热的夏天也极少穿着裙装。外国人士观察当时的中国，一个突出的印象便是服装的统一性，虽说并没有任何法律或明文的规范要求，但的确是一大片“蓝蚂蚁”的印象，甚至被国外媒体不无讽刺地归纳为“老三样”（列宁装、军装、人民服）或“老三色”（蓝、灰、黄）。

第五章　新唐装：小康社会的民族服装

第一节　新唐装的创制及形制

改革开放与经济高速增长，带来了民众服装生活的大变化，除了中山装迅速退潮，旗袍绝地复活并汇入流行时装或中式服装的谱系之外，全国各地的很多地方性民俗服装也再次引起了公共媒体的关注。但最为明显的变化，其实却莫过于西装的大面积普及，就连乡下的年轻人和外出打工者也都穿起了西服。正是在这种服装生活初步富足和日益多样化的大背景之下，中国社会在21世纪初，再次出现了有关民族服装的文化实践，这便是“新唐装”的推出和流行。

“唐装”一词，在中国大陆的汉语词汇中，原本并不常用，但在21世纪初却突然成为流行语。它大约有两层基本含义，一是指唐代人的服装；二是指一般意义上的中式服装，其第二种含义可能与涉及海外华人的“唐人街”、“唐人”等概念有关，基本上是指被海外所认知的中式服装或泛指中国人的装束。《明史·外国真腊传》："唐人者，诸番呼华人之称也。凡海外诸国尽然。"由此可知，"唐装"作为中式服装在海外的称谓，其认知度比国内更高当属自然。但是，自从2001年10月21日，在上海召开的APEC领导人非正式会议上，一套经过重新精心设计的中式服装一经亮相，"唐装"一词便有了新的第三层含义，亦即专指这种经过重新设计，并迅速在海内外华人中流行开来的中式服装（图50–51）。

图50　中美元首的新唐装照

（新华社）

亚太经济合作组织（APEC）的宗旨是"相互依存，共同利益，坚持开放的多边贸易体制，减少区域贸易壁垒"，亦即以推动全球经济一体化的趋势为导向。在APEC会议上有一个有趣的传统，亦即在一年一度的经济体领导人非正式会议上，与会的亚太国家和地区几十位领导人均穿着由东道

图 51　各国领导人的新唐装照

（新华社）

国提供的富有本国或本地民族特色的服装，集体亮相并合照“全家福”，以表示对东道主国家或地区文化的尊重，从而体现出民族化之与全球化并行不悖的意义。1993 年第一次 APEC 非正式会议在美国西雅图召开，当时的领导人均着便服。1994 年第二次在印度尼西亚茂物市召开，东道主为客人们提供了“巴迪克衫”，这是一种蜡染的丝绸印花衬衫。1995 年第三次在日本大阪，主办国提供了休闲西服。1996 年第四次在菲律宾的苏比克湾召开，领导人们穿上了“巴隆服”。1997 年在加拿大温哥华，领导人的服装为皮茄克。1998 年在马来西亚的吉隆坡召开，领导人们穿上了所谓的“巴迪衫”。1999 年在新西兰的奥克兰，领导人的服装为茄克套装。2000 年在文莱的斯里巴加湾，则是马来族风格的蓝衬衫。

2001 年 10 月，在上海召开的亚太经济合作组织峰会上，各经济体领导人非正式会议按照惯例，全员穿上了由东道主提供的唐装，并留下全家福式的合影。国家主席江泽民和与会领袖们，身着色彩艳丽的唐装一经集体亮相，马上就引发了唐装的大流行。以2002年春节期间，这套中式服装在全国范围内爆发式的大流行为契机，数年之间，“唐装”一词在迅速地发展成为流行语的过程当中，其意义也产生了诸多歧解和引发了很多辩论。例如，清华大学袁杰英教授就认为，中国人称自己的民族服装为“唐装”并不合适，因为它是海外诸国称呼中式服装的名词[①]。

为了和“唐装”一词的原初意义有所区别，并特指APEC会议期间，经过重新设计并被隆重推出的那套中式服装，原创人员使用了“新唐装”一词[②]，试图将其与此前的其他中式服装，尤其是与民间普遍存在的中式对襟短上装相区别，并认为它的特点是在款式、面料和工艺等方面，均做到了既对传统有所保留、借鉴，又有很多创新，并融入了现代的时尚。出于对原创人员的命名权的尊重，本书也倾向于使用新唐装这一概念，来指称这种现代中式服装。换言之，如果把在上海APEC会议期间推出的那套中式服装称为新唐装的话，那么，此前那些类似的中式服装，包括各种传统的对襟褂子等，大概都可以称之为普通的唐装。

作为一次重要的、颇具有典型性和取得了巨大成功的有关民族服装创意的文化实践活动，新唐装的设计目标，就是要推出一套“盛世华服”。由于其在款式、面料和工艺等方面，

① 参见杨菊芳“满眼‘唐装’非唐装：由此引出的纷纭话题”，《北京青年报》2002年2月10日。

② 丁锡强主编、李克让主审：《新唐装》，上海科学技术出版社，2002年10月，第20–21页。

均试图做到既对传统有所保留、借鉴，又有很多创新，并且还要融入现代时尚的要素，因此，它一经推出，就受到了社会公众的广泛欢迎。新唐装在款式上的主要特点，简单地说，就是立领、对襟、接袖、盘扣，主要使用团花织锦缎的面料，并采用了不少传统的装饰图案或纹样（图 52–53）。根据由原创者们所著的《新唐装》一书的介绍，新唐装的款式设计，尽量保留了传统服装的古朴风韵，又突出了现代服装洒脱自如的特点；在制作的技艺中，既运用了传统服装的诸多特色工艺，例如，滚边、镶边[①]、嵌线、盘扣等，又大量地采用了现代服装制作的技术，例如，接袖、粘合衬、蒸汽熨烫等[②]。

图 52　男款新唐装

（采自丁锡强主编《新唐装》第 1 页）

图 53　女款新唐装

（采自丁锡强主编《新唐装》第 2 页）

① “滚边”：一种用窄布条把衣服某些部位的边沿包光以增加美观的传统特色缝制工艺，又叫作条工艺。“镶边”：将布条、花边、绣片等呈条状缝拼在衣襟或袖、领等处边缘，形成与大身衣片的衣料和颜色有明显差异的传统特色缝制工艺。

② 丁锡强主编、李克让主审：《新唐装》，上海科学技术出版社，2002 年 10 月，第 1 页、第 63 页等。

新唐装的款式具体如下：

男装：对襟，无叠门；衣襟下摆方角；中式立领；前衣襟处装订一排七副葡萄头直脚纽；两片袖型长袖，装袖，垫肩；左右两侧摆缝下段开摆衩。

女装：对襟，无叠门；衣襟下摆方角；中式立领；衣襟止口、领口和袖口用镶色料滚边，宽度0.8厘米；前衣片两片收胸、收腰；装订一排六副葡萄头直脚纽；后衣片背中拼缝并收腰；两片袖型长袖，装袖，垫肩；左右两侧摆缝下段开摆衩。摆衩边沿以镶色料滚边，宽度0.8厘米。

唐式男衬衫：对襟，无叠门；衣襟下摆方角；中式立领；胸部左装一圆贴袋，衣襟处装订三组九副蜻蜓头直脚纽；一片袖型长袖，装袖；宽袖克夫有袖衩，袖克夫处装订三副蜻蜓头直脚纽。

唐式女衬衫：对襟，无叠门；衣襟下摆方角；中式立领；衣襟止口、领口分别用本色料滚边加镶色料嵌线（一滚一嵌），滚边宽度0.5厘米；嵌线宽度0.2厘米。前衣片两片收胸、收腰，前衣襟装订一排五副镶色嵌线蜻蜓头直脚纽；后衣片一片收腰；一片袖型短袖，装袖；袖口一滚一嵌；两侧摆缝下段开摆衩，边沿也是一滚一嵌。[①]

分别和新唐装的男女上衣以及所谓的“唐式”男女衬衫相配套的，主要是男女西裤或西式裙子。换言之，所谓的新唐装，其实主要是指上述几套具有浓郁中国风格的中式上衣，一般并不包括与之配套的男女西裤和西式女裙。这种情形多

---

① 参阅丁锡强主编、李克让主审：《新唐装》，第14–17页。

少反映了它确实只是一种应景顺时的创作，虽然因为适时推出并获得了很大的成功，但还是有一些可以改进的地方。另一方面，也说明即便是在中式服装的创制实践中，其基本格局仍是“中西合璧”，不仅是中式上衣和西式下衣的组合，就连被视为中式的上衣本身，也是中西两种剪裁技艺相互合作的产物。

当然，此套新唐装并非一阵空谷来风，而是有着深厚的服装史的渊源。新唐装基本上可以说是以清代的对襟马褂为基础，经过改良而成的中式轻上装。其男子款式的由来，事实上可以一直追溯到明清时期男子的行褂、马褂以及民国时期和长衫（袍）相配的马褂等，例如，它的立领、对襟、盘纽等，除了改连袖为装袖之外，基本上就是行褂、马褂款式的延伸与演变。至于新唐装女子款式的由来，大体上也可以追溯到清代的女子马褂、20 世纪 40 年代率先在上海出现的对襟中式女装，以及 20 世纪 60–70 年代的装袖中西式女装（图 54）等。

图 54　1970 年代的中西式女装

（采自《新唐装》第 19 页）

这里所谓的“中西式女装”或简称“中西装”的基本款式为立领、对襟、装袖，或为布料盘扣，或为塑胶扣子。以西式装袖为特点的此种中西式女装，曾于1970年代中期从上海流行到全国各大中城市，在当时的职业女性中间盛行一时。中国的女装即便是在革命的年代里，也还是有一些发展，此种中西式女装，就款式而言，也是中西合璧，采用西式剪裁，稍微掐腰以突出女性身材，但又有很多中式元素，例如，立领、对襟等。或以为这款中西装，多少受到了1950年代城市女性所欣赏的列宁装的一点影响。在某种意义上，它也可以被视为是后来女款新唐装的前身。此外，20世纪80年代中期，上海还流行过一种"东方衫"，它采用西装开襟、装袖，同时又采用中式立领和滚边、嵌线、镶边等传统工艺，并略微收腰，很适合中青年妇女穿着①。应该说，正是有上述所有积累，最终才为后来新唐装女上衣的创新设计奠定了较好的基础。在某种意义上可以说，对襟中式女装和装袖中西式女装的出现与流行，反映出中国女子服装款式一度曾经出现的男装化倾向，这和妇女走向自由以及男女平等的社会风尚有密切的关联。

第二节　中式服装在国际化场景的演出

很多国家都把在亚太经济合作组织（APEC）的年度领导人非正式会议上，与会领导人身着东道国提供的服装视为一个绝佳的象征性场景，期望通过它来向全世界展示富有本国或本地民族特色的服装。每个主办国都各显神通，或讲究

---

① 郑土有主编：《上海民俗》，第216–218页。

轻松舒适，或讲究推陈出新。APEC 会议到了中国，但中国的民族服装是什么？却没有明确的答案。由于一般国民尚未达成有关民族服装的共识，因此，让各国领导人穿何种服装，确实就是一个很大的问题。因此，主办上海 APEC 会议的中国政府，就有必要临阵磨枪，花大气力设计、新创并隆重推出一套现代中式服装。这项国家事业是由外交部主导，落实在上海外办，经过了严格招标和选拔，由脱颖而出的优秀设计师和裁缝们组成小组，负责绘制设计图稿并精心制作，再送国家领导人做出最终决定。从推出新唐装的效果来看，它确实可以说是在 APEC 会议这种国际化、全球化场景下，一次颇为成功民族服装的创制与表演，毫无疑问是凸显了中式服装风格的成功演绎。

上海是中国最具有时装设计能力的城市，长期以来一直引领中国的时装潮流，所以，从上海推出新唐装并获得巨大成功，不是偶然的。推出新唐装的设计师们得到了政府的表彰，也获得了大众的认可。他们设计的服装概念图，实际上就是要建构中国人的新形象，在 APCE 这一国际化的场景下，中国人可以或应该展示什么样的形象，新唐装就反映了设计师们所理想的中国人形象。

新唐装的设计创新之所以取得成功，主要是由于它较好地处理了传统服装的风格与现代款式的造型相结合的问题，亦即既汲取了中国服装文化传统的一些经典因素，同时又营造出了新唐装的现代美感。新唐装非常重视中式服装“语言”中诸如立领、对襟、手工盘纽等元素，但又放弃了传统服装肩袖不分、前后衣片联体等缺乏立体感的款式造型，而代之以肩、袖等部位的现代装袖造型。新唐装的款式造型，和民间的中式对襟短装的关系并不是很大，因为民间直接源于清末马褂的中式短装，主要是以传统的平面剪裁法为基本特征，而新唐装的设计则是按照西装的原理，采用立体剪裁技法，肩膀是套装拼接而成的，所以，新唐装的款式具有一些西服的韵味，又采用了很多中国元素，例如，鲜艳的色彩、丝绸锦缎的面料，以及明清以来逐渐趋于成熟的大团花之类的装饰纹样等。以传统的大团花纹样为基础，以国花牡丹围绕 APEC 这几个变体美术化了的英文字母，将其自然、巧妙地融到团花之中，远看是传统的“寿”字团花，近看则是 APEC 英文字母，由此表示对 APEC 大家庭相聚中国的祝愿。从此类表现手法中，亦可清晰地窥见新唐装创制的基本原则是中西兼通，既要回归和展示中式服装的传统，又要有时代感和现代感。

图 55　新唐装的面料花纹

至少对于在海外生活、工作或学习的华人、华侨而言，往往会比在国内遭遇更多的需要以服装来表象族群身份的场景，每逢此时，如果说女性可以有旗袍作为选择的话，男性从此也就可以选用新唐装了。因为，对于男性而言，在海外穿中山装显得古板，穿西服没有民族文化的特色，于是，唐装或新唐装，的确就成为不错的选项。

上海 APCE 会议以后，新唐装在全国开始大流行，尤其是在 2002 年春节期间达到了高潮（图 56）。与此同时，学术界和舆论界也开始就民族服装、国服以及中国人着装形象等相关问题，展开了又一轮大规模的讨论[①]。虽然是一片叫好，却也有不少分歧。有人望文生义，把唐装理解为唐朝的服装，也有人主张把它确定为中国的国服，值得一提的是，相关争论的逻辑和内容，和后来人们关于汉服的争论非常相似。众所周知，由于种种原因，直至新唐装创制之时，人们依然苦于在传统节庆或喜庆活动的场合找不出能够代表中国传统特色的礼服，尤其在男

图 56　演员吴尊和父亲穿唐装迎接 2019 年春节

（江苏卫视）

① 蒋子龙："唐装和'国服'"，《东方企业家》2002 年 8 月 8 日。

装方面[①]。与此同时，即便是到了21世纪初，中国人有关民族服装的情结依然未解、无解，因此，新唐装的推出，也就意味着中国社会在初步富足之后，再次明确地提出了民族服装这一课题，并取得了重大的进展。

对于新唐装得以广泛流行的社会背景，可以从国内和国际两个方面去理解。一方面，改革开放与经济的高速增长，促使中国民众的社会生活逐渐地出现了民主化的趋向，经济生活也逐渐地进入到了小康社会。中国服装工业获得了举世瞩目的发展，为丰富国人的服饰生活提供了基础性的物质保障，与此同时，人民大众有关服饰的社会心理也发生了重要的变化。林林总总的时装和多少已有些从容和得以休闲的日常生活，遂使得流行成为民众生活方式的基调之一。所有这些都意味着中国人所追求的已不再只是丰衣足食的生活，而是到了人们还进一步渴求艺术审美亦即需要以时装来点缀生活、寻求意义和表现个性的时代。

另一方面，经济与文化的全球化趋势，带来了国际服装文化更大面积的交流。新唐装较多汲取了国际时装的设计理念和剪裁技术，同时也基本上是在充分地意识到国际社会中的中国人形象的前提之下被创制出来的。新唐装的出台以及大流行，极大地推动了中式服装的振兴，也反映出中国民众在文化心理方面的鲜明变化。就是说，曾经因为裹脚、留辫和长袍马褂等装束而感到自卑、有劣等感的情形，已经一去不复返了，人民因为穿着自己的传统服装而感到自豪，充满

① 上海市周慕尧副市长为《新唐装》一书所写的序言。

了文化的自信心和认同感。一言以蔽之，在新的时代背景下，中国人的民族自尊心、文化自信心和自豪感，都使得国民对于新唐装的感知和印象，已经和近一个世纪之前对于长袍马褂的认知与印象完全不同了。

新唐装的设计、隆重推出和大范围流行，依托了都市流行现象的规律，亦即它是在时装市场的大背景下，通过具有强烈商业性的操作而成功运营的结果。新唐装的流行确实是具有爆发和共振的特点，亦即在新唐装的发祥地上海和全国各地几乎同时发生共振①，这说明在新唐装流行之先，中国社会已经逐渐具备了较为充分而又普遍的适宜于中式服装复兴的社会氛围，故其传播速度就非常之快，几乎一夜之间，新唐装就红遍了全国。实际上，早在新唐装亮相之前的20世纪90年代，各种中式服装就已经悄然流行，特别是在一些仪式场合和某些特定的服务性行业，中式服装的登场常给人耳目一新的印象，并具有特别的亲切感和亲和力。长期以来，国内外时装市场的“中国风”，亦即以中国元素点缀时装的尝试一直不绝如缕；新唐装则进一步提升了中国民族服装产业的品牌意识，有助于拓展新的服装消费市场。很快地，一般的中式服装或唐装、新唐装本身也出现了时装化的趋向，它的一些要素被采纳于其他款式和风格的现代时装之上。例如，2005年9月3日，上海女装设计师刘慧黎在青岛丽晶大酒店举行的“假日盛装”品牌作品发布会，其创作灵感不少

---

① 〔日〕夏目晶子：“唐装盛行的特点及其历史因素”，杨源、何星亮主编：《民族服饰与文化遗产研究·中国民族学会2004年年会论文集》，第318–330页。

就来自唐装[①]。

不过，为了使新唐装取得成功，初创设计者们对于新唐装的定位，还有两点很值得关注。第一，新唐装由于是为亚太各国或地区领导人设计的“高级服装”，故特别注意款式、面料和制作工艺的水准，一切都要求高档和一流。尽管 APEC 领导人非正式会议这一并不是很悠久的服装“秀”的传统，基本上是以休闲为导向，但新唐装的设计理念却仍然是着眼于正式场合，注重款式的庄重感。第二，初创设计者们提出的诸如“男子宽松”、“女子合体”之类的着装建议，固然是颇为适宜，但试图使新唐装能够适应劳作以外的所有场合（包括正式场合与休闲场合）以及所有人需求的万能服装，却并不现实。事实上，新唐装究竟是正式场合的礼服，还是休闲场合的休闲服？是代表中国人精神风貌的民族服装，抑或只是一种新的时尚服装？对此，初创设计者们的界定也并不是十分明确。不难明确的倒是，除了在一些可能的服务行业或工作环境允许的场合之外，新唐装基本上不大适合劳作。

显然，新唐装在当代中国民众服装生活中的地位和影响，并不完全取决于初创者们的设计初衷和服装理念，而是在一定程度上，还需要在实际的推广或流行过程中得到社会公众着装实践的检验。新唐装最初虽然是作为高级服装（礼服）推出的，但在普及过程中却不可避免地出现了大众化和平民

① 罗雪挥：“‘华服’之变”，《中国新闻周刊》总第 243 期（汉服专题），2005 年 9 月 5 日。

化的趋向。

第三节　新唐装在时装社会的意义

改革开放和市场经济改善了广大民众的日常生活包括服装生活，但不知不觉之间，手工缝纫衣物的“女红”传统迅速趋于萎缩。有一个时期，人们是购买布料，再花钱去请裁缝制作较为时尚的服装，但即便是这种情形，也很快就被轻纺工业大量生产的成衣所替代了。以此为基础，中国人民的服装选择日益多样化和自由化，大约从 1980 年代中期起，中国就进入到了时装社会。在时装社会里，普通中国人的形象自然也就发生了巨变。

首先是西服卷土重来，并以更大的规模和深度进入中国城乡，为各级层的普通民众所喜爱，实际上它成为时髦、开放和国际化的符号。

其次，曾经覆盖全社会的军便服和中山装却迅速退潮，大约到 1990 年代便踪影几近全无。导致出现这种格局变迁的原因，可能是由于“物极必反”的道理，人们已经厌倦了制服社会时代服装生活的单调和意识形态化，在新的时代背景下，它们实际上已成为保守、僵化甚至左倾的身体符号。尽管党和国家领导人继承并坚持了自孙中山以来得以成形的中国式的“着装政治学”，亦即穿用西服以展示开明、开放和国际化的形象，穿用中山装或特别的军便服以暗示或寓意体制的正统性、革命的传统以及党对军队的绝对指导，穿用夹克服等休闲服饰以表达亲民和作为普通人的一面等等，但民众还是决然放弃了把中山装作为日常服装的选项[①]。

再次，服装日益成为个人生活的自由选择和自主判断，一般不再对其追加意识形态之类的含义，也不再面临基于意识形态之类价值判断的批评。一言以蔽之，中国人的服装生活不仅实现了温饱的小康化，还迅速地走向自由化和时装化。

在时装社会时代的中国，从1980年代“街上流行红裙子”起，服装的流行多变日益成为理所当然的社会与文化现象。时装表演、模特儿走秀、服装厂商的品牌化市场营销等等，均越来越多地为民众所接受，并成为普通民众服装生活的基本常态。改革开放以来，中国社会的价值观日益多元化，反映在普通民众的着装上面，就是大胆追求时尚，通过服饰来表达个性；与此同时，对于他人的奇装异服，很少再有人热衷于去指指点点，反倒是欣赏者居多了。

伴随着温饱问题的基本解决以及服装生活的自由化，到1990年代，中国社会明显地开始出现了通过服装来表现民族的自信心和尊严感的文化动态。例如，中式服装除了长袍、男子长衫和中山装之外，有不少明显的回潮：现代旗袍逐渐重回时装市场和各种礼仪场景；肚兜、马甲、围裙、瓜皮帽，以及各种中式短装（袄、褂），包括各地多种多样的民俗服装均再次引起广泛关注。应该说，进入21世纪的中国时装社会，以隆重推出新唐装的形式所体现出对于中式服装予以再建构的努力，并非那么突兀，而是有较为深厚的社会土壤

① 周星：“中山装·旗袍·新唐装——近一个世纪以来有关‘民族服装’的社会文化实践”，杨源、何星亮主编：《民族服饰与文化遗产研究·中国民族学会2004年年会论文集》，第23–51页。

和丰富的文化资源作为根基（图 57）。在某种意义上，由官方主导推出新唐装，既是对此前传统服装复兴以及再评价的肯定，也是对“文化大革命”时期全面否定传统服装的逆反与回潮。

图 57　陕北米脂新娘子的嫁衣，和新唐装的区别主要在于连袖
（采自黄复主编《闯王故乡行》第 51 页）

新唐装采用了中式服装传统的很多语汇和元素，堪称是富有时代感的新创制，它给人的印象是富丽华贵、喜庆吉祥，显然是指向于建构一套全新的中式服装。“唐装”一词在中国大陆，其实是在上海 APEC 会议推出那套中式袄褂（或中式轻上衣）之后才开始流行的，但需要指出的是，普通民众对于唐装和新唐装的区别并不是特别介意，反倒总是倾向于统称或简称为唐装，于是在公共媒体，甚至在学术讨论中，

也总是有人对其不加区分。归根到底，新唐装一词，只在创制人员和部分学者中间使用。包括本书作者在内的少部分学者认为，在学术研究上，将新唐装予以单独列出，以区别于民间自在状态的中式对襟短袄（一般的唐装）还是有意义的，因为如此便可以明确新唐装的人为创制属性，明确它并不是原封不动地照搬了马褂，而是有很多新的创意，做了不少加工。

新唐装的中式服装属性之得以确立，除了它是依托中国传统服装文化的资源而创制的，还因为它被隆重推出的场景是以全球化、国际化为背景而旨在彰显其中国风格或特色的。根据设计者们的明确表述，它是从清末及民国时期传统马褂的款式引申而来，马褂及类似的对襟短袄，在长达一个世纪的变迁当中，事实上早已具备了中式服装的属性，新唐装的形制依托于马褂或中式对襟短袄，又进一步对其进行了装袖、垫肩等西式立体剪裁技艺的改造，因此，与一般的中式连袖短褂相比较，它显得更为挺括。若是从一个世纪以来中式服装的发展轨迹看，新唐装堪称是 21 世纪初又一次重要的建构实践。

尤其是由于以西式服装“中国化”为特点的中山装的突然淡出，男性服装的中国属性表象在某种意义上出现了真空，因此，虽然新唐装的设计兼顾女性，为女性中式服装在旗袍之外又增添一款新的选项，意味着中式女装的范畴得到扩容，但它对于男性中式服装而言，其填补空白的意义更大。曾经有不少人庆幸新唐装的推出及流行，相信它有可能作为中国人的民族服装逐渐被确定下来，那样的话，中国女性有旗袍和女式新唐装可供选择，男性也终于可以在西服和中山装之外选择新唐装作为自己的民族服装了。

继20世纪20–30年代，中山装和现代旗袍分别实现了西式服装的“中国化”和中式服装的“西化”，21世纪初的新唐装则可以说是在上述两个方面均取得了新的改良或进展。如果把新唐装的原型理解为行褂或马褂，那它就是中式服装的“西化”，但如果把新唐装的原型理解为中山装及中西装，那它就同时还是西式服装的进一步“中国化”。

新唐装依托了中国传统服装文化的深厚资源，通过对西式工艺和服装理念的采纳，创制出了新的既具有中国风格和意境，又具备现代款型的中式服装。它的问世，反映了在经济及文化全球化的状态下，中国人对于民族身份认同的渴望，而新唐装的鲜艳色彩，也一改中式男性服装长期以来的低调、朴素印象。现代化的长足进步，使得人们借助新唐装来表现自己的富足及在小康社会的幸福感。此种社会心理的巨变，正是它随后得以大流行的根本原因[①]。由于新唐装的确具备了和现代旗袍相并列的资质，很快它就拥有了颇为广泛的公众支持和海内外的高度认知。新唐装消费者的年龄、性别、职业、教育背景、地域和身份的范围非常广泛，从政府官员、文体明星到普通的市民和农民，都有喜爱新唐装的。眼下在中国很多城市的百货商场或超市，大都设置了中式服装或民族服装（不同于少数民族之民族服装的概念）的专柜及展厅，其中以现代旗袍和男女款唐装（新唐装）为大宗。

---

① 周星：“中山装·旗袍·新唐装——近一个世纪以来有关‘民族服装’的社会文化实践”，杨源、何星亮主编：《民族服饰与文化遗产研究·中国民族学会2004年年会论文集》，第23–51页。

当然，对于新唐装也有一些批评，例如，说它太过张扬，那样的大团花图案并不符合中式服装内敛、含蓄的内在精神等[①]。随后，新唐装的流行还令人意外地引起了一些逆反。例如，有网络言论批评说，新唐装所由缘起的马褂乃出身于清朝的满装，故反对将它确定为国服。这就既涉及应该如何看待马褂，又涉及应该如何看待国服的概念，亦即成为具有双重复杂性的问题了。我认为，鉴于清末民初以来，长达一个多世纪的满汉多民众的穿着史，今天已不宜过于强调马褂的满族或作为旗人服装的属性了，不仅如此，其实类似的款式在中国历史上各代多少也都有所采用。如果说缺襟马褂曾经是满装的特色，那么，对襟马褂款式在清以前历代均是可以找到的，例如，南宋时的对襟半开领半臂衫，明朝的行褂、对襟夹袄、对襟比甲、对襟半臂等[②]，它们实际上大都和对襟马褂的形制非常接近。因此，我们应该以更加宽阔的历史视野和跨族视野去理解对襟短装上衣。

近代以来，马褂脱离与长袍的组合而独立演变的过程很值得重视，因为它适应了短装化的时代潮流，故以此为原型，后来又发展出各种立领对襟短装上衣，亦即中式衫袄外套[③]，进而再发展出新唐装。在我看来，最为重要的社会事实是，各种男女对襟短袄（女性除了对襟，还有大襟等）因

① 罗雪挥："'华服'之变"，《中国新闻周刊》总第243期（汉服专题），2005年9月5日。

② 董进（颉芳主人）：《Q版 大明衣冠图志》，第56–61、66–67、102–103、324–327页，北京邮电大学出版社，2011年1月。

③ 包铭新主编：《近代中国男装实录》，概述，东华大学出版社，2008年12月。

其功能性和实用性而在底层民众中普遍被穿用，并一直延续到20世纪70年代。因此，除了少数执著于汉服理念的人之外，绝大多数普通民众对于来自马褂的新唐装，几乎是没有特别的抵触感。

新唐装的创制，比较符合中国人的穿着习惯，也较好地满足了小康社会里人们对于中式服装的需求和诉求。虽然就起源而言，新唐装的确可以上溯到明清时期的行褂、马褂等，但若是依据场景性的理论，当然还有无数民众的日常穿着实践，由此承认新唐装是包括汉族在内的中国人的民族服装的一种，似乎没有多大的问题。

第六章 汉服：本质主义的言说

第一节 向历史寻求依据的汉服

就在 2002—2004 年间，唐装或曰新唐装的大规模流行热潮方兴未艾、一时间好评如潮之际，以新兴的网络虚拟社区（网站、论坛）为基本活动平台，以都市青年网友（早期称“汉友”、“汉迷”、“汉服爱好者”等，现在称“同袍”）为主体，中国社会兴起了又一轮与国民服装生活有重大关系的新话题，亦即汉服和汉服运动。这场大约起始于 2001—2002 年在网络虚拟社区中对于汉族民族服饰问题的追问和大讨论，既有具体地缘起于对部分网络民族主义中极端反汉言论的各种刺激的直接反应[①]，也有出于对中国传统文化在新的市场经济和全球化浪潮中面临进一步流失困境之危机感的敏感反应。也因此，旨在把新唐装引申或发展成为中国人的民族服装，乃至国服的尝试，

① 汉网约成立于 2003 年元旦前后，其创始人之一是在北京一家出版单位任职的李敏辉（网名李理），他也是最早在网络上倡导汉服复兴的人之一，曾任汉网的管理员和新闻发言人。据他介绍，他其实是受到其他民族主义网站，例如，满族网里的满民族主义言论刺激才兴办的汉网。

由于汉服运动的异军突起而遭遇到了挫折。

所谓“汉服”，主要是指汉族人在历史上曾经拥有，但现在已经消亡了的民族服装。这个概念主要被现在参与汉服运动的人们用来表述他们相信或想象的汉族人的民族服装。在汉服运动的理论家们看来，汉服的特定含义是指起源于华夏－汉族、由古代的华夏－汉人所发明并传承，具有汉文化的某些本质特点的服装文化体系。在目前所知的汉语文献，包括在互联网上汉服论坛里的讨论，汉服大概有以下几层意思。一是指中国历史上汉朝的服装，但这个说法很快被否定。二是指华夏族、汉人或汉民族的民族服装，认为它具有独特的汉文化风格特点，明显区别于中国各少数民族的民族服装。汉服就是“汉民族的传统服饰”这一表述的简称，基本上是由网络上汉服社区的居民（网友、同袍）共同完成的民间或草根式定义，但它也得到了一定的学术支持。这种意见已经成为定说，越来越多的汉服运动参与者接受这一定义[①]。目前，中国大陆的公共媒体和一般公众比较容易理解，并倾向于接受的正是这个定义。第三种意见，是把汉服视为汉族的民族服装，但同时认为只有它才是能够代表中国的“华服”或中国人的民族服装。

“汉服”一词，在历史上并不是很常用，它并非一个固定用语，而是有很多其他类似的称谓，彼此可相互替代。例如，它又被称为“衣裳”（《易经·系辞》）、“汉衣服”（《汉书·西域传·渠犁传》）、“汉裳”（《新唐书》）、“汉服”（《新

① 张梦玥：“汉服略考”，《语文建设通讯（香港）》2005年第3期。横艾吹笙：“汉服明义”，《汉服时代》2011年总002期。

唐书》)、"汉装"(《阴山女歌》)、"汉衣冠"(《清史稿·太宗本纪》)、"汉装"(《清史稿·宋华嵩传》)、"华服"[1]、"唐服"(《新唐书·吐蕃传》,《旧唐书·回纥传》)等等。但"汉服"这一概念,甚至在辛亥革命前后的易服运动中亦不常用,因此,可以把它理解为是在21世纪初叶出现的一个现代汉语的新词。大概在2002—2003年期间,以"汉网论坛"为平台,逐渐完成了从"汉民族服饰"到"汉服"的概念过渡,随后才开始在互联网虚拟社区里频繁地被使用。尽管汉服被理解为是对汉民族传统服饰的概约性简称,但对这个概念,从相关网站的讨论、表述及网友们的言论来看,也还存在不少歧义,其中至少部分歧义是和此前有关唐装、新唐装等范畴的讨论中所出现的困扰密切相关的。唐装或新唐装以及旗袍等虽然经常被一般公众理解为中式服装,但在汉服爱好者们看来,它们只是满装而已,不应与历史上的"唐服"(汉服的别称之一)相混淆,将满装称为唐装是无知者不恰当的称谓。

除了为数不多的有关汉服的严肃认真的学术论文之外,绝大部分关于汉服的讨论,主要是在网络论坛上自发或随意展开的,要对网络上所有这些言论进行归纳既非常困难,也有一定风险。检索互联网和报纸杂志等新兴及传统媒体关于汉服话题的讨论,可知其与若干年前有关新唐装的讨论,在逻辑和程式上均颇有相关,也颇多类似。两者分别涉及中国历史上最强盛的王朝,显示出具有同样或类似的历史自豪感;

---

① 《尚书·正义》:"冕服华章曰华,大国曰夏。"《左传·定公十年》疏:"中国有礼仪之大,故称夏;有章服之美,谓之华。"这也是最多为汉服网友所引证的两条文献。

两者都有意向试图把唐装或汉服建构成为中国人的民族服装甚或国服。不同的是，关于汉服的言论或叙说所要追溯的历史远比唐装更为古老；汉服言说有着比唐装论说更为强烈和明确的汉民族意识及其存在感。概观相关争论，我认为应该对作为学术用语的汉服和汉服运动中的汉服加以区分。

作为学术用语的汉服论说，虽然也把汉服理解为汉族的民族服装，但并不认为曾经存在绝对纯粹的汉服，而是承认在汉族服装文化史上存在着和其他民族服装之间的交流与融合。此种偏重学术倾向的汉服讨论，确实极大地刺激了中国服饰史的专业学术研究，使之在近些年获得了很大发展。主要把“汉服”作为一个学术用语来理解的讨论者一般认为，现在并没有特别的必要去复活汉服，通常对汉服运动的“复古”倾向持有批评性的看法。当然，也有不少讨论者认为，汉服不仅历史悠久，也有独特的款式和特征，汉族需要汉服，就像汉字、汉语等一样，汉服应该是汉文化理所当然的组成部分，汉族之拥有汉服是合理的，不必过多顾虑。

至于汉服运动中的汉服论说，多少是具有一些反新唐装和反旗袍的倾向[①]。在此类论说中，新唐装和旗袍都由来于

① 台湾亲民党主席宋楚瑜2005年5月访问大陆、祭祀黄帝（陕西省黄陵）时曾接受幕僚建议，身着西装而未穿新唐装，因为担心会刺激激进的大陆汉服网友。事实上，汉服运动把海峡两岸均卷入其中，2013年4月30日，首届海峡两岸汉服文化节在福州文庙开幕，两岸汉服爱好者数百人身穿各式汉服参加献礼祈福仪式；宋楚瑜亲笔题词：“推广汉服文化，展现民族特色”。2013年11月1–3日，由台湾艺人方文山发起的“中华汉民族服饰展演暨汉服文化周”活动，在浙江省嘉善县西塘景区举行，开幕式上由370名海内外汉服爱好者身着各式汉服，创造了传统乡饮酒礼参加人数最多的吉尼斯世界纪录。由方文山作词、周杰伦作曲的汉服文化周主题歌《汉服青史》，也引起了各方关注。

清末满装，因此，更有资格代表中国的应该是汉服，而不应该是旗袍和新唐装；历史上曾经存在过纯正的汉服，但由于满清的民族压迫，它才被迫不正常地消失了，现在自然应该予以恢复。有一部分论者为了论证复兴汉服的正当性和必要性，常常会在其言论中流露出追求中华或中国文化之纯粹性的情绪，他们在谈论汉服从辉煌到不正常消亡再到复兴的历史命运时充满悲情和激动。他们一般会对明清之际的历史做集中陈述，同时也常对历史做某些选择性强化记忆，例如，对于满清入关的屠城事件和威逼汉人剃发、迫使汉人放弃汉服的痛史猛烈鞭笞，而往往不能冷静和深入地理解历史（包括中国服装文化史）的更为复杂及细腻的部分，例如：清朝时，妇女的“民装”（应属于汉服）其实是和“旗装”并存的；此外，儿童服装和乡野劳作的庶民也较多保留了汉装[①]；等满清的统治权一经稳固，统治者如清朝皇帝、满清贵族等也曾有过身穿汉装之类的怀柔之举；还有汉满服装文化的互相影响，如清朝时的满族妇女也有模仿汉人服饰的情形[②]等等。在确曾发生过的屠城之类高压下，汉人的服饰文化确实遭遇到严重摧残，这是没有疑问的历史事实[③]，然而，包括汉族、满族和其他少数民族在内的中国服装文化史，却还是有很多其他的侧面与细节同样值得关注。

---

① 崔荣荣、牛犁：《明清以来汉族民间服饰变格与社会变迁（1368–1949年）》，第187页。

② 周虹：《满族妇女生活与民俗文化研究》，第88–89页。

③ 果洪升：“满族社会文化变革与民族的发展”，横山廣子編『少数民族の文化と社会の動態—東アジアからの視点—』（国立民族学博物館調查報告50）、国立民族学博物館、2004年3月、第269—272頁。

在历史上，汉服主要是在华夷对举等不同的族际场景才会被突显出来，亦即汉服往往是在和异族的对比之中，或被异族认知时才得到强调。《新唐书·南诏传》：“汉裳蛮，本汉人部种，在铁桥。惟以朝霞缠头，余尚同汉服。”《新唐书·吐蕃传》：“结赞以羌、浑众屯潘口……诡汉服，号邢君牙兵。”这些文献与其说是对某种款式的描述，不如说是指汉人的穿着似乎更为贴切。其实，类似的因为相互对比而凸显的情形，还见于敦煌壁画里的描述。例如，大约是中唐吐蕃占领敦煌时期的榆林窟第25窟“婚礼图”，新郎新娘为吐蕃装，而来宾中则是既有吐蕃装，又有汉装[①]。每当民族矛盾较为尖锐的时候，或者需要通过服饰表达正统性的时候，它的意义就会得到强调，如所谓“中华免夫左衽，江表此焉缓带”（《宋书·谢灵运列传》），或“衣冠威仪，习俗孝悌，居身礼仪，故谓之中华”（《唐律疏义·名例律》）。较为典型的是辽朝实行二元政治，《辽史·仪卫志》：“辽国自太宗入晋之后，皇帝与南班汉官用汉服；太后与北班契丹臣僚用国服，其汉服即五代晋之遗制也。”因此，《辽史·仪卫志》里专设有“汉服”条。宋朝使者余靖曾数次赴辽，他在其《契丹官仪》里也提到“胡人之官，领番中职事者，皆胡服，谓之契丹官；……领燕中职事者，虽胡人亦即汉服，谓之汉官”。

清王朝在崇德元年（1636）就有明文规定：“凡汉人官民男女穿戴，俱照满洲式样。男人不许穿大领大袖、戴绒帽，

① 竺小恩：《敦煌服饰文化研究》，浙江大学出版社，2011年6月，第25页。

务要束腰；女人不许梳头、缠脚”（《清太宗实录》卷十）；入关后更是暴力强制汉人剃发易服，甚至连“典礼之宗”的孔府以“定礼之大莫于冠服”为由，向满清称臣并希望保留孔家三千年未变之衣冠，亦遭到拒绝，这些确实都是汉人难以接受的基本史实。可以说，每当这些历史关头，服装的民族属性就会得到空前的强化，其作为政治及文化认同之符号的意义，也会得到空前的扩张。但清朝随后的历史发展，却是汉男必须满装，女装则大体上是汉满各随其俗其便[①]。因此，说汉服消亡是由于满清统治者的暴力和强制同化所导致，若只就男装而言是符合历史事实的，女装则有所不同，因为清朝时汉族妇女的服饰曾一直延续到民国时期[②]，它在后来被放弃应该是基于其他原因，诸如被富于时代感的新服装所取代等。就是说，如果把女装纳入视野，则汉服消亡的历史是要更加漫长、曲折和原因复杂。值得注意的是，旨在复兴汉服的汉服运动，在理论上更为重视男装，故对男装的历史断裂尤为耿耿于怀，但人们在社会公共空间的汉服穿着实践却以女装更为突出，也更容易获得正面评价以及容易被公众接受。

虽然汉服运动的理论家们在追溯汉服的历史时，很难回避它的暧昧性、混血性以及汉民族服饰生活的复杂性，但他们对于服饰文化的族际互动、融合和相互影响的历史，特别是受到“胡服”影响的部分，要么不予重视、轻描淡写，

① 徐清泉：《中国服饰艺术论》，第 85 页。

② 崔荣荣、牛犁：“清代汉族服饰变革与社会变迁（1616–1840）”，《2013 年中国艺术人类学国际学术研讨会论文集》，第 709–714 页。

要么强调汉服有永恒不变的本质元素；或把极其复杂的中国服装史简化为汉服史，再把汉服史简化为“秦汉为裾，隋唐作裙，宋着褙子，明穿深衣”。尽管历史上的汉族曾经穿着过很多形制、款式和风格的服饰，很难用某种或某类服装样式予以完全概括，但汉服的造型或款式特点仍被简略地归纳为：交领、右衽，宽衣、大袖、博带，不用扣，以纽带系结。具体地有上衣下裳、深衣（上下身一体的袍服，其内有裤）、上衣下裤、襦裙（短上衣和下裙组合）等若干种基本款式。

相对而言，在汉服运动的理论和实践中，以“衣裳相连，被体深邃”的“深衣”最受青睐，它被视为汉服的统一或基本式样，甚至有钟情于儒学的人主张用它统一当代汉服（图58）。在历史上，大概是从宋朝时起，深衣作为儒服开始引起特别的关注，马端临在其《文献通考》卷一一一的“王礼考”中指出：古时候，“……元端则自天子至士皆可服之，深衣则自天子至庶人皆可服之。盖元（玄）端者国家之命服也，深衣者圣贤之法服也。古人衣服之制不复存，独深衣则戴记言之甚备。然其制虽具存，而后世苟有服之者，非以诡异贻讥，则以儒缓取哂。虽康节大贤亦有今人不敢服古衣之说”。部分汉服理论家认为，深衣最能体现汉族传统文化的精神，说它象征天人合一、恢宏大度、公平正直，含有包容万物的东方美德；穿着它行动进退便合乎权衡规矩，生活起居便顺应四时之序；袖口宽大，象征天道圆融；领口相交，象征地道方正；背有一条直缝贯通上下，象征人道正直；腰系大带象征权衡；分上衣、下裳，象征两仪；上衣用布四幅象征一年四季；下裳用布十二幅象征一年十二月等[1]。此类解说不乏附会，和民国年间人们为中山装建构合法性时附丽很多意义的手法如出一辙。根据张志春教授的解释，汉服运动之所以选择深衣作为汉服的基本形制和主流样式，乃是因为它在古代是士大夫亦即国家栋梁所穿的衣服[2]。这种解释似乎也很契合汉服运动主导者或参与者对于自己社会及文化地位的期许。

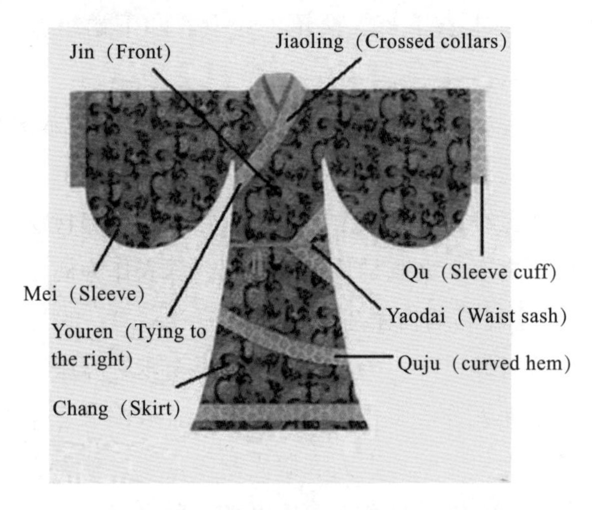

图 58　由网友绘制的曲踞深衣汉服图

（Hanfu — Traditional Garments of China）

从已有的描述、辨析和穿着实践来看，汉服主要是历史上汉人社会里上层阶级的人士（士绅、士大夫、贵族、皇室）

① 赵宗来执笔："北京奥运会的服饰礼仪倡议书"，天涯社区－国学论道，2007 年 4 月 5 日。

② 2011 年 8 月 21 日，在西安对张志春教授访谈。

穿用的款式，虽然它未必能够涵盖有更多人口的底层劳动阶级，却被认为是更具有代表中国文化传统资格的服饰种类。这一点其实很好理解，因为以服饰文化中的“华丽传统”而非基层劳作阶级的简朴服饰作为民族服装，其实是世界很多民族的惯例。汉服被认为表现了汉民族的性格，诸如柔静飘逸、娴雅超脱、泰然自若，或平淡自然、含蓄委婉、典雅清新等。汉服体现出来的优雅、悠闲、自然、飘逸等风格，被认为适宜于清静、安详和豁达的生活，也被认为较好体现了汉民族特有的文化气质及仪容。虽然关于汉服的款式与造型，眼下尚未达成共同认知，但一般是把其祖型确认为“深衣”（包括上下连体的长裙・襦裙等），而在有关实践活动中实际展示的更多是古代“才子佳人”的印象。

就我在北京、杭州、无锡等地的田野调查和实地观察而言，较多被推崇的汉服形制，男性以交领右衽、大襟阔袖、衣裳相连、宽袍大带为特点；女性服饰或是大襟、右衽、交领，以秦汉时的曲裾深衣为样本，或是隋唐兴起的低胸襦裙，或是上衣下裳、上衣下裙，显然比男性更为丰富和多样。虽然关于汉服的款式尚有很多歧义，但某些款式细节，如“右衽”则绝不可以让步[①]，相比之下，汉服的另外一些细节则可以变通。右衽甚至已经成为汉服运动的一种意识形态或政治正确，其实这个理念起源于孔夫子在《论语・宪问》中说过的那句话：“微管仲，吾其披发左衽矣”，从此，右衽与左衽

① 李战洲：“时尚婚装展上汉服成寿衣 汉服发展问题再引争议”，东北新闻网－《华商晨报》2006年8月11日。

就成为汉文化史上区分华夏与外族的重要标识。大连桂由美婚纱摄影的汉服婚装出现了左衽之类的细节错误，故被汉服同袍纠错；老板的解释是“老百姓不会在乎左衽右衽，只要他们喜欢就行”，对此，汉服运动的精英们却不接受，并感到愤怒。之所以会如此，就是因为右衽在中国古典文献里一直被说成是华夏服装的正统性标志。

谈论汉服，必然涉及悠长、丰富和错综复杂的中国服装文化史，有人说汉服有礼服和常服之分，也有人说存在一套完整的“汉服体系”，它有小衣、中衣、大衣三层。总之，各种表述尚不能完全统一。历史上帝王贵族的章服、冕服，通常是在举行隆重仪式时穿用的礼服，其实它们就是上衣下裳制的豪华版，近代以来主要是因封建礼制的解体而走向湮灭。汉文化对于服饰曾经赋予很多象征性意义，但归根到底，这些意义大都指向古代礼制，包括等级身份制。但历史上的衣冠之治或服制，除了对内强调等级和身份，对外也往往作为族际区分的标志，用服装体现“华夷之辨”，将“束发右衽”和“披发左衽”相对比，以服装作为“我族”认同的醒目符号。

有关汉服的论述和汉服运动的社会实践所由汲取的文化资源，基本上不是各地汉人现存的民俗服装，诸如贵州省屯堡人那样的“凤阳汉装”等。分布在如此广阔的地域之内、人口规模如此巨大的汉族，其各地的民俗服装非常丰富，但汉服的理念却把汉民族服装生活的地域复杂性排除在外。换言之，汉服在现当代的创制主要是朝向历史寻求依据，而不是朝向当下汉民族的日常服装生活或各地的民俗服装寻求依据。尽管人们把汉服定义为华夏或汉人的民族服装，但在现代中国社会实际出现或再现的汉服却完全是当下文化建构的产物。汉族是中国人的主体，要建构中国人的民族服装，无论如何也躲不开汉族的民族服装问题。在这个意义上，有关汉服的论说和争论是对中国人的民族服装问题的进一步深化。汉服之所以成为一个复杂且充满学术争议的概念与话题，是因为它涉及如何看待汉民族作为一个民族的历史，如何理解汉族和其他少数民族在中国历史上以及在现当代中国社会中的相互关系等。

汉服的概念以及当今复兴汉服的运动，固然是有针对清初强制同化之结果的逆反或清算，但我们更应将它置于当代情境下去探讨其意义，毕竟当下和辛亥革命前后以易服体现改朝换代的需求已有很大不同，当下主要是基于全球化背景需要寻找失落的传统文化，亦即寻根的需求。考虑到不久前“文化大革命”对传统文化（“四旧”）的近乎彻底的扫荡，对眼下的汉服运动就不宜孤立地去理解它，而应将其视为21世纪初中国一个更大的文化复兴运动的支脉。

第二节　缺失、纯粹性与本质主义

汉服之所以在21世纪初被重新提起，多少也是因为在当代中国现实的多民族场景中，确实是经常会凸显出汉族的民族服装缺失的尴尬。例如，在2004年“56个民族金花联欢活动”中，汉族金花吕晶晶因为不知道汉族的民族服装是什么，于是，身着西式黑色晚礼服出场，这可以说是一个颇具象征性的情景[1]。但在2009年8月16日，汉族之花杨娜，身穿汉服与55个少数民族的民族之花一起，出席在内蒙古鄂尔多斯举行的第十一届亚洲艺术节开幕式及民族之花专场演出时，则被认为是汉服非常难得的一次与少数民族服装的同台亮相[2]。“2009民族之花选拔大赛”，经文化部批准、由艺术节组委会主办，当时，牵动了汉服吧等许多汉服网站和全国各地汉服社团的积极响应，因此，汉服借助汉族之花杨娜的出场这一事件，既凸显了汉族之衣曾经没有民族服装可穿的尴尬局面，又证明了汉服运动的合理性、正当性以及它在很多人努力下取得成功的可能性。此前，在2005年的上海中秋桂花节上，有56个民族盛装巡游的节目，已首次出现汉服和各少数民族的民族服装同时展演的情形。

国内多民族社会及文化之族际关系的场景性，成为汉服言说的基本前提之一。汉服在很多时候，是相对于少数民族的服饰文化而言的，相对于蒙古袍、藏袍、满装以及苗族和维吾尔族等各少数民族的民族服装而言的。在国内多民族相互比较的文脉、语境或场景下，汉族的民族服装处于“缺失”状态，而导致此种状态的罪魁祸首，便是清初满族统治者的高压强制同化政策，当时，是否换上满装成为汉人是否接受清朝统治的最重要的标志。无怪乎汉服运动对于汉服之正当

① 徐志英：“杭州西子湖畔五十六朵金花争奇斗艳”，《沈阳今报》2003年9月30日。

② 杨娜（兰芷芳兮）主编：《中国梦 汉服梦：汉服运动大事记（2003年至2013年）》，2013年10月14日，电子版。

性的论证，充分借助了历史悲情意识[1]，此种悲情意识和现实的国内多民族场景下的“失落感”（例如，中央政府某官方网站对汉族的图像介绍，曾以“肚兜”为装束）相互刺激、相互影响，遂成为汉服运动得以兴起的原因之一。应该说在国内多民族的语境或场景下，汉服的正当性容易被论证，也不难被接受（图 59）。

图 59　2006 年大连民族大学“56 个民族大团结合影”，汉族学生身穿 T 恤和长裤

（大连民族大学新闻中心网页）

汉服运动的确是一种汉文化民族主义，它在当前中国的国内政治话语过度强调“族别”而忽视“族际”的言说体系当中[2]，是一种典型的“刺激反应”。过去谈论各少数民族“族别”的历史、文化或服饰、舞蹈等等时，“剩”下来暧昧的部分似乎就是汉族的，绝大多数汉人通常也对此不介意，但现在出现了虽然是极少数，却愿意积极地去正面表述、归纳和宣扬

① 周星：“汉服之‘美’的建构实践与再生产”，《江南大学学报》2012 年第 2 期。

② 周星：“中国民族学的文化研究面临的基本问题”，《开放时代》2005 年第 5 期。

汉文化的都市汉族青年，他们选择的族际标识符号便是汉服。

在有关唐装的讨论中，唐装或新唐装与“唐人”、“唐人街”等概念有关，多少具有一些海外华人认知或国际化的语境，汉服则往往具有相对较多的国内族际场景性，比较而言，后者的论说更加具有本土化的色彩。简言之，唐装和新唐装相对比较容易过渡到中国人的民族服装，汉服则首先必须得是华夏/汉族的，然后，才能把它再引申为中国人的民族服装。若进一步去比较，唐装或新唐装的讨论，对于直接从清末的服装文化遗产汲取资源持肯定态度，对于服装文化的满汉融合也持宽容态度，而有关汉服的讨论，则是将其原型追溯到秦汉甚至先秦时代，有关论说很在意汉文化及族群的古老性和纯粹性。

汉服爱好者或同袍们之间共享的基本信念，可以归纳为：1. 汉服是华夏族–汉族的民族服装，同时，它也是代表中国传统服饰文化的“华服”；2. 汉服的历史非常悠久，且一脉相承，有独特的款式、风格和特征；3. 汉服起源于古代的“深衣”，后来发展出多种款式，但它万变不离其宗，其基本要素是交领、右衽、博袖、带束等；4. 汉服是美好的、纯粹的、庄重的、飘逸的，内涵意义丰富；5. 汉服承载着古老中国的伟大礼仪，体现着中国的衣冠文明；6. 汉服不仅是古老的、美丽的，而且还是悲情的，因为在清初时，汉民族被迫失去了汉服，所以，现在一定要恢复它；7. 复兴华夏、振兴中华，必须是衣冠先行，以复兴汉服为目标的社会文化运动，亦即汉服运动终将成为中国、华夏伟大复兴的前驱等等。

前已述及，在汉服的定义中，通常不包含汉人曾经穿过或现在仍在穿用，却被认为不能够代表汉文化特性的服装，例如，清末民初时的长袍马褂，近代以来的西服、中山装和现代旗袍，当然还有现当代的牛仔裤、夹克衫等。换言之，这个定义本身就潜含着对汉族服饰文化之纯粹性的追求，它和汉族人民实际的服装生活并不完全重合。汉服是汉民族服装生活里那些被认为能够代表汉文化特征，并具备了得以和其他民族相互区分之特征的服装。显然，在此我们只有把“汉民族传统服饰”和“汉民族服装生活”这两个既相互关联，又彼此不同的范畴加以区分，才能够准确地理解汉服和汉服运动。

对于汉服的赞美，以悠远性、连续性、纯粹性为基本言说。汉服的起源问题，在汉服论说中非常重要，起源的古老性和此种服饰文化传统的悠久性，在汉服运动的理论体系中具有举足轻重的价值。此外，连续性也颇受重视。就连续性而言，汉服被说成是从上古的夏商周直至明末清初，绵延几千年，它由华夏族及后来的汉族所发明、穿用，并自然演化为独具汉民族文化特点，能够和其他民族的传统服装形成鲜明区别的服饰文化体系。汉服之历史传承的独特性、文化意义的独特性以及风格和美感的独特性，都使得它与其他任何民族的服饰（满装、西装），以及与现代服饰文化之间有着“质”的不同。当然，也不乏把汉服上溯至史前时代的“文化英雄”，例如，认为汉服是黄帝所发明的见解。虽然中国古史上确实有黄帝制定华夏“衣裳”的典故[①]，但这在学理

① 《史记·五帝本纪》：“黄帝之前，未有衣裳屋宇。及黄帝造屋宇，制衣服，营殡葬，万民故免存亡之难。”《易经·系辞下》：“黄帝垂衣裳而天下治。”

上值得商榷，因为华夏族群和汉民族及其文化的形成过程其实要复杂得多。

在汉服网友们看来，汉服就是这样一套或一系列在汉文化基础上形成、基本上固定不变的服装形制，它有独一无二的独特性和纯粹性。虽然这种观点在学术上很难成立，无论是中国服装史，还是汉民族的历史，均既不存在纯粹的汉族，也不存在纯粹的汉服，然而，汉服必须是纯粹的理念却在汉服运动中根深蒂固[①]。若是以服装穿着实践来看，汉民族的服装生活及服饰民俗，其实极为复杂和丰富多样，很难被汉服这个纯粹性的概念所归纳。文化原本是相互涵化的，也是在族际之间反复越境的，即便我们承认汉族及其服装文化确实有其主体性，但要说它绝对纯粹，这既不符合史实，逻辑上也很难讲得通。

汉服运动的基本理论，多少有一点汉文化的原教旨主义，它所要追求、建构或想象的汉文化，是古老、地道、纯粹及优秀的汉文化。这样的思路在21世纪全球化的背景下显得格外扎眼和醒目。在纯粹性追求的背后，或明或暗地潜存着汉文化的优越意识，在以推动汉服运动为己任的网站里，汉服成为汉文化优越性的最重要依据或载体。

汉服亦即所谓“汉民族传统服饰”，被认为是超越了王朝、地域及汉文化内部众多方言集团和不同“民系”而为亿万汉人所共享且稳定存续的服饰文化体系，一般而言，它并

① 周星：“2012年度中国‘汉服运动’研究报告”，载张士闪主编：《中国民俗文化发展报告2013》，北京大学出版社，2014年10月，第145–174页。

不是只指某一类具体的款式或形制。上述定义似乎自成逻辑，但它面临的困难，部分地来自在多民族的中国历史上，华夏-汉族和其他民族的境界线并不总是泾渭分明[①]，汉族和少数民族之间只具有“相对性”[②]，而汉和非汉民族的文化互动，包括混血、交流、采借、同化（包括强制同化和自然涵化）、异化等现象及过程，更是非常频繁和复杂，不仅在血缘上是“你中有我，我中有你”[③]，包括服装在内的文化更是难以清晰地彼此切割，甚至可以说在一部中国服装史上，事实上形成了“服饰文化的多民族性”[④]。从学术的立场看，在承认汉服的独特性，视其为汉民族文化认同的符号之一（并非唯一）的同时，也应该承认汉人服装生活的多样性和复杂性，以及承认“汉民族传统服饰”本身，其实也是几千年族际文化交流互动的产物。

汉服运动的理论言说基本上是本质主义的，所谓本质主义，在此是指相信事物皆有某种固定不变的核心“本质”，它们是自立、客观的实在，内在地制约着事物性质的立场、观点或理念。本质主义的文化观反映在汉服运动中就是“服装至上主义”，相信只要复兴了汉服，似乎汉服所连带或曾

---

① 周星：“汉族及其经济生活”，载揣振宇主编：《中原文化与汉民族研究——2006年汉民族研究国际学术讨论会论文集》，黑龙江人民出版社，2007年7月，第60–72页。

② 张海洋：《中国人的认同》，民族出版社，2006年3月，第152–153页。

③ 费孝通：“中华民族的多元一体格局”，《北京大学学报》1989年第4期。

④ 郭平建、况灿：“从中国服装史看服饰文化的多民族性”，杨源、何星亮主编：《民族服饰与文化遗产研究——中国民族学学会2004年年会论文集》，第127–131页。

经承载的所有伟大的价值都能立即兑现，甚至很多其他问题也都能够迎刃而解。

涉及汉服的本质主义理念，就是认为在汉服之类实物或文化符号里存在着永恒不变的意义和绝对本质性的价值。在网络上的汉服言说中，同袍们坚持认为，汉服是完全独一无二的服饰文化体系，其款式、形制中内涵着绝对的、根本的、至上的“民族精神”，内涵着永恒不变的“汉心”或华夏－汉族性。同袍们相信汉服对于汉民族具有本质的重要性，认为它集中体现了优秀、优越的汉文化品格。他们不仅相信汉服这一类事物和范畴具有永恒价值，还相信汉服和它内涵的本质之间的关系也是客观存在并永恒不变，甚至绝对到认为汉服的本质优先于现实生活而超验存在，它不能被质疑，也不应认为其承载的意义是事后附加或建构的。于是，不仅汉服复兴有必然性，而且，在某些同袍看来，它的某些款式也必须是恒常的而非演化的。本质主义的汉服观，当然也反映为汉服起源的古老性、汉服历史的悠久性、某些特定款式（深衣）的正统性或“原生态”、汉服作为华夏－汉文化之象征的纯粹性等观念。

综上所述，汉服论说的基本特点，就是对汉服做本质主义的解释，坚持认为在汉服的“本真性”和华夏－汉族的复兴之间存在着必然关系，亦即华夏复兴必须以汉服为先导。

对汉服的本质主义理解，还与对华夏－汉族的本质主义界说互为一体。特别是在华夷对举或中西并置的场景下，汉服的标签或符号性意义被认为具有决定性作用。有研究者批评说，汉服其实就是虚构的一种“图腾”，其有些观点把汉服作为族裔文化的标签，进而沦为种族性的民族主义[1]，甚至有时候还把血缘认知或血统连带也部分地纳入到相关的社会实践当中[2]。

反复论证汉服起源的久远性和发展的连续性，意思是说汉服的本质可以超越、脱离所有具体的王朝时代或社会历史状况而存续。汉服运动有明显的“服装至上”的思想倾向，它其实只是在服饰中内涵或承载礼制或某些微言大义这一中国历史上文化政治的传统理念在当代社会的遗留而已。有鉴于此，在文化多元主义理应成为国家文化政策之基本要义的当今，在多民族的构成日益显得重要的中国现当代社会，我们对汉服运动的理念及其承载的情感和诉求，就必须予以具体和冷静的分析。

第三节　汉服内涵的复杂面向

早年从事地方外事工作、现已退休的汉服运动的民间理论家宋豫人，曾经提及他是受到外宾对于中国人把西装礼服当作日常便服所做酷评的刺激，才开始参与汉服及“汉礼”的复兴运动，同时，他还表示“我们不能只做填表的汉族”（图57）。显然，汉服运动从一开始实际上就有两个以上的基本面向：一是面向国内多民族格局下汉民族的民族服装的缺失；

---

① 张跣：“‘汉服运动’：互联网时代的种族性民族主义”，《中国青年政治学院学报》2009年第4期。

② “唐宋八大家‘后人’着汉服聚会 网友称拼祖宗”，《中国新闻周刊》2012年5月17日。

图 60　2011 年 8 月 23 日，笔者在郑州拜访宋豫人

二是面向国际社会场景下中国自我形象的焦虑。对于前者而言，寻求汉服作为民族的认同纽带或情感寄托，一般来说，并不应该被视为是狭隘的民族意识[①]，问题只是在于它有时候可能会带来的排他性或导致某些误解。不少人在论证汉服复兴的合理性与正当性时，把唐装、旗袍视为抵制的对象，它们被用来反证汉服的正统性。很多时候，对清初统治者曾经强迫易服之历史的悲情陈述，以及对汉族的民族服装缺失之现实的强烈不满，都构成汉服正当性的强有力依据。至于后者，现代化、全球化、西化所带来的文化认同焦虑，反映在“我们懂得民主自由，却忘了伦理纲常；我们拥有音乐神童，却不识角徵宫商；我们穿着西服革履，却没了自己的

① 郝时远：“关于中华民族建构问题的几点思考——评析‘第二代民族政策’说之五（下）”，《中国民族报》2012 年 5 月 11 日。

衣裳”[①]；“我们穿着T恤牛仔，吃着麦当劳，喝着可口可乐，看着美国大片，听着爵士摇滚，说各国洋文，学西方礼仪。除了黑头发黄皮肤，我们和西方人有什么区别”之类的表述中，不难理解这是对于过度西化和盲目追逐西方时尚之社会风潮的一种文化反拨[②]，问题只是在于它也有可能对改革开放条件下正常的国际文化交流导致的文化越境现象过度敏感。

汉服运动的兴起与发展，其实也与海外华侨、留学生的努力密不可分。事实上，较早以汉服来对应一些极端民族主义网络言论的恰恰是几位海外华裔青年，他们难以接受因为新唐装问世而有某些网友贬低或嘲笑汉族没有民族服装的网络匿名言论。一般来说，海外的汉服活动比国内的阻力要小，大环境一般更为宽松，各国人士均善意欣赏中国年轻人的举动，不像在国内常遭遇白眼或冷嘲热讽[③]。这主要是因为海外场景很容易在汉服和中国人的民族服装之间实现概念的转换和想象的连接，从而使上述两个面向趋于合一，因此，海外的汉服活动与其说是复兴汉文化、强化汉民族的认同，不如说是表达爱国主义和热爱中国传统文化。虽然西方世界对中式服装的认知，主要是旗袍、唐装或中山装，但汉服也很容易被理解为是一种中国符号。

---

① 杨娜等编著：《汉服归来》，第226页。

② 段京蕾：“汉服复兴：一种民族文化的自觉”，《中国新闻周刊》总第243期（汉服专题），2005年9月5日。

③ 杨娜等编著：《汉服归来》，第245–263页。

有趣的是，在现实的汉服建构活动中，还逐渐出现了利用汉服表达地方文化身份的动向。例如，开封网友就曾设计过开封庙会的“宋装秀”倾城计划[①]，欲让市民都穿宋服上街，地方政府也以“梦回宋都”为主题，试图把开封建成全球最大的复古主题公园。在西安，汉服活动当然是更加青睐秦汉或隋唐时代风格的汉服，这是因为古城西安的历史文化资源明显具有这方面的优势。2010 年 11 月 6 日，在西安首届服饰民俗文化与文学学术研讨会上，曾经有一份《汉服宣言》提交与会者讨论（后因意见分歧而未能公开发表），该宣言呼吁在即将到来的 2011 年 4 月第 41 届西安世界园艺博览会上，礼仪小姐应该穿汉服。会议主办人把西安说成是汉服的发源地，认为应该用汉服作为汉长安城国家遗址公园的礼仪服饰等，事实上，西安不少汉服同袍都认为，西安乃是汉服无可争辩的发祥之地。

张梦玥较早讨论了汉服的概念[②]，她的定义和言说虽然也有一些本质主义色彩，但对在当代社会复兴汉服的主张却较为温和。她把“华服”、“唐装”等词汇视为是对汉服的旧称，认为提倡汉服并不是让人们日常去穿着，而是在节日庆典、重大仪式上，使中国人、使华夏－汉族能够有自己的衣服穿。这个见解在汉服运动中较有代表性，但也较难达成共识，因为努力让汉服回归日常生活，则是另外一些同袍们的终极目标。这就是汉服运动中的“礼服派”

① 李肖肖、黄玉敏：“开封庙会上网友走上街头秀宋装（组图）”，大河网－《河南商报》2007 年 4 月 20 日。

② 张梦玥：“汉服略考”，（香港）《语文建设通讯》第 80 期，2005 年 3 月。

和“常服派”的分歧。

汉服的穿着实践者们对于汉服在现当代实现复兴之后的定位，大体上有以下三种基本的主张。

一是把它作为礼服，作为礼庆时的着装。部分实践者承认汉服难以重现日常生活，认为它已经不太能适应现代社会，但在追求把汉服作为礼服等方面，例如，在婚礼、成人礼上应该穿着它，却是可能的。因此，复兴汉服主要是指使它得以复活成为民众在节日祭奠或举行人生过渡礼仪时穿着的礼服，因此，汉服应该以古雅、庄重、素雅为基调，讲究形制和品质。“礼服派”的此种观点有相当的合理性，困难在于究竟是确定礼服的统一款式，还是维持多样性的百花齐放的格局。从最少受到抵触的汉服婚礼的实践来看，无论明式、唐式[①]或周式，汉服作为婚礼的礼服，均已被证明是基本可行的。不过，在实际运作的具有汉服元素的婚装展演上，又能看到其时装性往往也有可能超过其礼服属性[②]。纠缠不清的还有对于那些古制的纠结，亦即对纯洁性和正统性的追求。“礼服派”往往趋向于尽量保持汉服较为纯粹的款式形制，但究竟应该以哪个朝代的汉服款式为正宗，却是难以达成共识的难题。

二是希望能够在现代日常生活里也穿着汉服，亦即努力使汉服运动脱离少数人“行为艺术”的印象，而迈向普通民

① “唐风婚礼现京城 加拿大新郎迎娶北京新娘（图）”，中国新闻网，2009年5月10日。

② 张晓帆：“汉服运动并非完全复古 汉服婚装展演引发论战”，东北新闻网－《大连晚报》2006年8月17日。

众日常生活的常服。“常服派”秉持的主张看起来较为激进，很难一蹴而就。事实上，坚持在日常生活中穿汉服上班、上街的实践者，当然也要面临更大的压力。常服论者相信汉服仍有可能重现于当代日常生活，但对汉服在日常生活中的形态，却往往秉持灵活变通的姿态，认为汉服不妨进行一些改良或大力发展“汉元素时装”，亦即具有某些汉服元素（交领、右衽、系带等）的时装。他们认为只要维持了汉服的基本元素，其他都是可以在日常生活中予以变通的，这意味着常服论其实是能够和“汉服改良论”相互通约的。应该指出的是，汉服的理论与实践更多地强调了古代贵族、士大夫阶层的深衣（袍服）谱系或华丽传统（大传统），相对而言，新唐装则较多地继承了相对较为平民化和大众化的上衣（袄）下裤（裙）的朴素的小传统。因此，促使汉服日常化的实践，必然会遭遇到业已彻底实现了“短装化”的现当代中国社会这一基本现实的抵触，人们是否能够重新接纳长衫袍服作为日常生活的穿着，看起来并不是很乐观。

第三种为“汉服时装论”，亦即比较主张或推崇汉元素时装的新理念。这一部分实践者认为，从让汉服重新进入现代社会的日常生活这一观点出发，汉服的发展方向应该是汉元素时装。实际上，常服派往往也对汉元素时装较为宽容，因为汉服要真正成为普通民众在日常生活中的服装，则其与现时代民众服装生活的磨合，必然会为汉服带来各种改变，其改变的方向之一应该就是汉服的时装化。从《华夏衣冠》等电子杂志的定位来看，其对汉服的时尚性并不排斥，甚至还有人主张汉服原本就有流行性的特点，不应该把它简化为只是一件交领右衽的衣裳[1]。北京网友紫姬曾经自行设计出下摆襦裙、上衣配坎的便利性汉服，穿着它上下班，旨在证明汉服的日常化是可行的，以及所有的汉服元素都可以融入现代设计。欧阳雨曦曾搜集整理过网友们穿汉服时的感受，结论是经过实践的检验，即便是在当代日常生活中穿汉服，也没有特别的不方便。

民间理论家们对汉服的不同解读，还因为历史上的不同朝代每每有不同的服装款式而形成了一些明显的分歧，例如，有所谓"尊明派"、"尊唐派"、"尊周派"，分别主张现当代恢复汉服，应该以历史最近的明朝[2]，或最为开放和恢弘大气的唐朝，或华夏文明奠基时期的周朝的服装形制为依据，分别是以明朝、唐朝、先秦周朝的服制来确认汉服款式的正统性。由于汉服在款式、风格等方面均难以统一，所以，也就各随其便，从而形成了混杂多样、缤纷多姿的局面。在几乎所有的汉服活动场景中，参加者们往往是穿着不同朝代的汉服济济一堂，如此情形被外人视为"服饰扮演"（cosplay），或用"穿越"一词来形容，似乎也并无不敬，但汉服的穿着实践者通常不喜欢被说成是在玩服装扮演游戏，因为这种说法贬低了他们非常高调的价值追求。

在少数汉服理论家的言说及其具体的穿着实践中，有些人主张应该完全依照古制"复原"汉服，执著于汉服在古代的"正确"形制，认为现当代若要恢复汉服，必须以对古代

---

① 鲍怀敏、安继勇："汉服的特点与流行性分析"，《济南纺织服装》2010 年第 1 期。

② 关于明朝服制，不妨参阅董进（撷芳主人）著：《Q 版 大明衣冠图志》。

汉服形制的准确了解为前提，故被称为“考据派”。执著于古代形制的考据派理论家难免被认为有些古板，但他们拥有关于古代汉服的知识作为“文化资本”，却也支撑着其在汉服运动中占据相对崇高的地位。尽管同袍们从一部中国古代服装史上汲取了许多建构汉服的资料和资源，但实际穿着的仍只能是“现代汉服”，而很难是在经过考据、实现“复原”之后所谓纯正的汉服。2009 年 10 月 8 日，苏州汉服研究所宣布成立，其宗旨是要将汉服广泛应用于民俗、影视和婚礼等多种场合，这意味着汉元素时装不仅可以接受，其实它还已经是不少同袍们正在践行着的方向。但在某些固执的考据派人士看来，所谓改良汉服可能已经背离了汉服运动的初衷。

当然，还有试图通过商业运作促使汉服回归的“市场派”，主要是活跃于网络世界或现实中的一些“汉服商家”。那些致力于扩大汉服在日常生活中的存在感，亦即主张将汉服改良之后穿用于当代的同袍们，通常也较为认同这种理念。虽然有人批评“市场派”颠覆了汉服的神圣性和纯洁性，认为迎合市场所做出来的汉服不伦不类，但也有不少人坚信，不走市场化的道路，汉服就无法复兴。现实的困境是能够亲自制作汉服的人很少，而且，其作品是否果真完全符合汉服该有的形制，这一点谁也不敢断言；绝大部分爱好者或实践者均不得不依赖去商家购买或从淘宝上定制汉服。因此，汉服商家在汉服运动中具有举足轻重的影响力。

欧阳雨曦还曾把复兴汉服的理想视为是对物质主义的逆反，认为现代人太重实利，故精神空虚和归属感缺乏，而找到汉服作为振兴中华文化的依托，很多人就能因此感受到精神上的充实。的确，鉴于日常生活的平庸而追求礼仪化生活，其实是很多汉服实践者的共同特点，无怪乎汉服在其各地社团的户外活动中，很自然地还形成了颇为突出的“祭服化”倾向。穿着汉服举行的祭祀仪式，还为“汉礼”、“汉舞”等提供了展演实践的路径和形式。这些仪式往往被主办方或当事人说成是对于古礼的“复原”，但正如在成人仪式上祭拜轩辕黄帝所意味的那样，它们不外乎是当代创意。应当承认祭祀活动为汉服的出场平添了某些氛围和神圣性，也能够为很多同袍提供日常生活里久违了的仪式感、庄重感和意义，但即便是祭服，在实际举行活动的现场，无论色彩、风格，还是款式，仍呈现为五花八门、多种多样的现状。

问题在于很多汉服同袍们热衷于在当代复兴的古礼，原本是暧昧不明的，其意义内涵并不清晰。中国历史上曾经有过断断续续、绵延上千年的“古礼复兴运动”，历代儒生们始终是把朝廷冕服视为是可以表象古代礼制体系（以周礼为典型）的诸多“象征符号群”中最为重要的一个，故对它格外纠结和执著，且始终纠缠不清。他们天真地相信，如果能够人为地规划出一套完美的服装礼制制度，或许就可实现他们所理想的社会。阎步克教授曾将这种历代的纠结称之为“礼制浪漫主义”[①]。在我看来，如今的汉服言说可以说是此种“礼制浪漫主义”在当代中国社会里一个新生的变种。

伴随着十多年来汉服运动逐渐发展成为较大规模的草根

---

① 阎步克：《服周之冕——〈周礼〉六冕礼制的兴衰变异》，中华书局，2009年11月，第21页。

或民间的社会文化运动的进程，汉服的内涵和面向也日趋复杂。汉服运动设定的目标是将其依托古代服装文化资源而试图建构的汉服，作为汉族乃至中国人的民族服装予以确立和普及。它之所以要对唐装、旗袍予以排斥，是为了促成一种抵抗性认同（resistance identity），亦即通过确定反对的目标而强化自身的认同，但问题是由此导致的认同的实际状况却比较混乱，究竟是汉民族的认同，还是中国人的认同，抑或只是作为亚文化的汉服小圈子、小社群的认同，往往很难描述。作为一个在互联网时代兴起的当代中国的亚文化[①]，同袍们通过汉服运动所期待、期许的社会愿景，似乎是古代华夏－汉文明的当代重现；同袍们所想象的宇宙图式或社会秩序，似乎是人人穿着汉服，尊从汉礼，以汉族为主体、以传统的汉文化为最优越的“天下”乌托邦。将汉服运动的此种理想置于21世纪全球化和中国日益崛起的大背景之下去想象，很难不产生难以置信或不可思议的感慨。

总体而言，温和、悲情的汉服运动是一种文化民族主义，其理性的发展能够被多民族的中国社会所接受，但它的“族裔”民族主义倾向，以及一些较为极端的主张，例如，认为应该确立华夏－汉族、汉文化和汉家礼仪的正统性，并将其置于“中华民族”的包容性理念之上，恐怕就较难为多民族的中国社会所接受。多民族的中国社会通常所强调的爱国主义，应该是将中国56个民族视为“中华民族共同体”，一

① 周星：“汉服运动：互联网时代的亚文化”，载郭宏珍主编：《宗教信仰与民族文化（第七辑）》，社会科学文献出版社，2014年12月，第48–63页。

般是不会或不需要特意地去突出汉族，但某些汉服运动的理论家却提示了不同的方向。例如，在网络的“大河论坛”中，读者可以从宋豫人的“兴汉理论”中感受到一种华夏文化的原教旨主义寓意，在某种意义上，其主张已接近于形成一种中国民间版的文明冲突论。在他看来，正是由于用并不存在的“中华民族”的概念替代了中国的主体民族，汉族自身的文化反倒被虚化，汉族现在处于“植物人”状态，没有觉醒，故需要启蒙，而汉服运动正是高于五四运动的华夏－汉族之救族运动的序曲。其兴汉理论是要通过汉服找回华（衣章之美）、通过汉礼找回夏（礼仪之大），再通过这些外在表征，经由知耻运动找回华夏的内在文明和汉家精神。由于汉服承载着华夏的基本文明，因此，穿汉服就可找回汉家文化中的礼仪。宋豫人认为，目前中国的国家礼服为“西装礼服系列”，因此，需要进行文化的辛亥革命，恢复华夏正统。虽然也有很多人并不认可这种理论，但他的学说还是产生了一定的影响。

第七章　汉服活动的模式化

第一节　自发性和草根性的问题意识

就在新唐装爆发式地流行，并带动中式服装进一步复兴时，却异军突起地兴起了汉服运动，这说明由新唐装引发的中国人的民族服装问题，其实要远为复杂和艰难。尽管很多人士，包括一些文化界的名人，提出要把新唐装发展成为国服，但汉服运动的崛起意味着很多人对所谓国服另有看法。

我把自21世纪初以来，在当代中国社会出现的旨在复活汉服的社会与文化实践，称之为汉服运动。这个运动的目标是在现当代复活、复兴汉服，把它建构成为汉族或中国人的民族服装，这是一场自发性和草根式的社会文化运动，其特点之一就是民间性，用同袍们自己的表述来说，就是“民间力量的崛起”[①]。

---

① 溪山琴况：“汉服运动：一场‘新民’的运动”，载刘筱燕主编：《当代汉服文化活动历程与实践》，知识产权出版社，2016年10月，第23–27页。月曜辛：“汉服运动之我见”，载刘筱燕主编：《当代汉服文化活动历程与实践》，第114–127页。

2002年年初，网友“华夏血脉”在新浪军事论坛发表了题为“失落的文明——汉族民族服饰”的文章；同年7月，网友“大周”在网络上创建大汉民族论坛，后成为网络汉民族主义的起源地和重要据点[①]。汉网（www.haanen.com，2005年以后更名为www.hanminzu.com）创立于2003年1月1日[②]，同年1-3月，网友“步云”、“大汉之风”等相继参与创建“汉知会”（汉文化知己联谊会），汉服运动由此开始了网络探索和激烈论战的时期。这期间，“水滨少炎”、“万壑听松”、林思云、赵丰年、“蒹葭从风”、“天涯在小楼”等年轻人，相继在网络论坛发表了各自颇有影响力的文章，其格调以有关汉服的历史悲情为特点，思路大都是本质主义的。这些才思横溢的文章对后来的汉服运动产生了重要和深远的影响，并在相当一段时期内左右了汉服运动的方向。[③]不仅如此，这些网络写手后来大都成为汉服运动颇为著名的理论家、骨干或积极实践者。虽然在外部大千世界看来，涉及汉服相关问题的网络论战就像茶杯里的风暴，但却导致了汉网随后的裂变，并相继分化出天汉网、新汉网、汉未央网、华夏汉网和百度贴吧等多家新的网站。这个过程一方面扩大了汉服运动的声势，养成了一批又一批汉服运动的精英骨干；

① 王军：《网络民族主义与中国外交》，中国社会科学出版社，2011年6月，第90–91页。

② 赵宗来：“华夏衣冠复兴的十年历程、现状和未来展望”，载刘筱燕主编：《当代汉服文化活动历程与实践》，第128–137页。

③ 关于汉服运动的发展历程，尤其是有关早期网络讨论阶段的信息和资料，可参考杨娜（兰芷芳兮）主编：《中国梦 汉服梦：汉服运动大事记（2003年至2013年）》。

另一方面也使汉服运动的理念趋于多样化。网络论战伴随着口水仗以及没完没了的辩论，在促成认同和共识的同时，也层出不穷地生产着分裂、矛盾和冲突。

在此需要指出，以互联网上的汉服虚拟社区为基地、为论坛、为阵地，反复展开的汉服论战，总体上是以本质主义为导向、为特点、为归宿的。这种状况多少与复兴汉服的思潮，最先是在海内外一些网络论坛里的民族主义氛围中得以滋生有关，开始时它只是作为对某些异族匿名网友的民族主义言论（如嘲笑汉族无能，只配承受蒙古帝国或大清统治之类），进而还有境外“三种势力”（恐怖主义、分裂主义、极端主义）的反华言论等的刺激反应而出现的[①]，很快地，除了网络上的讨论和争议，还出现了制作、穿着汉服的实践。

2003年年初，澳大利亚华裔青年“青松白雪”和网友“信而好古”在汉网讨论自制汉服事宜；同年7月21日，“青松白雪”在网络上传了自制汉服的照片，这可以说是汉服在21世纪初的一次“再发现”，据说它几乎是凭借猜想制作的。9月1日，“信而好古”上传了自己“束发深衣”演奏古琴的照片，并在网络走红，据说这是依据江永《乡党图考》的深衣图为样本自制的。后来还曾参与创建了华夏复兴论坛的“信而好古”认为，只有深衣才可以作为统一式样的汉服。紧接着，在这一年的10–11月，由第一个汉服商家，亦即武汉的“采薇作坊”上传推出了第一套汉服男女装的商品照。

① 杨飞龙、王军：“网络空间下中国大众民族主义的动员与疏导”，《黑龙江民族丛刊》2010年第1期。

“采薇作坊”的“阿秋”参照《大汉天子》剧照制作的一套汉服（深衣曲裾），于2003年11月22日，被河南省的王乐天（网名“壮志凌云”）穿着走上了郑州市的大街，汉服由此首次引起公众和媒体的关注及报道（图61），从此，汉服这一概念便逐渐成为中国媒体公共话语的关键词之一[①]。王乐天穿着汉服上街，被认为是几百年来穿汉服第一次上街的人[②]，因此，在汉服运动史上很有名，被很多同袍视为“文化英雄”。但他当时穿着皮鞋，显得和汉服不很搭配，突显了汉服运动从一开始就存在的困扰：究竟恢复到什么程度才是正确或合适的，和汉服配套的是不是也需要恢复古代的“足衣”等等。

图61 2003年11月22日，穿汉服上街的王乐天

（《联合早报》）

---

① 张从兴：“阔别三百余载，汉服重现神州——访当代汉服第一人王乐天”，《联合早报》2003年11月29日。

② 考虑到辛亥革命前后“汉衣冠”曾出现在不少城市的街头的史实，这种说法并不可靠。

汉服运动从一开始就很高调，它成功地引起注目，赚足了社会大众的回头率和围观率，长期持续地见诸各类媒体的竞相报道之中。值得一提的是，率先关注汉服的户外穿着行动的，是境外新加坡媒体而非国内媒体，然后，再经海外媒体消息的“内销”才引起连锁性反响。基于以上诸多动向，杨娜将 2003 年视为“汉服运动元年”[①]，可以说是恰当而颇有见地的观点。

2003 年 12 月 18–21 日，在北京举行的“国贸房展会”上，云加房地产公司组织了一场“汉装秀”，身着各类汉装的模特儿出现在房展会的现场，吸引了媒体和观众的眼球。企业以汉装作为倡导中国文化复兴的旗帜和标语，颇为引人注目。该公司基于简约、围合、人性化、亲近自然等中国传统建筑的美学原则，试图将其体现为特定房地产项目的“汉风”，故选择汉装作为其在双井地区的新楼盘，亦即所谓汉装社区“石韵浩庭”[②]的形象代言。在这次房展会上，公司还免费赠送 1000 件汉装睡衣，据说这种睡衣集中反映了中国人的人生观，亦即追求悠闲、自然、清静的安详生活。此次商业演出与汉服运动的关系虽然无法找到确凿资料予以证实，但商家此时打出汉装招牌，可谓“英雄所见略同”。

刘斌（“轩辕慕雪”）在 2004 年 8 月 22 日，穿汉服参加黑龙江省第二届武术传统项目比赛并取得好成绩，这被认为证明了汉服作为武术服的可行性以及为汉服和其他传统文

① 杨娜（兰芷芳兮）主编：《中国梦 汉服梦：汉服运动大事记（2003 年至 2013 年）》。

② 陈雪根：“石韵浩庭复兴中式建筑，‘汉装’代言中国风格”，《中华工商时报》2003 年 12 月 18 日。

化的链接拓展了新空间。“天涯在小楼”等人组织来自天津、北京、上海等地且大多是汉网网友的三十多人，于 2004 年 10 月 5 日，齐聚北京市崇文区东花市斜街的袁崇焕祠墓之前，举行祭祀怀念的仪式。10 名身穿汉服和 22 名普通衣着的青年，集体祭祀先烈的活动引起海内外媒体高度关注[①]，开辟了此后以祭仪礼服形式展示汉服之策略的先河。此次祭祀活动初具全国性规模，这一点也颇为醒目。袁崇焕作为抗清英雄得到现代都市青年的祭祀，这一现象令人深思。从新加坡媒体的报道可知，当时祭台上摆放了鲜花、橘子和香蕉（图 62），这也是另一个颇为典型的场景：汉服穿着的实践者们主张恢复古代礼仪，但参与祭祀的青年却不是很懂究竟应该如何做才算得上是妥当的祭祀仪式。

图 62　穿着汉服祭祀袁崇焕

（《联合早报》）

① 张从兴：“青年着汉服祭民族英雄”，《联合早报》2004 年 10 月 6 日。

2004年年底，“大宋遗民”（赵丰年）制作了主题为“再现华章”的Flash视频作品，由此开创了汉服运动的文艺化走向。此后，历经“万壑听松”、孙异等人的参与和努力，最终形成了《重回汉唐》这一汉服运动的主题曲。从歌词不难发现，汉服运动的价值取向确实是有“复古”的趣味。

汉服运动从开始至今，基本上属于民间或草根活动，它原本与国家、政府和精英知识分子的关系不大，即便有一些关联，也并不直接。随着部分青年知识分子和社会名流的加入、赞赏与鼓励，被汉服运动卷入的社会阶层逐渐有所扩大。与此同时，它也开始产生了精英主义的情绪与倾向，亦即自认为找到了汉服这唯一可以代表中国的文化符号，面对其所谓的“世人皆醉唯我独醒”这个现实，不少汉服运动的积极分子自命是肩负着复兴汉服，进而复兴汉民族及中国传统文化之使命的先知先觉，而广大民众则是浑浑噩噩，需要他们努力去启发的对象。汉服运动的目的之一，据说就是要唤醒汉族乃至中国人对于传统文化的记忆。

虽然汉服运动得到了不少名人，包括一些大学教授、知识分子、影视演员（图63）、服装设计师的支持、赞赏和鼓励[①]，但总体而言，知识界对汉服运动的反应既较为谨慎，也颇为复杂。有学者认为，汉服热其实是几百年来中国人身份焦虑的又一次大爆发；还有一些学者将其视为是年轻人对

① “百名学者倡议汉服为奥运礼仪服装（组图）”，央视国际－《新闻晨报》2007年4月5日。

祖国传统文化的一种“文化自觉”①。文化自觉是人类学家费孝通在晚年反复倡导的一个概念，它的本义是指“生活在一定文化中的人对其文化有‘自知之明’，明白它的来历，形成过程，所具的特色和它发展的趋向，不带任何‘文化回归’的意思。不是要‘复旧’，同时也不主张‘全盘西化’或‘全盘他化’。自知之明是为了加强对文化转型的自主能力，取得决定适应新环境、新时代时文化选择的自主地位。”“文化自觉是一个艰巨的过程，只有在认识自己的文化，理解所接触到的多种文化的基础上，才有条件在这个正在形成中的多元文化的世界确立自己的位置，然后经过自主的适应，和其他文化一起，取长补短，共同建立一个有共同认可的基本秩序和一套各种文化都能和平共处、各抒己

图 63　2013 年 6 月 23 日第 16 届上海国际电影节闭幕式，徐娇和方文山分别穿汉服和汉元素时装走红地毯（新华网）

① 段京蕾：“汉服复兴：一种民族文化的自觉”，《中国新闻周刊》总第 243 期（汉服专题），2005 年 9 月 5 日。

长、联手发展的共处守则。”[①] 由此看来，汉服运动在某些地方是有对自己文化的觉悟，有一些文化自觉的意味，但就其“复古”的旨趣与活动内容的表层性而言，也很难说是有多么深刻的文化自觉。

第二节　汉服活动的模式化

汉服运动并没有局限或停留在网络社区内的议论和争执上，它很快地就向社会实践的方向发展，即从网络社区走向了现实的社会。从推崇汉服的理念，到试穿汉服的实践，进而再到推广或普及汉服的各种努力，汉服运动有一个逐渐深化的发展过程。汉服爱好者和同袍们不断进行有关汉服的各种宣传、造势、表演和穿着实践活动，持久地试图引起各种现代媒体和社会公众的关注，反复地制造关于汉服的话题，进而宣扬汉服运动的主张。截至目前，汉服运动的社会实践，尤其是它的户外活动，已经初步地形成了一些基本“模式”或有规律可循的套路[②]。若是稍加整理，则其活动的模式化特点包括如下几个方面。

首先，是在网络虚拟社区里交流，并逐渐形成汉服爱好者或同袍们的亚文化社群，与此同时，在为数众多的成员之间，要就汉服相关问题等达成一些初步的共识或默契。

---

① 费孝通：“反思 · 对话 · 文化自觉”，载费宗惠、张荣华编：《费孝通论文化自觉》，内蒙古人民出版社，2009 年 3 月，第 7–23 页。

② 周星：“新唐装、汉服与汉服运动——二十一世纪初叶中国有关‘民族服装’的新动态”，《开放时代》2008 年第 3 期。

其次，是以网络社区为媒介、为平台进行号召、联络、互动，亦即在网络论坛里酝酿、策划并形成分工，以推动各种汉服活动。大家经常通过网络，自行发布有关汉服运动的各种新闻和消息。

然后，汉服爱好者或同袍们的小群体（数十人至数百人不等）自发相约，从网络社区，走向现实社会，把他们有关复兴汉服的理念和主张付诸实践，并寻找乃至于创造机会，尽力地向围观者答疑解惑，例如，解释汉服的由来，说明汉服和相关民俗活动或传统仪式的关系，向媒体介绍自己的理想愿景或汉服运动的目标等。但对汉服的解说，有时候是场景性的，比如说，寒食节踏青郊游，放风筝、荡秋千时，穿上宽袍大袖的汉服，才更有飘逸的神韵和感到轻便、舒适等[①]。

最后，在街头户外的社会实践活动结束之后，汉服实践者们又会回到各大网站里他们各自的虚拟社区及论坛里，彼此交换或总结有关汉服活动的心得、体验，同时粘贴大量汉服活动的照片及文字等。这些照片作为有意义的瞬间，不仅留作纪念，还会作为各自网络论坛里的文化资源被积累起来，被用于彼此分享、相互激励。至此，一场汉服活动才算告一段落。接着，慢慢地他们又会期许和开始酝酿下一场活动。这便是所谓“网上－网下－网上”的宣传方式，亦即网络征集人员－社会实践礼仪－再次回归网络展示成果[②]。

---

① 王进、李新志：“10多位汉服爱好者在公园共度寒食节（图）”，《东南快报》2007年4月10日。

② 杨娜（兰芷芳兮）主编：《中国梦 汉服梦：汉服运动大事记（2003年至2013年）》。

根据本书作者的观察和总结，汉服运动的实践活动，大体上有以下几类。

1）同袍们的小群体身穿汉服，集体走上街头，结伙在繁华街区（例如，北京的王府井大街、上海的南京路等）“招摇过市”，创造话题以引起高频次的回头率[①]。这里所谓的“招摇过市”并不是贬义，而是他们穿汉服就是想让人看见，达到引起围观的效果。特意穿着汉服上街本身，就是很好的宣传，其效果总是会引人注目，从而创造出向观众宣传或答疑解惑的机会（图 64）。

图 64　穿汉服在北京王府井大街散步

（人民网）

2）身穿汉服，利用周末等公众节假日，在城市的公共热

① “40 多位网友身穿汉服逛天安门 回头率颇高（图）”，《新京报》2005 年 10 月 4 日。

点空间（天安门、公园・城市广场・繁华闹市・文化中心・孔庙・博物馆・万里长城等），组织进行汉服的时装表演（汉服秀），或组织进行关于汉服的户外宣传活动。这方面的例子，如2006年2月19日，“苑夫人”在合肥明教寺门口打出“华夏汉族，汉服归来”横幅，表演汉服秀，向过往的行人介绍汉服知识（图65）。这些活动的目的，无非是要引起围观和制造新闻，引起大众媒体和社会公众的关注。在汉服运动早期阶段，这可谓是一种颇有视觉冲击力的活动方式；每逢此时，也总是参与者们大肆宣讲何谓汉服的大好机会。在汉服运动的积极分子当中，有一些知识精英，很善于利用公共媒体，很会制造话题，以动员全社会的注意力。

图65　合肥街头的“汉服归来”宣传活动

（合肥论坛）

3）除了周末等法定的公众假日之外，汉服运动的户外实践活动，还经常会选择在中国城市一般居民的社会生活中几乎被淡忘的某些传统节日或时令来举行。基于2005年曾经在天汉网和汉服吧引发热烈讨论的“民族传统礼仪节日复兴计划”，同袍们积极地将其付诸实施。以此次大讨论为契机，后来在每年的春节、立春、清明、端午、立夏、七夕、中秋、重阳、冬至等传统节日来临之际，全国各地的汉服社团均会酌情组织各种形式多样、花样翻新的传统节日纪念活动，并以此为舞台穿着展示汉服。把汉服和传统节日相结合，逐渐成为将汉服建构为节日盛装或节日礼服的主打策略。这类活动的规模大小不一，通常是汉服社团或同袍小圈子的自娱自乐，但也有一些经营有方而使规模逐年扩大的情形。例如，2005年七夕和冬至，汉服爱好者们在上海的繁华街相继举行的汉服宣传活动；2006年4月7日，北京、上海、杭州等地的汉服网友，穿汉服欢度“上巳节”，举办了曲水流觞、水畔祓禊、游春踏青等早已失传的节日活动；2006年和2007年立夏，在北京紫竹院，由北京大学的学生们举行的汉服游艺活动；2009年中秋，在福州八旗会馆举行的穿汉服祭月活动等等。2009年5月，由四川传统文化交流会举办的端午活动，据说约有四百多人以不同方式参加，节日活动的内容包括穿汉服、学习汉家基本礼仪、端午祭龙、斗蛋比赛等，规模之盛令人印象深刻。2005年冬至，在上海市繁华街道举行的汉服活动被中央电视台作为一条新闻报道，曾使汉服爱好者们兴奋不已。2011年2月6日，西安小雁塔举办上元灯会，以传统仪式还原大唐盛况，迎接元宵节，参与者穿汉服并祭祀上元神。这些活动的目的之一，乃是以复兴汉服为载体，提倡回归传统，重显传统民俗[①]。选择如此的节点，和其主张的复兴传统文化的运动宗旨相吻合，也和多年来中国社会各界致力于恢复清明、端午、中秋等传统节日的努力并行不悖。汉服总是和传统节日相结合，而不会在圣诞节、情人节的时候举办。由于自2007年12月起，清明、端午和中秋等传统节日陆续被纳入国民节假日体系，特别是2016年11月30日，中国的二十四节气被联合国教科文组织正式列入“人类非物质文化遗产代表作名录”，人们选择此类节点举行汉服活动，似乎也比以前更加便利、更加顺理成章了（图66）。

图66　2011年9月11日，北京朝阳公园的“辛卯中秋活动”

4）身穿汉服，组织、参与或表演各种民俗游艺，以及其他诸如游园、远足、春游等活动（图67）。由于不少民俗游艺往往是在传统节日的时候举行，所以，也就与前一种形

---

① 康保成主编：《中国非物质文化遗产保护发展报告（2012）》，社会科学文献出版社，2012年11月，第443页。

式出现了相互渗透的局面。例如，立春时的写春幡、放风筝活动，寒食节的放风筝、踏青郊游活动，立夏时的民俗游艺活动，七夕的乞巧活动，中秋节等的赏月、祭月活动[①]等。例如，2006年5月5日是“立夏”，这一天，北京大学学生社团“服饰文化交流协会”在紫竹院举行了身穿汉服的游园活动，其中包括古代的民俗游戏（掷箭/投壶）等节目。特意穿着汉服做一些古人的游戏，其实是对古人生活方式的一种基于想象的刻意模仿或模拟体验。在汉服活动中，用于表演的很自然就是中国传统的音乐和乐器，一般不会出现西洋音乐或使用钢琴、小提琴等西洋乐器；不仅如此，在绝大多数情形下，这个时候一般是喝茶而较少选择咖啡，所有这些都与人们对于传统文化的诸多符号较为偏爱有着密切的关系。

图67　2007年4月10日，福州南江滨公园的汉服活动

（《东南快报》）

① 据《重庆时报》2006年10月6日报道，大约有四十名汉友参加了在重庆市沙坪坝平顶山举行的中秋节祭月活动。

5）身穿汉服，举行各种“传统”的仪式。这方面大致有以下几种情形。

一是特意穿着汉服去祭祀或祭奠华夏历史上的文化名人、汉人王朝的代表性人物，以及民族英雄，像孔子、老子、屈原、宋少帝赵昺陵[①]、岳飞、宗泽、袁崇焕、于谦、林觉民等，表示缅怀与敬意。2011年7月17日，由两位镇江籍的海外留学生倡议发起的公祭宗泽仪式，在江苏省镇江城东京岘山麓大宋忠简公宗泽陵墓前举行（图68）。此次祭祀，据说是参照明代释奠礼制度考订，再根据实际情况有所损益，确定祭祀分为预备、迎神、献礼、饮福受胙、撤馔、送神、望瘗、礼成等环节[②]。

图68　2011年7月17日，留学生回乡组织祭祀宗泽

（万凌云摄）

① 秦鸿雁：“30多名网友着汉服拜祭宋少帝陵”，《南方都市报》2007年5月4日。

② “海外留学生网上倡议公祭宗泽 引发‘90后’响应”，《扬子晚报》2011年7月18日。

图 69　天津文庙开笔礼
（赵建伟摄）

二是穿着汉服举行各种人生礼仪，诸如汉服开笔礼、汉服拜师礼、汉服成人礼、汉服婚礼等。

近年来，天津文庙博物馆开发出一种文化创意项目，亦即汉服开笔礼（图 69）。开笔礼，又称“破蒙”，通常它是一个更大的涉及传统文化的活动，诸如国学采风夏令营之类活动的一环，旨在把青少年纳入儒学及汉服运动的影响之下[①]。这种开笔礼由正衣冠（穿汉服）、沐手净面、朱砂点痣、描红写仁、击鼓鸣志、祭孔行礼、开笔、颁证、发智慧果、师生合影等多项环节组成，被认为是孩子们启智开学的标志。

不少汉服运动的早期精英，曾相继举办过仅限于亲友小圈子的冠礼或笄礼。例如，2005 年 5 月 6 日，石家庄市明德学堂举办的古风成人仪式，吴飞为周天晗行加冠礼；2006 月 1 月 3 日，严姬在武汉行笄礼等等。尽管同袍们遵循或理解的古礼规矩并不完全统一，但这并不妨碍他们或她们的此类实践。引人注目的不仅是个人的成人礼（图 70），更有冲击力的则是大规模的集体汉服成人礼。例如，2006 年 5 月，武汉有五百多位青年学生身着汉服，在编钟鼓乐声中按照升国旗、

① 王丽：“天津文庙博物馆举行特殊汉服‘开笔礼’”，天津北方网，2011 年 7 月 25 日。

图 70　苏州大学汉服女孩秦亚文的成人礼

（人民网）

加衣冠、敬师长、敬父母、成人宣誓等程序，举行了隆重的“冠礼”。武汉市把每年 5 月 16 日确定为“武汉市 18 岁成人节”，新成人穿汉服举行仪式时，先由市领导为他们加衣冠，然后才是成人宣誓等仪式环节。2010 年 5 月 6 日，福州及闽侯县的约 500 名 18 岁学生，在昙石山遗址博物馆广场，穿汉服举办了集体成人礼（图 71）等，仪式尽可能地采取了传统的三加礼形式，共有祭酒、初加礼、二加礼、三加礼、拜孔子、拜剪、拜秤、成人宣誓等多项程序①。2013 年 4 月 13 日，适逢中国传统节日“上巳节”，有一场穿越古今的“全球女子成人礼大典”在西安大唐芙蓉园举行，近千名年轻女

① “图：福州近 500 名‘90 后’着汉服行‘冠笄之礼’”，中国新闻网，2010 年 5 月 6 日。

图 71　2005 年 5 月 6 日，福州的集体成人礼
（刘可耕摄）

图 72　正冠：曲阜孔庙的“中华成人礼”
（人民网）

子依照古时习俗，经过盥洗、束发、三拜之礼及诵读《朱子家训》等仪式之后，获得成人的权利与义务[①]。2014 年 4 月 3 日，曲阜孔庙隆重推出全新版的“中华成人礼”仪式，来自曲阜各学校即将成人的年轻学子们在大成殿前，统一穿汉服，面对孔子坐像，举行了成人仪式（图 69）。一般来说，此种集体或个人的汉服成人仪式，往往是对古代冠笄之礼予以继承或模仿，它和中国眼下另一类穿西服或校服在国旗前宣誓的成人仪式形成了鲜明对照[②]。

身体力行地举办个人的汉服婚礼，也是同袍们较常实践的形式（图 73），具体地则还有周式、汉式、唐式、明式等

图 73　2007 年 5 月 3 日在北京举行的汉服婚礼：拜天地
（中国新闻网）

① 张一辰：“‘上巳节’习俗穿越古今 近千少女西安共行成人礼”，中国新闻网，2013 年 4 月 13 日。

② 周星：“‘现代成人礼’在中国”，《民间文化论坛》2016 年第 1 期。

不同选项。例如，2006年11月12日，“共工滔天”和“摽有梅”在上海举办了周制“士婚礼”。和成人礼由个人事务很快发展到集体举办的轨迹同出一辙，汉服婚礼也从早期较为私人的形态，逐渐地扩展到集体举办、动辄上百人同时举行汉服婚礼的局面。例如，2011年5月1日，西安天星轩汉服婚典团队策划组织了他们的首场汉服集体婚礼，来自国内外的62对新人，在曲江寒窑参加了拜堂、沃盥、对席、同牢、合卺、结发、执手等仪式[①]。2012年5月1日，由“曲江女友杂志”主办、“西安天星轩文化传播公司”承办的汉式集体婚典在西安古城墙南门瓮城内举行，130对新人穿汉服参加，这是截至目前规模最大的汉式集体婚礼。身着大红汉式礼服的新人们集体亮相，场面颇为壮观。新人们首先受到开元礼宾式迎接，接着由赞礼官带领依次进入瓮城。新人在地毯上行三拜礼（拜堂）、沃盥、对席、同牢、合卺、解缨结发、执手礼等仪式环节。婚典现场的布置、新人婚服、婚典环节据说均合乎古法，典礼所用几案、铜盆、汉盘、葫芦杯等道具也是专门定制，并说是完全按汉族传统，取“周礼汉婚”的精华浓缩而成。由“蒹葭从风”、“天风环佩”（又名“溪山琴况”）拟定的“何彼禯矣，唐棣之华——汉民族传统婚礼复兴方案”，在汉服同袍中影响很大，该方案根据中国传统婚礼的含义和基本形貌，除了提示作为“蓝本”的周制婚礼及其发展形态的杂俗婚礼，还特意描绘了周制、唐制、明制的婚服设计图，探索了

① 天星轩官方网站（http：//www.tianxingxuan.com/abouts.asp）的介绍。

华夏婚礼的两种模式，一个是宁静端庄型，另一个为喜庆热闹型[①]。

三是往往在一场汉服活动中，总是要伴随着对某种仪式或祭祀性段落的设计，例如，端午祭祀屈原，七夕祭祀织女，中秋祭祀月神等（图 74–75）。2011 年 6 月 5 日，由南京金陵汉服文化协会主办的大型祭典在玄武湖公园环湖路进行，南京及周边地区近百名汉服爱好者身着汉服，双手作揖，一起祭奠屈原[②]。据活动负责人介绍，这场 40 分钟的祭祀表演，主要是依据《礼记》复原的。祭祀仪式上穿的以黑红为主色调的汉服，是按周制礼仪的要求制作，男式的叫玄端，女式

图 74　2016 年 6 月 5 日在南京玄武湖畔祭祀屈原

（刘浏摄）

① 蒹葭从风、天风环佩："何彼襛矣，唐棣之华——汉民族传统婚礼复兴方案（图文 / 新版）"，天汉网，2006 年 7 月 12 日。

② 刘浏："百名网友湖畔玩'穿越'行周礼穿汉服祭祀屈原"，《扬子晚报》2011 年 6 月 6 日。

图 75　杭州同袍七夕祭祀织女（2012 年 8 月 19 日）

的叫直裾，都属于礼服。这天的端午活动还有很多传统节目，如兰汤祓禊、缝佩香袋、射五毒等，现场的孩子们还参与了斗草、斗蛋等传统游戏活动。

反复和频繁举行的这些仪式，可以使汉服活动的参加者们体验到某些庄重感。对于同袍们而言，做仪式非常重要，在某种意义上，正是仪式赋予了其相关活动以更高的价值和意义，此类仪式除了使参加者们自身获得庄重感之外，也使得同袍们能够相对于不理解汉服或相关传统文化的人们，而彰显其优越感、成就感和先驱性。当然，做仪式也意味着他或她们并不是闹着玩、出风头或只是通过换装来做“服饰扮演”游戏。和早期的情形相比较，近年来的汉服活动中的祭祀仪式有了较大进步，做得有模有样有气氛。大多数场合下的汉服祭祀仪式上的“祭文”，一般都使用古汉语的文言文及繁体字，这些也都是和汉服运动的价值趋向相匹配的。

由于长期以来的文化革命和对传统文化的藐视及批判，现实生活中发生的断裂使得爱好汉服、喜爱中国传统文化的年轻人，往往并不懂得什么是传统文化，事实上，很多人正是通过汉服运动才开始逐渐地学习和模仿到一些传统的。例如，在汉服婚礼上，当事人可以体验到汉族传统婚礼的催妆、照轿、撒谷豆、接代、牵巾、拜堂、同牢合卺、结发等一系列仪式，其感受当然和城市的一般婚礼有所不同。一方面以弘扬、振兴传统文化为抱负，另一方面却因为不懂传统文化及相关的仪式和规矩，不得不重新学习，其中的尴尬自不待言。

6）在一些以“国学”、“蒙学”、“童学”为基本教育宗旨和内容的民间教育机构，往往会把汉服作为其学生的制服来穿用。在这种情形下，汉服就成为直接承载传统或传统文化的符号性载体了。例如，在郑州市和大连市的童学馆，老师和儿童都穿着汉服上课[①]，特意让儿童穿着汉服诵读《三字经》或《论语》，同时让孩子们参加祭孔，接受国学启蒙。穿汉服、拜孔子、修礼仪、学汉字、习国艺，汉服被认为与“童学馆”的教育内容相互契合（图76）。这种风气甚至还吹进了公立学校，例如，抚顺市育才小学从2002年起，组织实施“让经典诗文走进校园”活动，就要求小学生穿着古装汉服，诵读圣贤经典和古代诗文，学做传统游戏，并了解传统习俗等（图77）。

---

① “组图：大连童学馆开馆24名幼儿身着汉服习国艺”，中国新闻网，2007年4月23日。

图 76　大连某童学馆的课堂

（卢沙摄）

图 77　抚顺市育才小学的学生穿古装、行古礼

（北国网）

当然，还有其他一些努力让汉服进入中小学课堂的尝试。例如，2011年7月，北京师范大学附属实验中学老师何志攀，邀请“汉服北京”团队在学校开设汉服选修课，由李晓璇（网名“月光里的银匠”）、钟莹（网名“犹影浅依”）、李萌（网名“墨青”）等人共同编写了《走近汉服》中学辅助教材。2011年9月15日，李晓璇、李竹音（网名“箫晓雪”）等人，在北京师范大学附属实验中学初二年级开设《走近汉服》选修课，课程内容包括：讲解汉服、礼仪、传统节日和民俗、给古装剧纠错等，并结合制作发簪、荷包、中国结等手工制品。这是汉服第一次进入中学教学课程。自2012年2月起，该团队还在中国人民大学第二附属中学开设《走近汉服》选修课[①]。

7）不失时机地提出某些主张或建议，试图通过在某些大型公共活动中让汉服能够“秀”出来，亦即用汉服“蹭热点”，进而通过大众媒体予以放大，构成热门话题，这可以说是汉服运动颇为常见的运营策略。例如，在2007年3月“两会”期间，人大代表刘明华提出建议，希望在中国的博士、硕士、学士三大学位授予时，穿汉服式样或汉服系列的中国式学位服[②]；政协委员叶宏明则提议，将“汉服”确立为国服，他认为目前没有一种服装被确认为可以代表国家民族形象的常式礼服，中山装、旗袍虽被西方人看作是中国的国服，但它

① 周星：“2012年度中国‘汉服运动’研究报告”，载张士闪主编：《中国民俗文化发展报告2013》，第145–174页。

② 梁鹏等：“人大代表建议硕士博士学位服采用汉服”，《重庆商报》2007年3月8日。

们还不足以体现民族精神[1]。2013年和2014年"两会"期间，政协委员张改琴两次提出"关于确定汉族标准服饰的提案"，希望国家能够出面来规范汉服的标准化[2]。由人大代表和政协委员提出有关汉服问题的议案，也就意味着将汉服提到了国家的政治议程之中。

发祥于天汉网的中国式学位服设计方案，曾经在各相关网站的论坛里流传，并引起热烈讨论，除了"学位服"，话题还自然延伸到国服问题[3]。很多网友表示，希望自己毕业时能够穿上它，这意味着汉服网友中不少是在校大学生。网友"溪山琴况"曾为此向教育部及教育界人士发出倡议书，公布中国式学位服设计和学位授予礼仪方案，以求得到重视。该倡议书指出，近代以来，脱胎于西方宗教僧侣长袍的西方式学位服逐渐进入中国，成为改革开放后我国推行学位服制度依据的设计蓝本；而西方式学位服无论从起源、造型特点、文化涵义等诸多方面，均与我们源自文明传统又面向未来的教育与科学事业不尽协调。之所以要进行中国式学位服的设计尝试，就是希望对中国学位制度的完善和发展形成有益的启发，期待中国特色的学位制度及学位礼仪能应时而变。据说这套中国式学位服还具体地分为学

---

① 赵文刚："政协委员提议确立汉服为国服（图）"，中国新闻网，2007年3月11日。

② 林晖、邹伟："找寻失落的汉服之美——张改琴委员倡议确定汉族标准服饰"，《新华网》2013年3月6日。

③ "'中国式学位服'服饰倡议及设计方案"，http://oilia1106.bokee.com/4979233.html。"网友向教育部倡议启用中国式学位服（图）"，大洋网，2006年4月20日。

士服、硕士服和博士服三类，每套学位服由学位冠（黑色弁）、学位缨、学位领（六种不同颜色交领右衽义领）、学位衣裳（深衣或玄端）、学位礼服徽、西式皮鞋六部分组成，并在细部设计了很多讲究（图 78）。2007 年 5–7 月之间，在北京大学举行的中华学位服设计大赛，有不少作品其实就是集各种现代元素而杂为一体的当代汉服，当然也有一些是完全照搬古制的情形（图 79–80）[①]。关于中式学位服的创意与实践，其实早在民国年间也曾有过，只是由于各种原因而未能成功（图 78）。

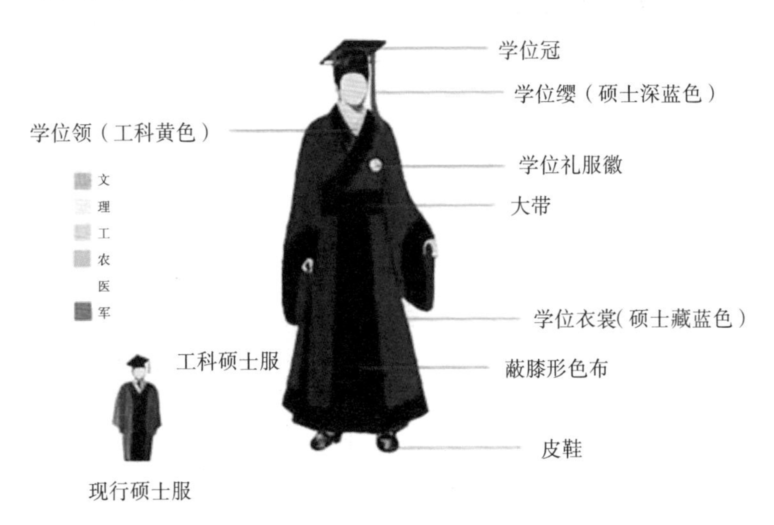

图 78 网友设计的中国式学位服的印象图

（天汉民族文化网 / 百度汉服吧）

① “‘中华学位服’现身北大 专家认为可推广（图）”，中国新闻网，2007 年 7 月 5 日。张彦平：“北京大学‘中华学位服’风波（图）”，《中华读书报》2007 年 8 月 14 日。

图 79　中华学位服（男装）现身北京大学
（中国新闻网）

图 80　中华学位服（女装）现身北京大学
（中国新闻网）

图 81　1947 年辅仁大学社会系毕业生身着汉服式学位服合影

（采自刘乃和等《陈垣图传》第 88–89 页）

在短暂的汉服运动史上颇为浓重的一笔，便是倡议 2008 年北京奥林匹克运动会把汉服作为官方礼服，或开幕式上中国代表团应该穿着汉服入场的活动[①]；随后，类似的努力不断出现，针对 2010 年的上海世博会和广州亚运会的开幕式、2011 年西安世界园艺博览会等，都曾有过类似的建议[②]。北京奥组委和中国奥运赞助商恒源祥集团，从 2006 年 12 月起，曾公开向海内外征集“中国礼服”的设计创意方案。所谓中国礼服被认为应该具有中国元素，传达中国文化，展现中国精神，并且是“健”与“美”的结合。有关人士认为，这个活动的最终目标是要做出一套具有标准性的国服，在

① 参见《天汉民族文化网、百度汉服吧 2008 年北京奥运会华服倡议》《天汉民族文化网、百度汉服吧 2008 年北京奥运会华服方案》等。

② “专家建议广州亚运开幕式中国队着汉服（组图）”，大洋网 -《广州日报》，2007 年 5 月 18 日。

2008年8月8日晚的奥运会开幕式上，中国代表团将穿着一套能够代表中国人的服装并引起轰动[①]。2007年4月5日清明节，天涯社区、汉网等20多家网站联合提出了有关“奥运会上中国的汉族运动员应着汉服入场”的倡议书，建议北京2008年奥运会采用中国传统服饰（深衣）作为大会的礼仪服饰，从而在网络引发新一轮热议。应该说，同袍们为北京奥运会设计的中国代表团入场式服装的印象图，确实非常漂亮（图82–84），他们不断向奥组委推荐和提出请愿，总想通过这种方式让汉服复兴“毕其功于一役”。虽然这样的构想有些简单化，也有些幼稚，但同袍们的热情却很高。张艺谋导演虽然没有在北京奥运会开幕式上采纳汉服的相关建议，但还是在其很多场景中展示了中国古代美仑美奂的服饰文化，这让一些汉服网友大呼过瘾。借助奥运会开幕式把某种传统发扬光大，或将其重新建构为更加伟大和更加具有代表性的文化符号，几乎是所有举办国东道主均乐此不疲的追求。虽然“在野”的汉服运动的主张没有得到官方支持，但其通过祭典、仪式来扩张某种文化符号的思路却如出一辙。当时，围绕着2008年奥林匹克运动会的礼仪服装问题，既有考虑到少数民族运动员的存在，主张汉族和少数民族服装均应入选的意见，也有旨在创建“华服”（或称中华服）、“国服”或“中国礼服”的动向，所有这些均非常值得关注。

① “2008年奥运会开幕式上中国代表团穿什么入场（图）”，《南方都市报》2007年4月8日。

图 82　北京奥运会中国运动员入场服·汉族款

（天汉民族文化网 / 百度汉服吧）

图 83　北京奥运会礼仪小姐礼服·汉族款

（天汉民族文化网 / 百度汉服吧）

图 84　网友设计的奥运会入场式中国运动员的印象图
（国际在线）

汉服运动的实践者们经常试图与政府的官方活动相链接，或主动地致力于将汉服与国家、民族的其他象征符号相结合。例如，2007 年 4 月 14 日，在北京大学举办的社团文化节上，北京大学服饰文化交流协会与“汉衣坊”联合主办了以“汉服迎奥运”为主题的一系列活动，就是比较引人注目的一例（图 85）①。2008 年 4 月 27 日，在北京奥运于韩国首尔的圣火传递仪式上，有网友穿汉服守护圣火；2010 年 1 月 21 日，配合电影《孔子》在西安举办首映式，西安汉服爱好者特意组织了一场汉服腊祭文化活动②；2010 年 3 月，“云南汉服”向干旱灾区大量捐水，积极参与慈善活动；2010 年五一劳动节，“浙江汉服群体”集体游览上海世博会；上海“汉未央”于 2010 年 7 月 9–11 日，应邀在世博会公众展示馆组织汉文化及汉服展示活动；2012 年 6 月 28 日，韩国丽水世博会

① 汉疆摄“组图：北大学子华服霓裳重现汉唐风采”，中国新闻网，2007 年 4 月 14 日。

② 冽玮：“西安重现腊祭文化 汉服爱好者助阵《孔子》首映（组图）”，中国广播网，2010 年 1 月 21 日。

中国国家馆日活动，礼仪小姐们身穿汉服（曲裾、直裾和襦裙）迎接国家领导人，而山东“扶芳藤”品牌的汉服在韩国丽水世博会得以展示等等。所有这些都是既吸引眼球，又能博得公众好感的汉服活动。通过这些公共事件，汉服为何的话题自然成为公众关心的焦点，其作为运动的宣传策略确实是行之有效。

图 85　“汉服迎奥运”的主题活动

（中国新闻网）

8）举办各种与汉服及传统文化有关的讲座、展览及学术性研讨活动，既是汉服运动重要的组成部分，也是其活动令人折服的方式之一。例如，有关汉服的历史与款式等方面的基础知识，有关汉服的制作方法和穿着方法等，往往都需要同袍们在一些讲座学习中去逐渐掌握，与此同时，当代汉服在某种意义上，也就是在此类学习和实践的过程当中被创造了出来。事实上，伴随着汉服运动的兴起，也涌现出一批民间学人，他或她们或就汉服及“兴汉”等主题从事民间的讲学活动，或作为汉服活动家积极发表各自的研究成果或主张。例如，自 2005 年 4 月以来，郑州宋豫人主持的“汉家讲座”；2005 年 8 月，重庆大学学生张梦玥从事汉服概念的探讨，在网上发表“汉服略考”一文；董进（“撷芳主人”）于 2007 年 11 月，在天涯论坛推出“Q 版《大明衣冠》——漫画图解明代服饰”，后正式出版《Q 版 大明衣冠图志》[①]。2008 年 1 月，推动汉服运动的《汉服》一书正式出版[②]；同年 6 月，《华夏衣冠》电子杂志创刊；此后，相继又有《汉未央》电子杂志、《汉家》电子杂志、《汉服时代》等电子杂志陆续创刊。2015 年 4 月 25 日，中国汉服博物馆在青岛国际服装产业城正式开馆，引起了各方的关注。杨娜等于 2016 年 8 月编著出版了《汉服归来》一书[③]；2017 年 5 月 18 日，杨娜在中国人民大学社会与人口学院获得社会学博士学位，论文题目为《现代化进程中的传统再建构——以汉服运动为例》。近些年来，一些大学的硕士和博士学位论文，也有不少是以汉服或汉服运动为选题的[④]。

---

① 董进（撷芳主人）：《Q 版 大明衣冠图志》，北京邮电大学出版社，2011。

② 蒋玉秋、王艺璇、陈锋：《汉服》，青岛出版社，2008 年 1 月。

③ 参阅杨娜等编著：《汉服归来》。

④ 魏蔚：“中国古代儒服研究”，山东师范大学 2009 年博士学位论文；李晰：“汉服论”，西安美术学院 2010 年博士学位论文；朱珠：“从传统到现代：中国当代礼仪服饰的思考”，北京服装学院 2010 年硕士学位论文；鲍怀敏：“汉民族服饰文化复兴研究”，山东大学 2010 年博士学位论文；左娜：“‘汉服’的形制特征与审美意蕴研究”，山东大学 2011 年硕士学位论文；周海华：“大学生对汉服的内隐态度研究”，西南大学 2011 年硕士学位论文；房媛：“汉服运动研究”，陕西师范大学 2012 年硕士学位论文；马胜亮：“‘服’

9）人数虽然不多，但确实也有少部分同袍，坚持在日常生活中穿着汉服，践行着让汉服回归当代生活的理念（图86）。在这个过程中，穿着实践者往往需要面临周遭的白眼，但与此同时，所谓的汉元素时装，或汉服中的某些短小轻便的常服，在日常生活中也是完全可以穿着上下班的，并且也能够逐渐地被一般的社会公众所接受。对于部分实践在日常生活中穿着汉元素时装的人们而言，所谓汉服并不只是古典、古代的服装，它还是可以在现实生活中畅行无阻地穿

图86　2013年6月8日，一位白领穿汉服乘地铁上下班

（新华社）

以载道——汉服的文化内涵研究”，湖南工业大学2014年硕士学位论文；刘欢：“汉服文化的产业链模式研究”，上海师范大学2015年硕士学位论文；卢晓晓：“基于汉服领襟元素在现代中式服装中的创新应用与研究”，浙江理工大学2015年硕士学位论文；冀子辉：“‘现代汉服’款式结构特征研究及数字化实现”，东华大学2016年硕士学位论文；崔雯雯：“与传统和现代对话——汉服迷的在线文化实践研究”，安徽大学2016年硕士学位论文；孔德瑜：“汉服海外传播分析”，山东大学2016年硕士学位论文；赵琛：“汉服的审美意蕴与创新设计”，天津工业大学2017年硕士学位论文等等。

出来的。很显然，如果这个趋势发展出有力的市场需要，就将会对中国的时装行业产生一定的影响。

以网络上虚拟的汉服社区为基地，同袍们八仙过海、各显其能，发明或动用了所有可能的手段宣传、展示和推广汉服，例如，汉服的网络贴文贴图、汉服运动主题歌曲、汉服春拜年视频、汉服 yy 频道、汉服动漫等等，围绕着汉服，同袍们创造了为数众多的文化形式。此外，还有一些同袍走进电视节目，以直观演示方式宣传汉服，例如，2008 年 1 月 26 日，珠江电视台的“春晚”就播出了由广州汉民族传统文化研究会负责的“汉服汉礼”节目。另外在很多其他以传统文化及相关知识为主题的竞赛性电视节目中，往往也都有汉服的登场，例如，2012 年 6 月 9 日，中央电视台《开心学国学》栏目，播出了一集汉服专场，大约一百多位参赛选手，全部身穿汉服参加。

具体选择上述哪种方式参与汉服活动，完全是同袍们的自由。影响他或她们的具体选择的因素，多少与其“汉服观”有着一定的关系。在共享复兴汉服这一大目标的前提下，围绕着汉服在当代中国人民的服装生活中所应占据的地位这一问题，“礼服派”同袍在汉服活动的实践中，尤其着力于在传统节日时举行各种仪式，或在人生仪式等场景穿着汉服；而“常服派”的同袍自然就倾向于尽量在其日常生活中也穿着汉服。

在各种官方仪式或民间祭典上、在大众媒体和都市社区各种公共活动的场合，反复地展示和表演汉服秀，自然能为汉服复兴创造出很多声势。此类展示和表演，不应该只被理解为仅仅是个人或团体张扬主义、谋求更多话语权和存在感的方式，它也是一种社会参与的行为，而这一点非常恰切地证明汉服的确是在全新的当代社会的脉络之中被重新定义和展示着的。应该说如此的“表演”与“认知”相得益彰，有助于使涉及汉服的许多实际、具体的知识（未必是汉服运动的理论）让一般公众获得感知，并建立起印象。

第三节　汉服“雅集”

作为21世纪初叶中国社会最为重要的文化动态之一，汉服运动的兴起与中国社会及文化的方向大转换有着密切的关联。改革开放和经济发展促成了中国社会生活的民主化和文化生活的多样化趋势，尤其是国民的文化生活和意识形态之间的紧张关系得以舒缓，传统文化遂出现了全面复兴的格局。汉服运动在某种意义上，可被理解为中国传统文化复兴思潮的一个重要的组成部分。但从我们对汉服运动的深入分析来看，其内涵要更为复杂和深刻，正如有一位汉服运动的活动家曾经声称的那样，汉服运动实际上是一场文化的辛亥革命，它所追求的乃是中华文化的正统性。眼下，汉服运动的影响正在朝政治领域延伸，它自身也逐渐成为一种具有政治性的话题。

然而，相对于汉服运动大而无当的目标、暧昧含糊的政治性取向而言，我认为，它还有另外一个需要关注的侧面，亦即对于很多同袍们来说，穿着汉服同时也是他或她们选择甚或参与创造的一种生活方式，是一种优雅的、有品位和高

图 87　访谈无锡的汉服同袍
（2011 年 8 月 4 日）

图 88　2011 年中秋节在北京市朝阳公园调查汉服活动

档的，以及理想主义的趣味。2011 年夏天，我先后在上海、无锡、西安、郑州、北京等城市，分别对多个汉服社团的负责人，以及大约二十多位汉服活动积极分子进行了深入的访谈调查，并以文化人类学者的立场，数次参与观察了部分汉服社团的“汉宴”聚会、中秋祭月祈福等活动等（图 87-88）。最大的收获是“发现”，与网络社区的“线上”论坛往往以宏大的、多少具有政治性的汉服话题为主的情形颇为不同，“线下”的汉服活动则主要是一种“雅集”，亦即是一种显示参与者品味、教养、兴趣和审美取向的文化社交活动。

很多同袍们总是倾向于认为，自己拥有着汉服这一宗最为高贵和雅致的“文化资本”。这一点颇为符合法国社会学家皮埃尔·布迪厄有关文化资本与阶层认同的理论。该理论揭示出人们总是通过物质层面（例如，服饰）的品位和行为层面的品味，亦即通过对生活方式的选择来建构或表现自己作为上层阶级的高雅、休闲、价值观和优越感，进而显示自己和其他阶层的社会距离[①]。汉服运动的理论家、活动家和积极的穿着实践者，在反驳其面临的质疑或向他或她们认为无知的围观公众解释、宣传时，一般都会说复兴汉服并非只是为了这一套服装，而是因为在汉服上承载着极其丰富的文化。这类态度多少可以反映出同袍们自视甚高的那种感觉，同时也能够说明汉服作为文化资本对于他或她们的意义。某些同袍们对于汉服款式形制和古礼的执着追求，以及对于相关知识的高度关注及其熟练掌握，在相当意义上，也正是因为它们的确构成了同袍们赖以自恃的资源和资本，因为它们可以成为表现同袍们非世俗（脱俗）的雅致生活的手段。

同袍们几乎是颇为自然地把他或她们的理念和主张，用来建构个人的生活方式或其日常生活的部分内容，并从中生产出自己人生的价值和意义。如果套用文化研究学者对于“涂

① 刘欣：“阶级惯习与品位：布迪厄的阶级理论”，《社会学研究》2003年第6期。

鸦”亚文化的说法，汉服的重要性也是在于它可以给穿着者以一定的自由，让他们可以创造出一个和现实生活不同的世界，并建构出自己的另外一个形象[①]。身着汉服参与“雅集”聚会等各种活动，其实也正是上述意义得以彰显的过程。同袍们大都喜欢穿着汉服参加某种仪式时的庄重感，这使得他或她们不同于其他俗人，也不同于他或她们自身平庸的日常，因为仪式总是能够带来“非日常”的体验。所以，大多数的汉服活动每次都是一定要做一场仪式的。

围绕着汉服活动的聚会，有多种不同的叫法，例如，汉服“雅集”、汉服聚会、汉服“派对”等。相对而言，“雅集”一词较为贴合汉服活动的气氛和价值取向，的确也是有一些同袍们自称他们的汉服活动为“雅集”，而“派对”一词由于源自西方的party，多少会使某些同袍感到别扭。

汉服活动的形式非常多样化，有趣的是，不少地方的活动还越来越像是一种文艺汇演或才艺展演了。2012年8月19日，我在杭州观察过一场汉服活动，它几乎就是一场文艺晚会。当地和来自外地的同袍们，依次表演茶艺、琴艺、武艺、舞艺等，而所有的节目均编排有序，甚至还有主持人、报幕者（图89–90）。这些才艺表演的水平，有的比较一般，只是做做样子、比较造作，但它们所生产出来的“汉服美图”却会在活动结束之后，长期点缀当事人的日常生活（主要是在网络空间）；有的才艺表演确实

---

① 南茜·麦克唐纳：“涂鸦的风格：创造一个不同的世界”（李建军译），陶东风、胡疆锋主编：《亚文化读本》，北京大学出版社，2011年3月，第199–215页。

是达到了相当专业的水准，显然是经过了反复的练习和周密的准备。但无论哪种情形，参与者在彰显各自品味的雅致方面，几乎是如出一辙。有研究者指出，汉服社团其实就是一种“趣缘共同体”[①]，这确实是很有见地的观点。

图 89　杭州汉服活动上的茶艺表演

（2012 年 8 月 19 日）

图 90　杭州汉服同袍七夕雅集纪念照

（2012 年 8 月 19 日）

① 刘佳静：“新媒体语境下汉服趣缘共同体的建构——以‘福建汉服天下’为例”，《文化传播研究》2016 年第 5 期。

在汉服网友或同袍们中间，很多人拥有较高的学历，且多才多艺，他或她们往往还以文人雅士（或儒士）或淑女自居，汉服“雅集”为他们提供了自我实现或自我证成的有效途径。在很多情形下，穿着汉服的行为，往往还同时伴随着对于其他类型的传统文化的习得，例如，穿着汉服练习或表演传统的乐器（笛子、长箫、古琴、古筝等），穿着汉服习武（中国传统武术），穿着汉服练习书法或学习国画等。当然，包括汉服活动中的才艺表演、游艺等在内，往往都是要体现参加者雅化的生活情趣，并由此证明他或她们的脱俗。

至少有相当一部分汉服活动，几乎就变成了现代式的文人“雅集”。这种“雅集”固然部分地可被视为是同袍们发明的社交活动方式，但也有部分其实是对古代，例如，是对于明代文人“雅集”的某种模仿[①]。“雅集”曾经是中国古代士大夫阶层的一种社交和娱乐的方式，文人雅士们定期或不定期地以文会友，或吟诗作赋，或品评书画，或谈论学问，或饮酒品茗，由此在小圈子中形成一些文化上的认同感。历史上最著名的，如魏晋时期的“竹林七贤雅集”、王羲之组织的“兰亭雅集”、唐朝时王勃参与的“滕王阁雅集”等等，一直为后人所津津乐道。如果考虑到琴、棋、书、画、茶、酒、香、花之类的元素，则汉服“雅集”在某种程度的文艺化倾向，也就不难理解了。

2012年9月27日，成都汉文化研究交流会举办了“2012龙迹琴韵中秋雅聚”，邀请当地政府、企业、文化界知名人

① 安艺舟：“明代中晚期文人雅集研究”，中央民族学大学历史文化学院2012年硕士学位论文，2012年5月。

士近二百多人参加。参与的嘉宾及工作人员均着汉服，欣赏古典乐舞，并举行传统中秋祭月仪式。成都汉服活动组织者多为“70后”或“60后”，其活动常面向政府官员、文化界名流，主张让汉服不局限于日常生活、舞台展示，还应该向雅集礼服、宴会晚礼服等方向去发展。

2012年3月31日，中国国际时装周于北京饭店举办了“诗礼春秋”服饰2012品牌发布会，展示了以汉服为设计蓝本的中国特色礼服。发布会的主题为“传统与创新”，作品的设计灵感据说源于华夏民族的传统服饰。“诗礼春秋”是由上海诗礼文化传播有限公司推出的服装品牌，发布会以人文服装为理念，系列展示了法服、婚服、礼服、修闲、常服等，作品风格内涵有近年来汉服运动的影响，同时也具有时装界所追捧的中国风色彩。这意味着汉服在时装界已成为新元素。同年9月28日，在孔子诞辰这一天，该品牌宣布以“仲尼装”命名，正式提出关于中华衣冠的新主张，以期它能够流行于民众当中。问题是“诗礼春秋”若把汉服礼服定义为“读书人”的服装，似乎就和汉服运动的初衷出现了偏差（图91）。不过，在相关的设计人员看来，这些服装并不是传统的汉服，而是一种“新中式服装”，它虽然从传统中汲取力量，却不拘泥于某一历史时期、某一民族服饰，而是试图将几千年的中国服饰特征融会贯通，体现了温润、儒雅、包容的风范。

由于雅俗是相对而成立的，所以，汉服活动对于“雅”的追求，也就是在彰显汉服及其周边所有事物的高尚、脱俗与美好。和古代文人“雅集”场所的书斋居室之铺陈设计，经常被用来体现主人的身份、品位和理想一样，汉服也无非

图 91 “诗礼春秋”的服装品牌：汉服书生
（凤凰网）

就是这样的一种“文化物品”。“文化物品的正确使用可以反映一个人的身份地位，相反，使用方法的错误则会取消这种地位。”① 在汉服“雅集”中，常可见到一些女同袍们一天之内要更换几身不同朝代款式服装的情形，即便不宜说她是在玩“时间旅行”（穿越）的游戏，但说她只是在呈现自己的服饰审美品味，大概不会有错。此外，汉服“雅集”所选择的地点也颇为重要，往往是需要在风景秀丽的公园，或富有文化内涵的名胜古迹等处，组织者们也经常借此来凸显每次“雅集”的文化品位。

① 卜正民（Timothy Brook）：《纵乐的困惑：明代的商业和文化》（方骏等译），第 264 页，上海三联书店，2004 年。

第八章　汉服运动对汉服的建构

第一节　旨在建构汉服的实践

从服装社会学的角度看，穿衣乃是人们在日常生活中的自我表达，因此，我们需要把“衣着”或“着装”视为是一种积极的日常生活实践，因为它是人们通过服装改变或修饰自己的外观以取得预期的社会效果的活动[①]。

如果将日常生活中的衣着作为具体化的实践，则不难发现衣着虽然被社会所形塑，但它又是通过个人而产生效用的“实践”的结果。不仅如此，我们还应该进一步把衣着视为“情景化的实践”，由于这类实践是复杂的社会力量以及个体在日常生活中灵活运用各种因素之相互综合作用的产物，同时又由于衣着的实践往往亦存在于超乎个体意识之上的层面，因此，它也就必须被看作是社会的和文化的[②]。如此看来，汉服运动中涉及汉服的考据、创制或复原，以及穿着行为和

① 孙沛东：“着装时尚的社会学研究述评”，《西北师大学报》2007年第4期。

② 〔英〕乔安妮·恩特维斯特尔：《时髦的身体：时尚、衣着和现代社会理论》（郜元宝等译），广西师范大学出版社，2005年1月，第7、33、79页。

到户外去“秀”的各种举动，都可以理解为是在致力于建构汉服的具体实践；而我们关于汉服的印象和认知，就是这样在各种表象实践的过程当中，经由所有相关力量或因素的相互妥协、竞争和不断地修正及解释而逐渐形成的。

汉服运动虽然在理论表述上倾向于本质主义，但在具体的实践当中，例如，从事活动时的穿着实践等却基本上是建构主义的，这反映了同袍们灵活、实际的态度。汉服表述中的本质主义，主要是相信汉服必须是本真的、纯粹的，它内涵着很多奥义和不灭的价值，但建构主义的穿着实践则必须面对汉服在当代社会场景下各种复杂的局面，因此，不仅其形制包括很多款式细节，是在当下的特定条件或背景下，不得不予以选择、认定、分类、变通、粘贴甚或拼接的；而且，很多相关的意义也是在各种因素的制约和影响之下，逐渐被附丽、追加或重新阐释的。正如“汉服”基本上是一个新词一样，在汉服活动中实际穿出来的各色服装，均是在不同背景和不同的文脉之下全新的建构[①]。本质主义的汉服陈述或言说表象，容易形成某种排他性，容易使汉服运动走向和周围普通民众的服装生活现实之间的鲜明对峙；建构主义的穿着实践则促成了汉服的多样性以及和民众服装生活之间某种程度的妥协，它在使汉服运动内部充满活力的同时，也导致难以形成共识。虽然不少人执着于对汉服的文化纯粹性的想象，但在现实中却不得已或有意识地采取了建构以及容许建

① 周星：“2012 年度中国‘汉服运动’研究报告”，载张士闪主编：《中国民俗文化发展报告 2013》，第 145–174 页。

构的行为。汉服言说和汉服运动相关理论的本质主义色彩，并未妨碍同袍们的社会文化实践，亦即在户外的服装活动中以各种策略、举措和方式所进行的变通及其建构主义属性的实践[①]。和网络上稍嫌偏激的言论形成鲜明对照的是，汉服运动在“离线”状态，亦即在现实的社会公共空间里，同袍们的穿着实践却始终具有明显的通融性，可以说是较为温和，鲜有激进行为，在绝大多数场景下，不仅没有制造什么问题，反倒是增加了一道道亮丽的风景。

据“当代自制汉服第一人”王育良讲述，他是一边参照古代比较典型的式样，一边猜想“瞎做的”，他认为，制作汉服只要把华夏最美的精神内涵表现出来就行。据“穿着汉服上街第一人”王乐天讲述，“穿‘汉服’时坐姿走姿都要端起来，能感受到一个汉族人的尊严”[②]，然而，他穿的那件汉服其实是通过互联网向网友阿秋定做的，阿秋则是依据电视剧《大汉天子》中李勇（原型李陵）服装的样式仿制的。身处武汉的阿秋（邱锦超）是起步较早的一位职业汉服制作者，从 2003 年 11 月起就开始制作汉服，其理念是既坚持基本元素不变，尽量符合古制，还应该有时代性，结合现代人的审美，在纹饰、颜色等方面做一些探索。这位阿秋后来开了一间“汉服制作工坊”，经王育良取名为“古径衣饰”，一个时期在汉服“圈内”颇有影响。曾受汉网影响，后来成为汉网在广州的联系人，网名为“白

---

① 周星：“本质主义的汉服言说和建构主义的文化实践——汉服运动的诉求、收获与瓶颈”，《民俗研究》2014 年第 3 期。

② 史祎、董毅然：“我们为什么加入汉服运动”，《北京科技报》2005 年 7 月 27 日。

桑儿"的原中国政法大学毕业生罗冰，现在是一名公司职员。她认为，应该重拾汉族的民族服装，不能一味地"哈西哈日哈韩"，但她也承认自己的第一套汉服在剪裁设计上曾受到日本和服的影响，故下摆偏小，穿起来不甚方便，所以，后来才又不断改进；她说穿上汉服就能意识到自己对于民族和传统文化的责任。

为了满足吉林大学一位大一女生想让汉服回归生活、像唐装一样成为时尚，故希望举办一次汉服设计表演赛的梦想，《新文化报》和中东大市场于2006年4–6月举办了全国首届汉服设计表演大赛，共征集到汉服设计方案近百个。经汉服专家筛选，初步确定有48套参加网上评选，这些设计多出自大中专院校服装设计专业的学生之手。其实，类似的设计大赛还有不少，2009年9月，在纽约文化时装周期间，由新唐人电视台主办的"全球汉服回归设计大奖赛"，由柳笛设计的中华汉服（包括唐、宋、明朝的服装）一经亮相，便惊艳四座。再比如，由成都重回汉唐文化传播有限公司（重回汉唐汉服店）组织的重回汉唐汉服设计大赛，目的在于推出更多、更美、更潮、更典雅的汉服设计。在2018年11–12月举行的第五届大赛中，据说有24组入围作品，包含一等奖1名、二等奖2名、三等奖3名。由"@芥儿茶"设计的作品"山居秋暝"获得了第一名。重回汉唐公司致力于将汉服店开遍全国，将汉服带进生活，现在已经拥有淘宝店、天猫店、华小夏汉元素、沐汉风汉元素服饰4家网店和14家汉服实体店。上述设计者陈述或创意，均明白无误地说明了汉服是当代建构的，并不是像某些理论家们宣称的那样具有纯粹性。

同袍们的户外活动应该说具有建构主义性质，之所以这样说是因为几乎所有在现实生活中或公共空间里的汉服穿着及展示行为，若仔细分析其具体的操作实践或活动细节，均不难发现同袍们其实并不拒绝临时的变通和应景的建构。最为重要的是，汉服得以再现的场景、文脉和语境本身，已经为汉服的建构性提供了难以辩驳的依据。

同袍们不断探索着各种新的汉服展示和宣传形式，通过穿着、走秀、举行仪式和才艺展示等，学习和践行着汉服及传统文化的复兴事业。同袍们先后开创并逐渐积累起来的各种方式、倾向以及路径，在某种意义上，也正是汉服得以建构的方式或路径。例如，刻意促成在各种公共空间中或各种公共活动里汉服的合法存在以及能够被合理解释其存在意义的具体场景。由此，汉服及汉服运动的理念和实践，就会在大众舆论的聚焦之下得以彰显，那些未必经得起推敲的汉服款式或形制，就好像是被公众认可了一般。

在汉服活动的现场观察，不难发现同袍们通过穿着汉服和化妆等实践行为，确实是使传统文化被再生产了出来。例如，穿着汉服的行为必然就会促成连带的身体语言、姿势和感受，有为数不少的访谈对象都曾谈起他们的穿着体验，说一旦穿上汉服，就自我感觉文雅了，走路、姿势、言谈举止都不太一样了，跟他人交流也很注意礼节了。事实上，同袍们彼此之间经常是行古代古人之礼（例如，相互作揖），这同样是一种特意的文化实践。从文化实践的角度去观察，甚至汉服活动中的化妆、摆弄发型和头饰、做出各种姿态和造型去照相，应该都是具有重要意义的实践行为。

实践者们积极踊跃地尝试让汉服进入或参与到国家层面或地方政府主导的多种话语及相关活动之中，努力地促使汉服不断介入社会公众的政治生活，从而凸显了汉服运动的政治性。其典型事例如私塾先生上书苏州市领导，建议申报汉服为世界非物质文化遗产，呼吁苏州市政府举办活动时把汉服作为第一选择等（2006 年 4 月）。再比如，推动中央政府官方网站和新华网在介绍 56 个民族时将汉族的兜肚形象改换为汉服照（2006 年 7 月）；加拿大多伦多汉服复兴会通过中国驻加拿大使馆、国务院侨办、中国文化部转交给国家民委的信函，提出对民委官方网站有关内容的意见等。由于汉服运动的口号之一是华夏复兴或兴汉，这和来自官方的“中华民族的伟大复兴”、“中国梦”等表述，虽有微妙不同，却也颇多契合。而对于国家民族政策的制定者们而言，由于汉服运动多少带有一些针对族际关系之特定语境的刺激反应，他们很难在短期内做出明快应对，但是汉服运动至少在某种程度上宣告着汉族已不再是那个永远沉默的多数了[①]。

和国内的汉服运动相呼应，海外华侨华人的汉服实践也非常重要。伴随着汉服运动的深入，马来西亚、新加坡、英国、美国、法国、澳大利亚、加拿大、日本等许多国家的华

① Kevin Carrico,The Imaginary Institution of China： Dialectics of Fantasy and Failure in Nationalist Identification,as Seen through China's Han Clothing Movement, A Dissertation Presented to the Faculty of the Graduate School of Cornell University in Partial Fulfillment of the Requirements for the Degree of Doctor of Philosophy，2013.

人、华侨和留学生，纷纷成立汉服社团，以穿汉服上街、举办汉服秀等各种展示及宣传活动，和国内汉服运动遥相呼应。其中较有影响的如马来西亚华人举办“华夏文化生活营”，从 2008 年起至 2013 年，已连续举办六届，活动内容主要有穿汉服、学习华夏礼仪等。2008 年，杨娜等人在英国成立汉服社团，以英伦汉风命名，并于 2009 年 3 月 7 日，组织留学生和华人举行穿汉服巡游伦敦活动；同年 5 月 30 日，英伦汉风又在泰晤士河畔举行端午凭吊屈原仪式。在日本，关东、关西的汉服社团遥相呼应，定期或不定期地举办各种活动，这些社团中既有以留日学生为主组成的，也有以在日华人华侨为主组成的[①]。

综上所述，汉服运动在具体实践中，根本是无法固守那些古代形制所内涵的所谓“本真性”的，而是在不同的语境和文脉下施行很多变通和妥协，其大部分活动都有文化建构的属性。不仅汉服，包括所谓汉舞、汉餐[②]、汉礼，以及旨在为汉服出场提供机会的各种仪式、典礼的场景设置，无一例外均是经过人为建构的过程。据我所知，经营让客人穿汉服就餐的餐厅之类的尝试已经失败了（图 92），但是，这并不妨碍在某些汉服“雅集”中汉服和汉餐的相互组合。

---

① 張宵宇：『日本における華人圏の漢服復興運動の実態と分析』、2017 年度愛知大学中国研究科修士学位論文。

② 2011 年 8 月 23 日，我在郑州对民间学者宋豫人进行了长时间访谈，话题涉及汉服、汉礼、汉餐、兴汉、文化的辛亥革命等，除参与体验由他主持的汉服祭礼，也承蒙主人以汉餐款待。“汉餐”一词民间原本就有，去西北丝绸之路旅行，沿途有汉餐饭馆，和清真餐馆区分得很清楚。

图 92 2007 年 3 月 24 日，汉文化主题餐厅“汉风食邑”在京开业

（新华网）

汉服运动固然有对古代服装形制的执着追求，甚至有如“中国妆束复原小组”致力于汉、唐、东晋、宋、明等历代汉人服装的复原，或有对某些款式形制格外青睐的倾向，但汉服依然是在 21 世纪初，由当代中国城市的一些知识精英和大量匿名亦即草根性的同袍们，基于其文化信仰和历史观念，在征引和参考古籍文献、考古及出土文物资料、历史图像资料及一些传统戏曲服装和现代影视作品相关资料的基础之上，予以建构的。2013 年恒源祥品牌发布会推出了中西合璧的汉元素时装——内搭交领上衣，外披西服外套，整体采用水墨设计，既有华夏韵味，又有时尚感，这当然就更是毫无疑义的汉服建构实践了。由于这些人为建构依托于丰厚和复杂的中国服饰文化史，也由于汉服运动的草根性和民间性使得它从一开始就缺乏权威指导，所以，新近出现的汉服自然就有了非常多的款式和形态。与此同时，在同袍们的穿着

实践中也自然会发生改良，将汉服穿进日常生活的努力和“汉元素时装”概念的出现，均意味着汉服今后仍将不断地演变。

截至目前，汉服制作的公认标准仍未能统一，尽管由于明朝的史料典籍保存较为完整，“复原”起来较为容易，故以明朝风格的汉服也相对较为流行，但实际剪裁出来的汉服依然多种多样。有一个时期，汉网曾试图垄断汉服形制的独家认证权，但实际上不仅见效甚微，还招致很多不满。颇为活跃的汉网网友、吉林大学在校生欧阳雨曦，曾经在汉网上发布过《汉服初步分类规划制定方案（草稿）》，试图为汉服款式确定一套现代标准；另一位汉服运动的领袖人物杨娜博士，一直主张尽快建构出一套完整的汉服体系；“汉唐神韵”提出建立及发展多层次“现代汉服体系”的构想等等。虽然这类努力未必能够马上见效，也很难说它们今后能够取得多大的成功，但因为已经不再把“建构”视为负面的批评，汉服设计制作获得了更多的自由。同袍们的这类努力，再明显不过地说明了汉服的当代建构实践，眼下尚是“现在进行时”，而远非“完成时”。

第二节　礼仪化与舞台化的汉服

在前述汉服活动的基本模式中，突出地存在着通过设计并举办、参与或借助各种仪式场合，来彰显汉服。这既能突出汉服作为礼服，有时候甚至是作为“祭服”的功能，又可以借机增加汉服在各种媒体上的曝光率。这种模式或路径，已经被汉服运动的大量实践证明是颇为有效的，但与此同时，也就出现了汉服的礼仪化，对于将汉服只视为是礼服的同袍们而言，这几乎就是一种成功，也是理所当然的结果，但对于那些试图将汉服定义为常服，致力于使之回归现代日常生活的同袍们而言，过度的礼仪化未必令人鼓舞，因为汉服礼仪化，也就意味着它距离日常生活仍比较遥远。

将汉服建构为各种传统节日的礼服盛装的多种尝试，虽然也有促使汉服进入家庭（例如，主张春节团圆时穿用）的尝试，但大部分实践是在户外以集体过节的方式穿着汉服。如果说前者尚属凤毛麟角，那么，后者则早已发展成为一种普遍的汉服活动的模式。在汉服的礼仪化方面，较早的实践，例如有 2005 年 3 月 13 日，吴飞等人在济南文昌阁遗址举办的“释菜礼”（古代儒生入学时祭祀孔子的典礼）；2005 年 4 月 17 日，多位网友在曲阜穿汉服举办的明朝形制的“释奠礼”（古代儒生的“君师”之礼）等。值得一提的是，这部分汉服网友还自诩为民间的“儒家学子”，于是，这些年轻的汉服实践者自我感觉仿佛怀有当年孔子的雄心壮志，也就是在致力于“克己复礼”，而汉服就是他们恢复礼制的一种道具或载体[①]。由此可知，汉服运动和儒学、国学的结合，是其另一条可供选择的路径。还有一些对于儒家礼制的重温与重构性的实践，也很引人关注，例如，乡射礼（2006 年 4 月 9 日，在中国人民大学的“诸子百家园”举行了一次汉服射礼）、开笔礼和祭孔典礼等，汉服的登场，在不同程度上，

① 韩恒：“网下聚会：一种新型的集体行动——以曲阜的民间祭孔为例”，《青年研究》2008 年第 8 期。

和儒家对于礼制的执着形成了相得益彰的效果。甚至在一些新兴的民间私塾或蒙学馆、童学馆里，穿汉服祭祀孔子的仪式逐渐地发展成为必修课，事实上，把少年儿童卷进汉服活动当中，亦是一个非常聪明的策略。

有趣的是，确实有证据表明，汉服对于穿着实践者的身体行为会产生一定的影响。正如某些同袍所说，穿上汉服就觉得彼此之间，应该是行中式的“揖让礼”，而不是西式的“握手礼”，更不是“拥抱礼”。穿上汉服，就会感到举手投足均受影响，会比较在意周围人的印象和反应，顾及行为举止之美，不自觉地想要去表现儒雅和风度，让自己显得彬彬有礼。这种感觉反过来又每每成为实践者拥护汉服和推崇汉服的理由。当然，揖让礼也有不少讲究，例如，男子需左手压右手（女子则右手压左手），手藏在袖子里，抬手至眉间，鞠躬九十度，然后起身，同时手随着再次齐眉，然后手放下[①]。有趣的是，确实也有热衷于国学的人士穿着汉服，在北京的公园里教海内外来的游客，行中华民族特有的传统“抱拳礼”，亦即国学中所谓的“揖礼”，此种在当事人看来堪称是“抱拳迎天下，中国很强大”的活动，在其他人看来却像是一种行为艺术[②]。

再就是对历史上汉族的民族英雄们，反复地进行隆重祭祀的祭礼。例如，2006年元旦，在河南省的汤阴岳庙，由岳飞后裔率众人首次穿汉服祭拜岳飞，并声明从即日起，每祭

---

① 蒋玉秋、王艺璇、陈锋编著：《汉服》，青岛出版社，2008年，第84页

② 周帅：“穿汉服行抱拳礼 这是行为艺术！”，《华西都市报》2008年4月23日。

岳飞必着汉服；2006年1月8日，同袍们在上海松江的夏完淳墓地，以汉服、汉礼祭祀夏完淳等。从2008年3月28日起，北京每年都举行祭祀文天祥的仪式；从2008年4月6日起，福建每年祭祀戚继光；从2013年起，由江阴汉服协会组织的公祭江阴三公[①]活动，定于每年农历8月21日和清明进行。此类祭礼已经被定例化，而汉服在此类祭礼上反复出场，可以明显地强化其庄重感，但却多少使得其在礼服还是祭服的属性之间，形成某些较为暧昧的局面。问题还在于上述所有仪式或典礼，常常依主办者的趣味和认知的不同，呈现出繁杂、混乱和风格不相统一的状况，既有周制，又有汉制、唐制和明制。

当然，更多的建构性尝试，如前所述，则是特意设计、举行的冠礼、笄礼、婚礼等，通过将汉服引入个人的人生通过礼仪的方式，突显汉服的重要性。在人类学家看来，仪式具有几乎是强制性的说服力，它确实是一种最为重要的合法化机制，亦即韦伯所谓的传统性权威（traditional authority）[②]。汉服运动所依托的各种仪式或典礼，一方面确实存在“复古”的倾向，但在网络上的汉服社区里设计出的各种方案（例如，天汉网和汉服吧曾经联合推出的“民族传统礼仪节日复兴计划”等），却大都是对古代相关记载予以

① 1645年，为反抗清廷的“剃发令”，江阴民众曾推举阎应元、陈明遇、冯厚敦为领袖发动起义，后惨遭镇压屠城。

② 〔英〕詹姆斯·莱德罗（James Laidlaw）、〔英〕卡罗琳·哈木芙瑞（Caroline Humphrey）：“仪式行为”（董琳、李元摘译），王霄冰主编：《意识与信仰——当代文化人类学的新视野》，民族出版社，2008年3月，第55–64页。

变通式的解读，再结合当代中国社会的审美意识及生活方式，最终推出的仪式或典礼，显然它们也都是当代同袍们的发明。如果亲临汉服户外活动的现场去观察，不难发现仪式或典礼，往往是在相关人士持续不断的“商量”之中进行的，可以说每一个仪式或典礼的细节都是试行摸索的过程。当需要刻意地追求庄严、肃穆的仪式感的时候，曲裾的款式往往就被很多同袍网友所推崇，大家认为，这套款式符合汉服的最高礼仪之美。我在杭州调查时，现场观察同袍们的活动，发现每到做祭祀仪式时，往往就要换上这种曲裾，在场的同袍们似乎认为，曲裾是和仪式的庄重、典雅、肃穆的气氛更为合拍的。

值得指出的是，汉服并没有止步于“礼仪化”，它还继续朝向“舞台化”的方向发展。这就涉及汉服运动的文艺化及娱乐化倾向，亦即经常在相关的活动中总是要包含一些文艺节目或表演性的段落，例如，古琴演奏、古筝表演、茶艺表演、汉舞表演①、武艺表演等等。如前所述，这种倾向可能也与同袍们追求“雅集”、“雅兴”的审美品位有关。至于汉舞之类以“汉”为标签的创意，它们和汉服的组合配套，也恰好可以说明这是一系列的建构行为，彼此之间存在着相得益彰、相互衬托的关系。更进一步还有汉服舞台剧、汉服广播剧、汉服电视剧、汉服电影、网络汉服微电影、汉服春晚等等，在所有这些文艺化的节目中或场景下，汉服非常自然地具有其存在的合理性，但与此同时，它也明显地给人留

① 李宏复：“‘汉舞’：汉服运动语境下的载体”，《中国艺术时空》2015 年第 1 期。

下了作为表演服装，甚至作为“戏装”，亦即“舞台化”的印象。2011年2月3日（大年初一）晚上，首届汉服春晚在优酷网站发布，有23个节目分别涉及汉舞、国画、诗词、刀剑等表演；中国传媒大学子衿汉服社表演了《越人歌》；YouTube和优酷网站同时还配发了有字幕的英文、日文和俄文版。此次活动被中央电视台、《人民日报》《京华时报》等多家媒体报道。汉服春晚之类的活动反映了汉服运动在争取主流话语权方面的持续努力，但其文艺化或舞台化倾向也因此进一步强化了。

对于汉服的舞台化倾向，接踵而来的批评可能有两点，一是说汉服的确就像是“戏装”。的确，无论是当年的汉衣冠，还是如今的汉服，都曾经和戏服戏装发生过密切的关系。二是说汉服活动非常像是“服饰扮演”或“角色扮演”的游戏。如果穿着汉服表演节目，例如，演出嫦娥奔月、七仙女或梁祝故事，那么，再说不是“服饰扮演”，也就难以服人了。虽然这两点批评，都是同袍们较为反感的，但汉服的舞台化却也是明显的事实。总之，从汉服是被建构出来的观点出发，它的礼仪化和舞台化，由于都为汉服提供了全新的文脉和语境，所以，恰好也是汉服之建构性的确定无疑的证据。

第三节　建构汉服之“美”的路径

和汉服的礼仪化和舞台化密切相关的，还有对于较为抽象的汉服之“美”的建构。对于同袍们来说，汉服不仅承载着各种伟大、深刻的意义，它同时还是世界上最美和最适于汉人的民族性的服装。有学者在论及中国服饰艺术的审美特征时，曾经提到中国服饰以文章纹样为美、以肥硕宽大为美、以华贵精细为美、以配饰丰富为美、以含蓄矜持为美、以庄重威严为美、以飘逸灵动为美等[①]。通过长时间“潜水”的方式，我持续追踪过有关汉服网站中热点话题的讨论和跟帖，深切感受到，同袍们在复兴汉服的社会活动中从事的大多数实践性行为，在一定意义上，都是对汉服之美的讴歌、赞叹，以及对汉服之美的重新发现、论说、建构和再生产的过程。对于同袍们而言，汉服之美既是不言而喻的，也是需要不断地去“秀”，去宣传、讲述和展示及表演的。对汉服之美的建构、认同和赞誉，实际构成了汉服运动各种实践活动的核心并贯穿其始终[②]。

这类理念其实并非始于汉服运动。例如，早年以反对西服而著称的林语堂，就曾基于他对中装的热爱而认为，“将一切质量载于肩上令衣服自然下垂的中服是唯一的合理的人类服装”[③]。这多少有些过于自我中心，但无独有偶，类似观点也曾见于其他国家或文明之中，换言之，以本民族的服装、语言等为世界最美的理念，原本是有普遍性的。古代罗马“松垂”的衣服和欧洲中世纪“合体”的衣服，比较起来，现代服装更接近于后者，所谓“松垂的”衣服其实就和林语堂标榜的中装一样，是从肩膀和腰部一直悬挂下来，但在罗马帝国时代，人们认为这种衣服本身就是文明的标志，而其

① 徐清泉：《中国服饰艺术论》，第259–265页。

② 周星：“汉服之‘美’的建构实践与再生产”，《江南大学学报》2012年第2期。

③ 林语堂：“论西装”，《林语堂选集（上册）》，第351–354页。

他由裁缝缝制的衣服则是“野蛮”的[1]。这大概应该就是在服装方面“各美其美”的境界。

长期以来，人们对于美究竟是实质性的客观存在，抑或只是在特定的传统文化脉络之下、政治话语体系之中、行业协会机制及艺术品市场的商业化运作等具体场景之内被人为地建构出来的，始终存在着较大分歧。若以眼下仍处于蔓延扩展状态的汉服运动为例，通过参与观察的田野调查，实地观察同袍们的实践活动，不难发现所谓汉服之美也有建构性[2]。同袍们致力于建构汉服之美的路径，归纳起来，主要有以下几条。

（一）以古代文献和考古资料作为依据的论证

汉服运动总体而言，明显地具有“复古”的倾向与特点，所以，同袍们常常会把古代文献、古代绘画以及考古资料拿来作为依据，用来支持自己的论说。彼此在争论时，经常会分别引用考古资料里涉及服装的精美图片和古籍里有关服饰的著名论断，以此作为各自心目中以为最美之汉服的依据。

不仅在互联网上汉服网站的贴吧里，经常有不同朝代风格的汉服贴图济济一堂；而且在汉服活动的户外现场，同样

---

① 〔英〕乔安妮·恩特维斯特尔：《时髦的身体：时尚、衣着和现代社会理论》（郜元宝等译），第100页。

② 日本人类学家菅丰曾从建构主义立场出发，以他对中国根雕艺术之发生、发展的田野研究为案例，提出了“美”的本质性和建构性并重的观点。参见〔日〕菅丰：“中国的根艺创造运动——生成资源之‘美’的本质与建构”（陈志勤、周星译），周星主编《中国艺术人类学基础读本》，学苑出版社，2011年6月，第507–525页。

也是穿着不同朝代装束的同胞汇聚一起。这种场景常使局外人诧异，由于同一场户外活动，既有着明式服装的，也有着唐式服装的[①]，或周秦风格古装的，就是说争论并不妨碍同袍们在实践中相互承认或默许。虽然汉服运动的不同流派对汉服之美的理解和感受多少有所不同，但大都倾向于认为，现代汉服应该充分尊重历代汉服的古典、雅致、飘逸、端庄、华丽、质朴等多种美感。同袍们最经常引用的文献为《左传正义·定公十年》疏和《尚书正义》注，前者说："中国有礼仪之大，故称夏；有章服之美，谓之华"；后者说："冕服华章曰华，大国曰夏"。此类文献既可支持汉服运动旨在复兴华夏的名分，又能够为汉服之美的论证，甚至为自豪地宣称汉族的民族服装在世界上最为美丽、华美的论断增加说服力。

（二）诉诸历史悲情：重寻失落之美

同袍们的观点各有分歧，其见解也有温和与偏激的差异，但对清初强制汉人剃发易服的暴举，却拥有共同的历史认知，亦即汉民族的民族服装——汉服是被清朝统治者人为地通过野蛮、高压的手段强制中断的[②]。因此，历史悲情意识和对汉服消亡史的集体记忆，不仅构成汉服运动理论陈述的重要

---

① 此处所谓"唐式服装"主要是指反映在唐朝的文物和服制之中的当时风格的服装，这个概念不同于现代中国的"唐装"和"新唐装"。关于"新唐装"，请参阅丁锡强主编、李克让主审：《新唐装》，上海科学技术出版社，2002年。

② 导致古代服装逐渐消失的原因很多，但清初"剃发易服"确实是重大的一次变故。参阅吴欣著：《中国消失的服饰》，山东画报出版社，2010年5月。

逻辑，也为重新找回失落的汉服之美的多种实践活动提供了动力。如此之美的汉服竟然毁于异族统治者野蛮的杀戮，于是，历史悲情便成为汉服运动获得正当性的助推。

“为什么我穿起最美丽的衣衫，你却说我行为异常？为什么我倍加珍惜的汉装，你竟说它属于扶桑？为什么我真诚的告白，你总当它是笑话一场？为什么我淌下的热泪，却丝毫都打动不了你的铁石心肠？”[①] 同袍们孤单而骄傲的情绪跃然纸上。由多位汉友作词、谱曲、演唱和伴奏的《重回汉唐》，堪称是对失落的汉服之美的深切呼唤：

> 蒹葭苍苍，白露为霜；广袖飘飘，今在何方？
> 几经沧桑，几度彷徨；衣裾渺渺，终成绝响。
> 我愿重回汉唐，再奏角徵宫商。
> 着我汉家衣裳，兴我礼仪之邦。
> 我愿重回汉唐，再谱盛世华章。
> 何惧道阻且长，看我华夏儿郎。[②]

显然，汉家衣裳被同袍们视为民族感情得以附丽的载体，对这一点的特别强调，使得汉服运动具备了浓郁的情感色彩，于是，汉服便成为同袍们的服饰审美心理直接想象或寄托焦

---

① 北京汉服运动群体：《新人手册》（文：鸿胪寺少卿，网络版第一稿），引自“百度贴吧－汉服北京吧”。

② 《重回汉唐》被认为是“汉服运动”的主题曲，其歌词作者据说为赵丰年、孙异、玉镯儿、随风，现已出现若干异文。关于其版本和知识产权，尚有待进一步核实。

点的对象[①]。

（三）美女之美与汉服之美

拜访汉服社团，就有关问题进行访谈时，每每会有女性更加活跃、积极和更加投入的印象。在户外实践的汉服秀，大多数场合以女性为骨干。汉服运动对汉服之美的建构，和美女之美有着内在性的深度关联。事实上，从公众的外部观感而言，女性穿着汉服要比男性穿着汉服来得更为自然、自信，也更富于美感。相对而言，女性身着的汉服往往也比较容易为围观者所接受、认可、理解乃至于赞赏，但男性穿着的汉服则往往容易引起质疑、诧异甚至奚落。一方面这是由于汉民族的男子服饰确实发生过断裂，女子服饰则多少保持了一定的连续性；另一方面，多少也是由于女性比男子在服饰方面更加精心、细致、执着和投入，更加乐在其中，而男性在服饰方面较为随意，不大注意细节和搭配所致。在男性中心和男性主导的社会，女性更多地成为被观赏、被“看”、被审美的对象[②]，连同她们的身体和服饰，所以，女性服饰有更多的样式，总体风格也更加绚丽多姿；但男性若穿衣不当或过于追求穿着，就会被指为轻浮。在旁观的公众看来，汉服秀多半以展示女性及其服饰为主是可以理解的，但男性

---

① 关于涉及审美的民族心理，可参阅周星著：《民族学新论》第65–90页，陕西人民出版社，1992年3月。

② 李祥林：“舞台表演中跟女性相关的身体技术及其他者化”，中国艺术人类学学会编：《技艺传承与当代社会发展——艺术人类学视角》，学苑出版社，2010年11月，第88–96页。

如果过于执着于某种服饰，容易给人以负面印象。女性服饰的多样性和多变性，使得人们对女性穿着汉服的行为持宽容态度；女性穿着汉服除了理念和主张之外，更有对时装和美的追求，故容易被认可；相比之下，男性穿着汉服似乎更多地是为了表明立场和见解，标榜和彰显主张及个性。这意味着在汉服运动的穿着实践中，女性汉服更具有审美价值，而男性汉服更具有意识形态价值。

在当代中国社会，伴随着化妆品和时装的普及，“美女”这一称谓逐渐普及到可以用来指称任何一位青年女性的程度。但是，时下的影视作品、时装杂志及各种选美、选秀、选超活动所追求和追捧的美女之美，主要是以裸露（艳美、性感）、张扬、外向、泼辣为导向，汉服运动在实践中所演绎的女性之美，则以古代中国人的审美价值为取向，亦即以遮掩、优雅、含蓄、内敛、秀外慧中等为特点。尽管女性身体的商业化和性感对象化（以波霸、比基尼女郎、美腿、整容等为表象）已经成为当前中国女性之美的主流走向，活跃于汉服运动的“汉服美女”却反其道而行之[①]。

由于汉服把女性身体包裹得颇为严实，女性之美更多地必须是通过才艺、教养、气质、女工、服饰、化妆等方式来展示，而不是直接通过身体或容貌。在日常生活里难得被称作美女的女子，完全可以通过穿着汉服和化妆的实践和努力而成为“汉服美女”，这种美不是“三围”、美貌或曼妙的身材，而是内敛、含蓄和气质，于是几乎所有女同袍都可以成为

① 周星：“汉服之‘美’的建构实践与再生产”，《江南大学学报》2012年第2期。

内涵美女（图 90）。汉服和美女是相得益彰的关系，美女因汉服而显得更有内涵和韵致，汉服也因为美女而平添许多美感。据一些穿着汉服的女性实践者说，她们一经穿上汉服，似乎就有了端庄、优雅、贤惠之淑女的感觉，和不穿汉服时的感觉颇有不同[①]。

图 93　穿汉服不用暴露身体，但依然是美女

中国古代仕女的步摇、刘海、花钿、花黄、首饰、发型等，传统的梳妆和扮相及其所酝酿的古典女性之美（鹅蛋脸、柳叶眉、丹凤眼、樱桃小口、笑不露齿之类），不同程度地在汉服活动中得以复活、再现，这些都是美的再生产实践（图 91）。在户外汉服活动中屡屡扮演着重要角色的各种道具，女红（例如，缝纫和手工）、厨艺（例如，做月饼）以及类似琴棋书

① 汉服活动的组织者很在意同袍们自身的形象和公众对此的反应。例如，“汉服北京吧”在 2011 年中秋活动的吧务组网络通知中，提醒参加者的注意事项包括“女生绾头发，不要披发（短发除外），男生戴冠或戴巾；言谈举止文雅稳重为上，切忌一边大声喧哗，动辄爆粗口等。（话题重口的、抽烟喝酒的请低调低调低调，拜托了）”。

图 94　“对镜贴花黄”
（《乐府诗集·木兰诗》）

画之类的才艺秀，都参与了汉服之美通过美女之美而得以建构或型塑的过程。女性的身体和容颜之美，是特定时代和文化里“身体技术”或“身体民俗”的一部分或其试图达致的目标，就此而论，汉服之美和美女之美当属于相互建构的关系。

19–20 世纪是中国文化大面积地被西方殖民地化的过程，由此，中国传统的审美意识和美感，受到一波又一波外来西式审美观念的影响和侵蚀，始终处于不断流失或衰微的状态，而西方以选秀、选美为形式表现出来的美感或审美意识，亦即性感、裸露的身体之美，逐渐在现代中国成为主流并日益普及，在商业化的刺激下，它还进一步趋于泛滥。但汉服运动确实是多少找回了一些古典中国的传统美感和审美意识。在把汉服建构成美丽服装的诸多实践中，飘逸的、典雅的、端庄的，才艺的、修养的、气质的、女工的等，中国古典的美感也就被再生产了出来。在某种意义上，这也是社会审美意识的一次“革命”。同袍们致力于对汉服之美的重新发掘，显示了对中国古典之美的回归。通过穿着、妆扮以及对镜贴花黄之类的实践，人们展示了传统的审美意识。我认为，此类古典美感在生活中的重新实践，对于21世纪中国民众的生活而言，是具有正面价值的过程。

极少有“汉服美女”能够把她们对汉服之美的追求贯穿于日常生活的始终，她们中很多人在其他生活场景可能身着牛仔裤、T恤衫、迷你裙甚至旗袍（当然，也有人对旗袍不以为然）。“汉服美女”通过服饰“穿越”于不同的美感之间，意味着美在当代中国事实上存在着多种选项与可能，其中古典、传统的审美意识由于“汉服美女”们的努力得以重振，对此确实应予赞许。

和此种审美意识相关联的，便是“才子佳人”式的人生理想。才子佳人也是一种审美模式，如果从网络上搜集汉服活动的照片，进行图像学的研究，就会发现这种典型的士大夫阶层的审美意识。这些照片有各种各样作秀的姿势，这些姿势被认为是美的，因此，同袍们往往很刻意地追求这种美感的形式。在美学领域经常会讨论美是客观的，还是主观的，如果以汉服之美为例，它既是客观的，也是主观的，既是传承的，也是建构的。

（四）汉服展示的环境和场景之美

各个城市的汉服社团在组织户外以汉服秀为主要内容的活动时，经常选择风景美丽的公园、绿地、湖边等处，这使得环境之美和服饰之美相互映衬，也比较容易给围观的公众留下美好的印象。在北京，较常举行这类汉服活动的场所，有紫竹院公园、朝阳公园等地。美丽的环境和景观为汉服拍照提供了好的背景，而汉服美照则是任何一场汉服活动必然要生产出来的成果，它们不仅成为参加者个人美好记忆的一部分，同时也是网络汉服社区里供大家欣赏的共同财富，甚至可以说是当代汉服文化的一个不可或缺的组成部分。若是从参与观察的人类学者的立场来看，同袍们在美丽场景下的穿着或展示汉服的行为，大都具有和“日常”相对应的“非日常”的文化属性。户外汉服活动选择风景美丽的公园等“非日常”都市文化空间，其实也是和户外远足或节假日聚会等“非日常”的属性颇为吻合的。

（五）包括动漫在内的汉服美化工作

在网络的虚拟社区里，汉服以各种方式得以表象，其最大特点就是它被极大地美化了。以“美丽的汉服”为主题，网友们通过大量的贴图对汉服之美予以表现和赞颂，其作品（摄影、图画、设计图等）很自然地受到了当代卡通艺术（动画、漫画等）的影响。

值得一提的是，同袍们对于日本和服之美、韩国韩服之美通常均是认可的，有时甚至不无羡慕。和服和韩服实际上构成了汉服运动的参照系，它们的服饰之美反过来也成为汉服必须也美的理据。根据对汉服网站相关论坛的浏览和检索，以及对汉服户外活动的实地观察，不难发现日本式“可爱文化”的痕迹与影响，“汉服美女”的自我形象，往往也会以动漫化符号的方式来展示，少数人还出现了以“萌”[①]为美的倾向（图 92）。通过“萌”这种较为新颖的审美意识，把

① “萌”作为一个审美概念，其含义颇为复杂，本文取其“可爱”之意。参见邓月影：“从动漫流行语角度看中国御宅文化”，愛知大学大学院院生協議会『愛知論叢』第 89 号、2010 年 9 月、第 1–21 頁。周星：“‘萌’作为一种美”，《内蒙古大学艺术学院学报》2014 年第 1 期。

汉服描述成美丽无比，穿上汉服就很可爱，这可以说是一种新的汉服之美。

除了以上多种路径之外，还有不少其他可能性。例如，积极参与国内外的选美比赛，就是一个很好的方式。例如，2003年10月8日，重庆姑娘王珊在日本东京举行的国际小姐选美赛中荣获“最佳民族服饰小姐”称号，她当时穿着的是一套根据唐代宫廷服饰而设计的“现代汉服”（图96），就曾备受网上汉友的追捧，被视之为汉服之美的典型。再比如，通过各种形式的汉服秀展示或展演汉服之美，持续不断地收获看客的赞美，对于同袍们而言，其重要性决不亚于对汉服所做的理论阐释。

图95　很“萌”的汉服宣传包

如前所述，汉服运动的社会实践模式之一，就是寻找各种仪式或祭典的场合，然后穿汉服参与，以演绎或体验伴随着神圣感的汉服礼仪之美：亦即严谨、庄重、大气、华丽和美轮美奂。借助仪式、庆典和各种祭祀活动以张扬汉服之美，使之成为有意味的形式，确实是一项颇为有效的策略。

图 96　王珊荣获 2003 年“最佳民族服饰小姐”称号
（新华社）

第四节　从艺术人类学看汉服之美

艺术人类学相信正是在衣、食、住、行这样的日常生活世界里，每时每刻都存在着有关美的发现、创造和再生产的实践。美感和审美活动不仅构成了现实生活世界颇为具体的一部分，而且，它们还赋予生活世界中的各种事物以意义和价值。艺术人类学不同意那种将艺术和审美活动视为在日常生活中属于边缘、琐碎或次要位置的见解，因为与审美经验相关的艺术活动，乃是人类在日常生活世界从事的一种建构意义的方式，艺术的生产和再生产过程往往就是意义的创造之整体过程的一部分[①]。这也正是我们关注围绕“衣着”的

① ［澳］霍华德·墨菲：“艺术即行为，艺术即证据”（李修建译），《内蒙古大学艺术学院学报》2011 年第 2 期。

日常和非日常的美学、关注汉服运动对服饰之美的价值和意义之建构过程的理由。

通过艺术活动而生产和再生产的美、美感或审美意识，反映了人生在世所总会经验到的情感及价值取向。艺术人类学的大量实证研究，已经揭示出在任何社会里涉及审美经验的艺术均是持续性实践活动的过程，而不只是其结果；均是一系列创造性行为的累积，而不仅仅只是一类精致或有个性的物品。在中国这样深度复杂和拥有巨大规模的社会文化体系里，存在着复数形式的审美经验和艺术现象是再正常不过了，无数多的涉及审美经验和过程的艺术活动虽然消耗了大量的资源和能量，但也为各色人等提供了不尽相同的愉悦、美感和意义。

汉服运动对于汉服之美的创造性建构活动，在我看来，也正是上述诸多涉及审美经验的艺术活动的类型之一。作为具备令人愉悦之外在形式的汉服，也和其他艺术一样具有审美性和象征性。汉服作为一种艺术实践，当然不会止步于实用性的功用，而是有着独特的审美追求。为了重振汉服之美，同袍们各显其能，发明了许多实践的路径，甚至不惜通过冲突来凸现汉服之美。这里所谓的冲突，部分地表现为汉服运动中多少存在着的“唯汉服独尊”的倾向。但在我看来，无论是把汉服和唐装（包括新唐装）、旗袍、中山装、西装相对立，还是把历史悲情转化为强大的论说依据，抑或在汉服上寄托或使之承载了过多、过重的意义，都不能说明汉服之美具有更为高的等级或是更加本真、更加纯粹的服饰之美。

艺术人类学善于在不同族群、不同社会里发现审美经验的差异性，但也承认超越族群边际之人类审美活动和审美心理的一致性、普遍性这一前提。显然，汉服运动对汉服之美的实践性建构或再生产，并不是要确立具有人类普适性的服饰之美，而是要重现汉民族的服饰之美、华夏或中华服饰之美。应该说，这样的追求符合民族美学，亦即美学价值的本土原则[①]。但与此同时，它和中国传统美学所曾经追求的普适性的方向[②]，多少还是有所不同。服饰之美既可以属于不同族群的美学现象，例如，民族服装或本书讨论的中式服装；也可以是越境的、全球化的美学现象，时装等就是如此。当汉服运动也承认“汉元素时装”时，汉服之美也就具有了更多的可能性。“汉元素”实际上会给越境的时装世界带来新的审美情趣。服饰之美除了各有不同的文化逻辑作为支撑之外，当然也有超越民族国家、阶级、族群和社团而具备的普遍性要素。在我看来，审美经验的多样性和服饰之美的多样性，均不应，也不会被统一的意识形态所彻底淹没。

我认为，汉服运动与其追求汉服之美的族群纯粹性，或用它来建构、强化族群及国族意识形态，不如在现当代中国社会及文化生活中追求服饰之美的多元性。汉服之美固然可以有主体性，但在中国民众的日常生活世界里，应该首先争取“各美其美”，也就是汉服可以和唐装、旗袍、西装等一

① 〔美〕麦克尔，赫兹菲尔德（Michael Herzfeld）：《什么是人类常识——社会和文化领域中的人类学理论实践》（刘珩等译），华夏出版社，2005 年 10 月，第 305 页。

② 户晓辉：“审美人类学如何可能——以埃伦，迪萨哪亚克《审美的人》为例”，《广西民族学院学报》第 26 卷第 5 期，2004 年 9 月。

样美，是各领风骚、各得其所；其次便是“美人之美”，也就是从日常生活世界的现实出发，承认汉服以外的其他选项，也是很美的；接下来，才是“美美与共，天下大同”，中国民众生活的服饰之美，因此就自然会琳琅满目、美不胜收[①]。在这个意义上，我认为，汉服运动对于汉服的开发或发明，其实是提供了更多而且是全新的选项，不只是在不同的族群和场景之间，还在于传统和现代之间。摩登女郎摇身一变而成为“汉服美女”，都市青年们通过服装“变身”或“穿越”所追求的并不只是美的传统，同时也是美的现代性。

众所周知，动态性的艺术实践具有非常丰富的“语境关联性”[②]，犹如经常会被当作艺术品来分类研究的“面具”，其所属的艺术整体还包括了服饰、穿戴者的举止行为、伴奏的音乐以及仪式和表演等等。仅把面具单独地视为艺术品，其实是有肢解艺术实践活动之整体性的嫌疑。汉服运动也不例外，正如同袍们反复声称的那样，汉服不止是一件衣服，和它有关的还有仪式、女红、游艺以及各种各样的符号体系，正因为如此，通向汉服之美的路径可以很多，甚或还可以在汉服之外。对于汉服运动的诸多审美实践，艺术人类学应视之为同袍们作为行动者对其认知和观念等的创造性表现。在艺术人类学看来，艺术的商品化过程和审美化过程可以并行

① 这里借用了中国人类学家费孝通的美学观：“各美其美，美人之美，美美与共，天下大同”。此为费孝通在 1990 年于东京召开的“东亚社会研究”国际学术研讨会上的题词。

② 李修建：“当代西方艺术人类学研究中的几个问题”，《内蒙古大学艺术学院学报》2010 年第 2 期。

不悖，汉服运动中存在的商业化实践，亦即通过商业营销（汉服婚礼商品化、汉服实体店、“汉元素时装”等）扩大汉服知名度的尝试，事实上已经部分地取得了成功。

汉服运动是借助于互联网成长壮大的，互联网则是最具有全球化属性的媒介。汉服运动虽然颇有文化民族主义甚或一些民粹主义的色彩，但它仍是全球化大潮之子。汉服运动所要建构和追求的主要是族群的服饰之美，除了需要和满装相互定义之外，它还以各种“异域”服饰艺术为参照，往往是在与和服、韩服、西服等的对峙、对话之中获得界说的。尤其在当前全球化的背景下，已经不能无视来自国际时装界的在多重意义上对于国别、族群和地域性的服饰美学原则所产生的影响了，换言之，中国有关服饰的审美和艺术活动，早就是越境、跨界的了，这无疑也是艺术人类学之比较审美研究的重要课题。

不言而喻，服装及所有的人体装饰等除了可以满足当事人的审美需求之外，它们还经常被用来呈现身份（例如，阶级阶层的、性别的、职业的等）和主张。就此而论，汉服也不例外。法国社会学家布迪厄认为，对于品位的判断是任何领域艺术家能力的基础，它往往不是取决于一套客观的标准，因为社会地位常常部分地决定着价值，正如有闲人士把现在已没有价值却曾经有用的物品当作美的东西，其部分原因是要表明他们已免于劳作之需[①]。对于以都市青年为主体的汉

① 〔美〕麦克尔，赫兹菲尔德（Michael Herzfeld）：《什么是人类常识——社会和文化领域中的人类学理论实践》（刘珩等译），第315页。

服运动的同袍们而言，这样说或许过于刻薄。但同袍们自诩风雅、先知的优越感以及围绕着汉服所建构的美学标准，确实在一定程度上有类似之处。

在急剧变迁的现代中国的社会生活中，美学的价值判断不会一成不变；汉服运动对于汉服之美的判断和建构，今后仍将不断地被同袍们的审美实践所更新。

第九章　互联网、汉服社群与同袍

第一节　互联网与汉服运动

近几十年来，中国经济持续高速增长所带来的社会与文化的重大变迁之一，即表现为越来越多的亚文化社群，日益活跃在当代中国的社会与文化生活中。以为数众多的亚文化社群为背景，新的社会动态和文化潮流层出不穷，进而促使中国社会的价值观日趋复杂化、多样化和碎片化。尤其是在互联网兴起以后，在各大中城市均颇为活跃的汉服运动，可谓多元化时代亚文化群体及其活动和影响力日益增长的一个典型案例。

我曾将汉服运动界定为中国互联网时代的亚文化[①]，随后出现的一些个案性的实证研究，大体上也是支持我的这种

---

① 周星："汉服运动：中国互联网时代的亚文化"，愛知大学国際中国学研究センター：『ICCS 現代中国学ジャーナル /ICCS Journal of Modern Chinese Studies（ISSN：1882–6571）』第 4 巻，第 2 号，2012 年 3 月 31 日，第 61–67 頁（http：//iccs.aichi–u.ac.jp/journal.html）。

观点的[1]。在此，需要将汉服运动置于当前中国社会互联网日益普及的这一时代背景之下，进而探究其与互联网之间的相互关系。简单地说，汉服运动乃互联网之子，如果没有互联网，它也就不会如此迅速地崛起。不仅如此，汉服运动的几乎所有环节，都在不同程度上依赖于网络虚拟社区。网络上有为数众多的相关网站、网页或论坛，这些虚拟的网络社区是汉服运动真正的发祥之地。依赖、依托于互联网的汉服运动，乃是中国社会文化运动的最新形式，我相信，以后还将反复出现此类形式的社会文化运动。互联网的世界与现实生活是重叠交融的，虽然汉服运动依托着网络而生长，但活跃于其中的汉服爱好者或汉友、同袍们却实实在在地因此而结成了为数众多的亚文化社群。

由于互联网时代的到来，不仅中国和外部世界的信息交换关系，而且，中国社会内部的基本结构，均已发生了具有实质性意义的改变。互联网已经并且将越来越成为促进中国社会持续变革的全新的动力机制。改革开放的中国，正好赶上了20世纪90年代以来世界范围内信息技术革命的快车。1994年，中国正式接通了国际互联网；短短十年，到2004年，中国的网络人口便已达到9400万，2005年更是进一步超过1亿人，约占总人口的7.9%。根据中国互联网络信息中心（CNNIC）提供的统计数据，截至2018年6月底，中国网民规模达8.02亿人，互联网普及率为57.7%；手机网民规

① 李春丽、朱峰、崔佩红：“基于亚文化视角的青年‘汉服文化’透视”，《当代青年研究》2005年第1期。

模达 7.88 亿，网民通过手机接入互联网的比例高达 98.3%。截至 2015 年 12 月，中国互联网上的域名总数已达 3102 万个，网站总数约为 423 万个，网页数量更是高达 2123 亿个。可以说，中国互联网的规模在很多数据上均已成为世界第一。

自 2007 年《国际互联网条约》在中国正式生效以来，中国社会确实是不可逆转地迈进互联网时代。互联网日甚一日地在所有方面均深刻影响到中国社会的公共舆论，也日甚一日地不断渗透到中国社会及文化生活的各个层面和角落，进而也影响到每位国民的工作和生活。从 2018 年 6 月的数据来看，中国网民的结构，以学生群体最多，占 24.8%，其次是个体户和自由职业者，占 20.3%，接下来依次为企业或公司管理人员及一般职员，占 12.2%；网民的受教育背景，以中等教育水平的群体为主，初中学历占 37.7%，高中 / 中专 / 技校学历占 25.1%，大专及以上占 20.6%；从年龄结构看，网民以青少年、青年和中年群体为主，10–39 岁人群占 70.8%，但 30–49 岁中年网民群体占 39.9%①。中国网民使用互联网的方式也一直处于变化之中，经由网络论坛 /BBC 等方式的交流，博客、微博的相继崛起、视频用户的强劲增长，以及 QQ、微信，广大网民通过互联网获得新闻、搜索信息、即时通讯、享受音影娱乐等等，互联网对网民生活方式的影响与日俱增（图 97）②。

---

① CNNIC："2018 年第 42 次中国互联网络发展状况统计报告"，2018 年 8 月 20 日。

② 此漫画出自"我国网络舆论呈现八大特点：浏览者多参与者少"一文，人民网－《人民日报》（海外版），2011 年 9 月 2 日。

图 97　互联网：促进交流与理解，新时代有新方式

以上海为例，1997 年，打算购买电脑的上海市民家庭约为 34%，当时仅 1% 的人利用互联网；但到 2000 年，上海市民利用互联网的比例便迅猛地上升到 29%；2002 年这个比例达到了 52%[①]；现在这一比例更是高达 90% 以上。与此同时，上海市民中利用互联网的人群出现了均质化趋向，不再局限于知识分子、学生和白领阶层，而是向全社会所有的阶层渗透，不论性别、职业、学历、年龄、地域和民族，全社会都以各种形式日益卷入互联网之中。一方面，以政府为核心的公共体系进入和覆盖互联网的力度、强度不断地增大加

① 張国良：「上海市民と情報化—情報メディアの普及とその効果に関する実証分析—」，石井健一、唐燕霞編著：『グローバル化における中国のメディアと産業—情報社会の形成と企業改革—』，明石書店，2008 年 10 月 10 日，第 216—237 頁。

强；另一方面，越来越多的市民以互联网为获得信息的主要途径，明显提升了“网络获知”等方面的能力。人们不仅从互联网获得有关新闻、邮件通讯和资源检索等服务，也可以积极地介入互联网的各种论坛，发表言论和表达主张[①]。这意味着网络空间作为全新的公共空间，正在促成一个与传统社会完全不同的数字信息社会，网络空间的逻辑实质性地改变着人们的生产、经验、权利以及文化的过程[②]。类似的情形发生在北京、广州和深圳等其他几乎所有的中国大中城市。这不仅意味着传统媒体的逐渐衰落和互联网文化的形成，更意味着中国社会结构和人民文化生活的实质性巨变。

汉服运动其实就是大中都市里的汉族男女青年，以互联网为媒介和舞台，以汉服为符号和标识，旨在建构汉民族的民族服装、复兴华夏－汉文化及中国古代传统文化的社会文化运动。为什么辛亥革命时期曾经昙花一现的汉衣冠在当时易服氛围浓郁的大背景下没能形成多大气候，而在几乎没有易服之类社会需求和政治压力的如今，汉服运动却如火如荼地发展起来，答案就在于互联网。新时期的汉服运动，从一开始就滋生于互联网，借助于互联网，依托于互联网，成长于互联网[③]。21 世纪初汉服运动刚刚兴起时，人们对于汉服

---

① 戴元光、邱宝林：《当代文化消费与先进文化发展》，上海人民出版社，2009 年 10 月，第 307–314 页。

② 〔美〕曼纽尔·卡斯特：《网络社会的崛起》（夏铸九、王志弘等译），社会科学文献出版社，2001 年 1 月，第 569 页。

③ 周星：「新チャイナ服、漢服と漢服運動—二一世紀初頭、中国の『民族衣装』に関する新しい動き—」，韓敏編：『革命の実践と表象：現代中国への人類学的アプローチ』，風響社，2009 年 3 月，第 437–474 頁。

的记忆或印象，并不是生活中的“实物”而是网络上的“文本”和“图像”，随后，才逐渐有了对于实物亦即汉服的重新建构。有关汉服的讨论、争辩和倡议，主要以互联网上的网站、论坛或网页、博客等为舞台展开，它不断积累、扩大、延展而永不停歇、永不关闭、永不消失。对于热衷汉服运动的都市青年男女来说，没有互联网是不可想象的。在中国互联网上无数大大小小的虚拟社区中，目前，汉服运动已经拥有了颇为牢固的阵地。

自称汉友、汉服网友或同袍的网民们，聚集在汉民族网、汉网论坛、汉服网、兴汉网、新汉网、天汉网、百度汉网吧、百度华夏吧、汉未央、汉文化论坛、汉韵唐魂论坛、九章摄影、华夏先锋、中华民族服饰论坛、清韵论坛、华夏复兴网、华夏汉网、长安汉服网、苹果汉服社区、如梦霓裳论坛、汉服春晚、北京汉服协会、中原汉服、福州汉服网、温州汉服、英伦汉风等等为数众多的网络社区里，网友们在此参与和汉服有关的讨论，并获得相关的基本信息。实际上，相关的论坛或网站、网页等，几乎在每个城市都有，尚难以准确估计究竟有多少。同袍们在网络汉服社区里召集活动，相互交流信息，彼此讨论问题，同时也把他们自己参与各种汉服活动的照片和心得贴出来予以展览和炫耀。汉服运动的几乎一大半是发生在网络上，以网络虚拟社团为据点、为基地、为纽带而展开的。在中国互联网上迅速积累起来的有关汉服和汉服运动的大量信息及知识，现在已经成为青年网民学习汉服和汉服运动的理论及实践的图书馆、资料库与课堂。

2011年中秋节，“汉服北京”在北京市朝阳公园组织举办了一次中秋祭月祈福活动。他们首先在互联网上自己的汉服吧（汉服北京）发布通知，呼吁同袍们和本组织的成员积极参加；然后，大家在网络社区内部串联互动，把各项活动分组落实并使之尽可能地具体化，包括确定活动纪律和注意事项，确定各项目组的负责人以及活动内容。到中秋节这天，同袍们便三五成群来到朝阳公园，分若干小组展开活动。例如，学习做月饼的"帝都食货志"小组，制作宫灯（用于祭月仪式）和小桔灯等的"汉有游女"小组，组织射箭体验的"控弦司"小组，学做汉服（纸样制作、童衣教学）的"衣冠小组"，负责摄影、录像工作的"映世阁"小组等等。傍晚时分，各小组的活动结束后，大家遂聚集在湖边，举行庄重的祭月礼拜活动（图 98）。最后，再回到自己的网络社区里，贴图、灌水、发表感想、总结经验、交流心得。通常是在经过一段休息之后，同袍们就会开始策划下一次的活动。每一场汉服活动结束后，回到自己所属的网络汉服社区，展示自我的照片形象非常重要，它在很大程度上成为一种见证，并给虚拟的网络社区增添了一份相对的真实性[①]。对于这样的汉服网络社区，或许不宜认为它是虚拟的，至少对于同袍们而言，它非常真实，是可靠和可以依托的平台。同袍们确实从互联网获取了很多智慧资源，例如，当天举行祭月仪式时，司仪所诵读的"祭文"，就是从互联网上搜索并直接下载的。

① 刘华芹：《天涯虚拟社区——互联网上基于文本的社会互助研究》，第 227 页，民族出版社，2005 年 11 月。

图 98　前往汉服活动的场所北京朝阳公园
（2011 年中秋）

依托于互联网的汉服社群，乃是一群群具有鲜明个性特色的“网众”[①]，他们固然都是典型的互联网的个体网络用户，但诸多这样的个体又通过多种方式切切实实地形成了各种亚文化社群。此处所谓“网众”和一般的网络“受众”概念有所不同，它更加强调了网络化用户群体的主观能动性，承认其在互联网上拥有巨大的能够生产和再生产出符号、意义和价值的能力，这一点在汉服的亚文化社群中表现得尤为明显。

汉服运动以互联网为平台，组织了很多公共行为，引起了诸多关注，也制造了许多重大新闻，互联网则为汉服运动提供了绝好的言论空间和活动“场地”。网络上涉及汉服的许多公

---

① 何威：《网众传播：一种关于数字媒体、网络化用户和中国社会的新范式》，清华大学出版社，2011 年 6 月，第 13–20 页。

共事件或舆论热点，多是经过了精心的策划和导演，具有明确的组织性和目的性，和在其他类似的网络社区中经常发生的情形一样，看起来，很多涉及汉服的舆论似乎是自发形成的，其实是有所谓“意见领袖”与“网络推手”的操作发挥着关键性的引导作用。互联网可以说是21世纪初汉服得以再现、得以不断地被表象和再生产出来的最为重要的机制。

互联网不仅为汉服运动提供了必不可缺的虚拟社区基础和密切互动的重要途径，它还促成了全国不同城市之间的汉服爱好者及同袍们之间的相互串联、相互模仿、相互呼应、相互竞争。涉及汉服的话题和新闻，经常是从某一个论坛或组群迅速地向其他论坛扩散，从大城市的网络社区朝向中小城市的网络社区扩散，并且，往往还能够从网络媒体向其他各种传统的大众媒体扩散,从而促使汉服运动迅速地具备了全国性的规模。因此，不妨说汉服运动是在互联网上产生之后，由部分汉族青年在互联网内外，并以其为媒介和平台发起和推动的。

美国《时代周刊》杂志曾选定“2006年年度风云人物”为“you”，亦即“互联网上内容的所有使用者和创造者”，也就是以互联网为主要舞台和媒介而活跃的广大网友、网民。网友、网民这一不特定多数社会公众的形成及异军突起，迅速地改变着中国社会的公共话语体系，也极大地改变了并仍在持续地影响着中国社会生活的基本格局[①]。网友、

① 关于互联网空间之对于中国的意义，可参考刘新“中国の現象”（The Phenomenon of China），爱知大学21世纪COE（21世纪重点科研基地工程）2003年度国际学术研讨会报告《激荡的世界与中国—面向现代中国学的构筑》，爱知大学，2004年3月。

网民作为新数字时代的公民，他们在官方话语体系之外，形成了相对自由、独立和具有无数可能性的言论及信息共享的空间，并以此为依托，作为不特定多数的公众，在中国社会及文化生活的公共话语体系之中和之外，正越来越多地具有了发言权和影响力。与此同时，互联网也突破了地理、国界等各种界限，天涯咫尺地使海内外华人的世界联成一体，也使不同城市的汉服爱好者和同袍们得以互联互通。

第二节　作为亚文化社群

如前所述，互联网为中国公众提供了巨大的可以广泛交流和主张个人见解的自由空间，虽然它在一定意义上是虚拟的，但同时又是非常真实的存在，并和现实生活密切关联。以互联网为基地，中国社会产生了为数众多的新的亚文化社群，这也是中国社会生活民主化趋向的一个重要方面。网民们在互联网上创造和发明了许多独特的表达、表述和表现的途径，并通过“物以类聚，人以群分”的方式，自然而然地形成了大量的亚文化社群，其中就包括汉服同袍们的社群。汉服同袍社群基本上是由汉族城市青年自发形成的，其成员的特点是拥有较高的教育背景，在中国社会迅猛发展和文化剧烈变迁的过程中，这些年轻人出于某种危机感和忧患意识，企图唤醒长期以来被忽略的汉民族认同感和汉民族意识，因此强烈主张用汉服来作为自身最为重要的族群认同的符号。但不可否认，他们中的大多数人在参与汉服运动的实践中都有一点理想主义[①]。

自20世纪90年代以来，和世界范围内互联网的普及相同步，中国互联网出现了明显的“网络民族主义”思潮。中国网众表现在互联网里的民族主义思潮及其情绪非常复杂，既有国家民族主义，也有文化民族主义，甚至还有族裔民族主义，很难一概而论[②]。在这些民族主义的思潮中，既有中国网民对于全球化进程的反应性姿态，也有伴随着中国的发展而出现的文化自觉意识，当然也有在特定的国际关系事件中应景式的对应。网络民族主义有强烈的情绪性，这是因为网络空间并非适于冷静思考的空间，匿名性通常会为言论的偏激化提供肆意的温床。例如，在涉及日本的有关问题时，此种情绪化就尤为明显[③]。在某种意义上，汉服运动也是网络世界中汉民族主义的表现形态之一。

事实上，我们很难对所有网站、网页或论坛里有关汉服问题的讨论或言说做出简单的描述与分析，因为它们中间既有汉族（华夏）“族别式”的话语[④]，也有冠以“中华民族”

① 罗雪挥：“‘汉服’先锋”，《中国新闻周刊》总第243期（汉服专题），2005年9月5日。

② 王军：“网络空间下的‘汉服运动’：族裔认同及其限度”，《国际社会科学杂志（中文版）》2010年第1期。杨飞龙、王军：“网络空间下中国大众民族主义的动员与疏导”，《黑龙江民族丛刊》2010年第1期。

③ 陈静静：“以涉日情绪为例简析中国的网络民族主义”，《大庆师范学院学报》2007年第4期。

④ “族别式”的学术研究或论述，容易导致对文化之族际共享的事实或现象熟视无睹。汉族是中国的主体民族，如果也采用“族别”方式讨论汉文化和表述汉族的历史，那将导致对中国多民族的共同历史的无视。参阅周星“中国民族学的文化研究面临的基本问题”，《开放时代》2005年第5期。

称谓的综合式话语；既有专门谈论汉服的，也有兼及唐装、新唐装和各种少数民族服饰的；既有颇为严肃、认真的接近于学术性的讨论，也有不着边际或根据不足的妄言；其中很多言论较为理性、冷静和具有深刻的思考，但也有因为网络论坛的匿名性特点而导致在相互刺激中出现语言暴力化、言论狂热化或过激化，甚或沦为“口水仗”的情形。但是，以汉服网站或论坛为基地的汉文化民族主义，在中国的互联网空间里并非很特别的存在，事实上，几乎中国所有的少数民族也都程度不等地存在着类似的情形，以“民族”为单位，建构文化独特性和优越感的族别式网站很多，这几乎就是多民族中国的某种常态。如何维持彼此之间的均衡，并在超越族别意识的层面之上，建构以国家认同为指向的互联网文化，可以说是建设和谐中国所不可忽视的重大课题。

作为中国互联网时代的亚文化群体，汉服同袍们通常共享着颇为类似的价值观和审美趋向。他或她们大都是一些年轻的文化民族主义者，进一步而言，其所追求的是一种文化寻根式的民族主义。在个人趣向上，大都比较喜欢和推崇中国的传统文化，喜欢中国历史，喜欢中国古典文学，包括古典文学里“才子佳人”式的浪漫，喜欢金庸武侠小说，喜欢唐诗宋词，对于传统乐器、民族音乐、女红、武术、书法、茶艺、国学和中国古代服饰等，拥有独到的审美偏好（图 99）。例如，2013 年 4 月 29 日至 5 月 1 日，由嘉誉传媒联合广州汉服协会、东翩堂本土文化促进中心，邀请六艺书院、汉尚华莲汉服、道华汉服、紫蝶轩汉服、无忧阁古典饰品等汉服商家，在白云山明珠楼联合举办了主题为“百年茶韵杯里现，华夏文明千古传”的汉服茶文化展销活动，此次活动通过茶艺、试穿、妆容、汉婚、雅乐、汉服、字画义卖等多种方式，向广大市民介绍汉服。就此而言，同袍们和互联网上“哈日”、“哈韩”等亚文化群体具有显著的不同指向，也和现当代中国大量存在的另外一些主要是喜好或推崇西方欧美文化、偏好欧美价值观、喜欢好莱坞大片、喜欢咖啡酒吧、向往国外生活、崇尚国外名牌以及喜欢过圣诞节、情人节的年轻人的亚文化群体，形成了非常鲜明的对照。应该说，中国社会中无数喜欢传统文化的人们，构成了汉服运动的母体。

图 99　广州白云山汉服茶吧，同袍以汉家礼仪展示茶文化
（2013 年 4 月 29 日）

同袍们在互联网的虚拟社区内相互交流，以及在户外活动中建立相互的感情和连带感，进而形成彼此互相认可的同袍意识（图 100）。同袍们除了在自己熟悉的网络论坛或网站里如鱼得水之外，还能够在其他城市的汉服社团中

找到知音，而互联网则为汉服运动超越各个城市的地域性，扩张为全国性规模，甚至在海外中华文化圈也产生影响等，发挥了决定性的作用。活跃于不同城市的同袍们，相互鼓舞，互通信息，进而促使汉服运动作为亚文化而日益形成了不容忽视的影响力。同袍们渴望被关注，在中国社会这样一个汪洋大海之中，在网络世界各亚文化群体争奇斗艳的状态下，同袍们的小群体曾经是特立独行并自我生产意义的的孤岛，但是现在，他们正在互相勾连，逐渐形成一片大陆。

图 100　“汉服北京”：一个汉服社群

（北京奥林匹克公园 2011 七夕之夜，李宏复摄）

和其他亚文化常常是具有区别于，甚或对峙于所谓主流文化的特性一样，汉服亚文化社群也较为突出地在服装，尤其是在民族服装的相关理念上，有别于中国社会的主流意识。此处所谓的“主流”概念，沿用亚文化研究领域的基本见解，主要是指中国社会里较为一般的、普遍的社会行为模式，通常它可以影响甚或指导个体和群体的活动[①]。以民族服装而言，所谓的主流意识就是倾向于把唐装、旗袍也视为是中国人（包括汉族）的民族服装，但汉服亚文化社群对此持不同意见，甚或抵制的姿态。无论他们在虚拟的网络社区里如何营建自己的主体性地位和本社区内的氛围和环境，甚或建构特定社区内涉及民族服装和相关历史认知及文化见解的主导性舆论，就他们所针对的社会主流意识而言，目前仍旧是处于绝对的少数和边缘性地位。但是，与有关的主流意识相悖、相拧，正是汉服亚文化社群不断地制造新闻，以展现自己特立独行之存在感的主要逻辑依据。他们尤其关注国家领导人以及社会精英人士，包括各类名人的着装问题，并认为所谓的“主流”往往是错误的、有缺陷的，他们有较强的意愿，想提供新的可供选择的“另类”服饰行为或服饰文化的形式。作为标准的亚文化社群，汉服社团非常积极地表述和自我主张，尤其积极地用自己的服装行为和明确的传统文化取向，来生产和再生产自己的亚文化特征。他们试图将自己对于汉服的信仰，用来取代或灌输给汉族的更大多数的人们，但在服装的历史、文化和社会价值观等很多方面，却和当前中国社会大多数人的行为及感觉存在着较大鸿沟，甚或也存在着某种紧张关系，有时候还会导致某种程度的冲突。

前已述及，在互联网的汉服虚拟社区里展示汉服活动成果，构成了汉服运动文化实践的主要组成部分。这种展示往

---

① 苏茜·奥布赖恩、伊莫瑞·西泽曼：“大众文化中的亚文化和反文化”（李建军译），陶东风、胡疆锋主编：《亚文化读本》，北京大学出版社，2011年3月，第35–61页。

往以个人为主体，由参与者上传汉服美图（照）为基本模式，当然也是以当事人自我感到美丽、自信、有品味、值得骄傲的内容为主，而同一个社区里的网友，通常也就是同一汉服社群的同袍，也一定要通过跟帖、留言，甚或博客、微博、论坛帖子等方式对其表示赞美和欣赏，虽然有些赞美的评论有夸大之嫌，但这反映了同袍们对汉服非常眷爱的情感倾向性。网络上汉服照的相互欣赏，有助于汉服社群的认同和凝聚力的形成及强化。偶尔也会有“路过”或“潜水”的网友（通常不是同袍），可能对汉服照提出差评或恶评，那他就可能马上招致同袍们的反击，或被驱逐。

和中国大多数自下而上自发的社会文化运动一样，同袍们非常渴望得到国家的支持和承认，如果某场汉服活动得到平面媒体和电视媒体的报道，尤其是官方的关注，同袍们就会视之为成就，亦即提高了汉服的知名度，扩大了汉服运动的影响，于是，很自然地就会在网络社区里庆祝一番。

我认为，汉服美图或汉服照对于汉服运动的重要性，完全符合当今世界日常生活的“图像转向”（图像的大众化和日常生活化）或“视觉中心主义”的潮流[1]，它无疑已是中国互联网上诸多“网景”中的一大景观。汉服照的炫耀性展示和追捧式赞美，在虚拟汉服社区内形成了某种结构性的关系，不只是“给看”、“被看”和“看”的关系，它还是同袍们共同建构一系列的氛围、美感和共享理念的团队机制。

---

① 韩丛耀：《图像：一种后符号学的再发现》，南京大学出版社，2008 年 6 月，第 2–9 页。

汉服活动往往也会有一些记录视频被上传到有关网站，尽管它是研究汉服活动更具有临场感的第一手重要资料，但对于同袍们而言，其受欢迎的程度却远不及汉服照，究其缘由，可能是因为汉服照比起视频来，更能捕捉或表现出汉服活动中的那些“有意味的瞬间”[①]，同时也是因为照片拍摄的精心截取，更加容易美化汉服和参与其中的当事者同袍自身。

和著名的天涯社区的网友以男性居多，故其表现出偏爱女性网友贴图的特征[②]有所不同，大多数汉服网络社区内的同袍，似乎是女性多于男性。即便如此，女性同袍的贴图无论是数量、质量或是得到的赞美，一般都比男性同袍的汉服照贴图更受欢迎。对此与其进行女性主义式的批评，不如将其视为女性同袍们基于自身主体性的自我意象、自我主张和自我表演要更加贴切和有意义。和商业性广告中的美女形象被设定为迎合任何人的凝视，而无法选择自己的凝视对象不同[③]，互联网上汉服虚拟社区中女性同袍的汉服照，首先是她们自我凝视的结果，其次还是同一社群内部同袍们相互欣赏的对象。

目前，在中国的几乎所有的大中城市里，通常都有一个或多个汉服社群存在，它们彼此之间有时候是合作关系（彼此借用服装和道具、彼此借鉴并相互通报活动信息等），有

① 韩丛耀：《图像：一种后符号学的再发现》，第 258–271 页。

② 刘华芹：《天涯虚拟社区——互联网上基于文本的社会互助研究》，民族出版社，2005 年 11 月，第 234 页。

③ 高燕：《视觉隐喻与空间转向——思想史视野中的当代视觉文化》，复旦大学出版社，2009 年 9 月，第 259–260 页。

时候则是相互竞争的关系（相互较为介意对方的影响力、彼此之间或存在理念上的微妙差异等），甚至有时候也会有矛盾。眼下还很少出现由哪个汉服社团去一统当地各个汉服社群的情形。造成这种多社群并立局面的原因很多，其中包括由于认知和理念不同而产生的分裂（汉服运动内部有不同的理论流派）、由不同的领袖发起而形成，或受其他因素制约（例如，大学里的学生汉服社团，自然就会和社会上的汉服社群有所区分）等等。

大多数汉服社群的形成都是自发的，成员人数一般从数十人到数百人不等，成员的加入和退出通常是自愿的，彼此的联系也较为松散。每个汉服社群通常会有一位或几位召集人，他或她们在多数情形下，便是该社团的负责人或意见领袖；同时，也会有若干位积极分子，他或她们是热衷于参加活动并愿意分担会务的核心骨干人员；然后，便是一般的成员。在社群外围则有他们的同情者和支持者，多为他们的男女朋友、家属或熟人。例如，在“汉服北京”的户外活动中，除了他们自己各有特定编号的会员之外，每次也都会有一些“外挂”的人士参与其中，所谓“外挂”，大都是由会员介绍，对汉服活动感到好奇，随后也有可能参加进来的一些人士。在很多汉服社群里，常常是女孩子占据主导地位，尤其是涉及“汉秀”的展演时，她们便是无可争辩的主角。

以群众自发结成松散小社团的形式开展汉服活动，是截至目前汉服运动的基本组织形态，伴随着运动规模的扩大化，开始有部分汉服社团在意自己的合法性地位了。2007年9月，中国传媒大学成立学生社团“子衿汉服社”，并在校内组织汉服文化讲座。此后，高校汉服社团便如雨后春笋般迅速发展起来。大学内部的学生汉服社团，通常并不存在合法性的问题，因为它们大都是在校团委或校方某管理机构的统辖之下。不少大学的学生汉服社团，例如，北京和西安一些大学的汉服社团，非常活跃；经常也会有某青年回到家乡所在的城市，寻找“组织”（汉服社团）的情形。相比之下，社会上绝大多数松散的汉服社团，也不大面临合法性的问题，它们在举办户外活动时，基本上没有什么阻力，通常也不会遭遇干涉，这是因为汉服活动多在传统节日之际举办，且多被视为是有益和健康的。虽然汉服社团并不面临被取缔的危险，但其日益活跃和大规模化，也使得组织者时常感到需要完成正式的社团登记或注册手续，抑或寻找一个挂靠单位的重要性。不少汉服社团有明确的章程或准章程，并希望获得官方承认，确实也有极少数正式在民政部门注册，如 2007 年 5 月，“福建汉服天下”经福州市民政局核准登记，成为全国第一家合法的汉服社团组织。当然，还有一些因被纳入地方青年团或其他文化类组织之下而获得合法的身份，但这样的例子并不是很普遍。

第三节　从汉服爱好者到同袍

2003 年汉网创建之初，仅有四五位成员。据曾经任汉网管理员的李敏辉介绍，当时，前来汉网讨论相关问题的主要有两种人：一种是对汉文化本身有浓厚兴趣的人，二是无意间浏览汉网，受到影响之后，也成为汉服或汉文化爱好者的人。但现在，全国范围内积极参与汉服运动的社团领袖和骨干积极分子，估计人数大约近千人，他或她们大都是年轻人，以“80后”或“90后”、“00后”为主，以在校大学生和参加工作不久的年轻人居多，几乎同时也都是深度的网络利用者，亦即网友或网民。通常在一个社团或社群中，总是会有一名召集者或若干名组织者，大多数情形下，他或她们就是群体的领袖及骨干，比起一般的成员有更多的知识储存和更为积极的姿态。若将一般的参与者和周围的同情者也包括进来，则全国大约有近十万人。

汉服运动参与者的主体，是都市社会基层的“草根”，但他或她们却自认是华夏－汉民族的精英，这是它的特征。汉服运动基本上跟政府没有什么关系，仅有为数不多的知识分子参加或表态支持。刚开始时，他们曾经自称或被叫作“汉友”、“汉迷”、“汉服一族”、“汉服爱好者”、“汉服网友”等，后来却逐渐对媒体报道中称他们为“汉服爱好者”等感到不满，认为这一类词汇不足以表达自己的立场，甚至有些贬低，因为其主张是汉服原本就是我们的民族服装，穿它天经地义，故不是“爱好”这个层次的问题。大概是在2006年前后，“秋月半弯”在网上发帖呼吁“我们，汉服复兴先行者的统一称呼为——同袍！”[①]，号召大家彼此互称“汉服同袍”。随后，经过网络上的反复讨论，大家倾向于认为这个称谓里内涵着共同为汉服复兴而努力的寓意，所以，

① 秋月半弯：“我们，汉服复兴先行者的统一称呼为——同袍！”，汉网论坛（http://bbs.hanminzu.org/archiver/），2006年10月18日。

最终就确定采用它。现在，“同袍”的称谓已经实现了全国性的统一，几乎所有汉服运动的参与者都同意用它，“同袍”逐渐成为汉服运动实践者的自称和互称，应该说，他们通过自创并广泛使用这个称谓，极大地强化了对于自身群体的身份认同[①]。我在本书中也尽可能地采用这个称谓，以示尊重。“同袍”一词，来自《诗经·无衣》：“岂曰无衣，与子同袍”，意思是说我们大家应该共享我们共同的战袍，但在这里，是把战袍的原意通过概念转换而赋予其民族服装的寓意。

从接受他称到强调自称，称谓的这种变化，很好地反映了同袍们主体性意识的增强。若是从第三者、从研究者的角度，把他们看作一些亚文化群体或亚文化社团，确实是非常贴切的。他或她们就是喜欢这些服装，这就好比喜欢钓鱼的人，喜欢打麻将的人，分别依据各自的兴趣组成许多的社团一样，但不同的是汉服社团有很大的理想与抱负，相信恢复汉服乃是华夏复兴的第一步。

大部分同袍均很喜欢装饰自我，很在意、很喜欢穿上汉服之后另一个自我的形象。他或她们可能比其他类型社团群体的年轻人更加喜欢对着镜子打扮自己，即便说他或她们有些自恋，似乎也算不上是不当的评价。在汉服活动的现场深入观察，可以很容易地发现他或她们的这一特点。除了少数例外，很多时候在一些活动的现场，可以观察到他或她们的才艺表演徒有虚名，做做样子而已，例如，摆出吹笛、弹琴

① 参阅杨娜：“现代化进程中的传统再建构——以汉服运动为例”，中国人民大学 2017 年博士学位论文。

或舞剑的样子，并没有经过系统的学习或训练，但重要的是他或她们需要那种自我感觉，那种或高山流水、才思横溢，或壮怀激烈、怀思古之幽情的情怀，这一切最终都是要变成汉服美照留为纪念的。在汉服活动得以展开的现场，或由同袍们所建构的某些场景，局部地可以说像是古诗词里描述的情景再现，或古书里描写的书生、淑女的形象，有些时候干脆就是对“当窗理云鬓，对镜贴花黄”（《木兰辞》）之类意境的再现。在我看来，至少有一部分同袍其实就是偏爱古典和国粹的“小资”，这和现代中国社会中颇为常见的另一些喜欢外来文化和西式生活方式（通常是以红酒、咖啡、西点为物质方面的标配）的青年小资群体，显然是截然不同的取向。

由青年男女同袍们所组成的社团还有一个特征，那就是比较重视自身的修养。他或她们多以君子、淑女自居，或以此来自勉。他们认为“君子”和“淑女”这两个概念颇为重要，虽然在当前物欲横溢的现实生活世界中，“小人”横行、“拜金女”吃香，坦荡荡的君子太少，女孩子也都是咄咄逼人，没有淑女的风度和修养。“君子”和“淑女”似乎已经没有什么价值了，但同袍们或至少其中一部分人，想要通过自己的努力“做人”，去重建过去那种君子和淑女的价值体系。

同袍们的家境一般都比较富足，经济上有对服装以及周边妆饰执着讲求的从容，由于各种缘由，他或她们或多或少地从小就受到过一些古典文学或传统文化的熏陶。同袍们很喜欢谈论天下大事，谈论家国命运，富有家国情怀。他或她们是一群有志青年，怀有理想和激情，但也自视甚高，以至于往往会自命不凡、自以为是。尤其是一旦涉及汉服的话题，通常不容易接受批评，因为汉服乃是被他或她们认为好不容易才找到的一条华夏复兴的捷径，与之伴随的当然还有其当仁不让的使命感。事实上，在汉服网络社区里，同袍们是在有意无意地努力去维护着汉服运动自身的政治正确性，通常很难容忍对于汉服和汉服运动的批评性意见。

另一方面，因为穿着汉服而不被父母、家人、亲戚或朋友、同事所理解，从而导致人际关系紧张的情形多少也是存在的。曾经有一位母亲特别担心她的女儿参与汉服活动，认为孩子很怪异，所以，到我这里来咨询。我和这位母亲交谈很久，她就是难以释然。同袍们虽然认为是汉族就应该知晓和穿着汉服，但在现实生活中却很难针对某位具体的人，去指责人家数典忘祖，或者说别人不是汉族。相反，因为他们追求的汉服在很多人看来有“违和感”，所以，他或她们自身穿着汉服时，尤其是作为个人而不是作为群体的一员穿汉服时，反倒是有可能面临一些压力。

在大多数汉服活动的现场，同袍们谢绝身穿唐装、新唐装（和同袍心目中的唐服不同，故有人称其“伪唐装”）、马褂或旗袍的人参加活动，也拒绝从事服装游戏的人士参与进来。这些判断主要与汉服运动的纯洁性理念或正统性心态有关。由于汉族在中国历史上拥有主体性的地位和影响，所以，汉服被同袍们视为是比唐装、新唐装、旗袍和中山装等更有资格成为中式服装的代表。这种观点有一定的道理，但其对唐装、旗袍和中山装等的贬损，却和一般大众的认知形成很深的鸿沟。另外很多同袍们不喜欢清朝，对它持否定看法，尤其讨厌清宫戏，从个人的角度来看，每个人当然享有对某段历史喜欢或不喜欢的自由；但从历史学的观点看，清朝虽是少数民族入主中原建立的，但几百年来它已经成为中国王朝，拥有中国认同，也是基本的历史事实[①]。当然，在日常生活中，同袍们大多能够和普通大众，甚至旗袍、唐装爱好者们相安无事，和睦共处，但也有少数极端的例子，比如2008年10月5日，汉网总版主黄海清（“大汉之风”）因为历史观的分歧，在无锡掌掴清史专家阎崇年并被拘留的事件，就难免给汉服运动带来负面影响，也凸显了民间草根和学术精英在历史认知方面的歧异[②]。

在多数情形下，同袍们非常热心地致力于普及有关汉服的知识，例如，向周围的围观者、质疑者不厌其烦地解释汉服的款式和意义。当然，也有对周围不接受汉服的人进行指责，甚或言辞攻击的情形，但这毕竟是极少数。除了唐装、旗袍的爱好者或穿着实践者等之外，同袍们的社团大都不存在排外的问题，他或她们通常是欢迎更多的人加入进来的。

通过田野访谈，我有一个印象，就是汉服社团内的女性更加热衷于服装本身，甚至把它扩及化妆、打扮和表演才艺等方面，而男性则更多地热衷于汉服运动的理论。当然，这也不是绝对的，事实上我曾碰到过一位姑娘，她谈起汉服

① 黄兴涛：“清代满人的‘中国认同’”，《中华读书报》2010年10月27日。

② James Leibold，2010. “More Than a Category：Han Supremacismon the Chinese Internet”. *China Quarterly*. 2010，203（203）：539–559.

和汉服运动的理论头头是道，她对服装史钻研得很深，文章也写得很漂亮，经常讲一些很专业的问题，我也并不是很有自信地能够和她讨论中国服装史上那些较为具体的问题。但这样的情形毕竟是少数，大部分的情形是汉服社团里的女孩子们，执着于汉服秀，而常有男子滔滔雄辩地讲理论，讲汉服的历史是怎么回事等。

汉服社团还有一个有趣的特点，就是同袍们往往彼此不知其真名，或不呼其真名，而主要是以网名相称。比如，网名就叫“大帅哥”，或“铁血汉魂”，或者“邻家小女子”等等。大家聚会举行汉服活动时都是好朋友，彼此不打问家底，不打探隐私，英雄不问出处。这可以说是互联网时代群众社团组织的新特点。同袍们彼此虽有较强的相互认同，但这主要是理念和信仰、价值观和趣味方面的，在人际关系上，并不需要多么深地知根知底。有了一个复兴汉服的理念，大家团聚在一起去把它付诸实践，这就是同袍们。

采用文化人类学的民族志方法，研究汉服虚拟社区是有可能的，在这方面也已经有了前人的成功案例可以参鉴[①]。但在我看来，网络上的汉服虚拟社区并不能够成为独立、自律的研究对象，我们应该将其视为汉服亚文化社群这一研究对象，或者是同袍们所从事的汉服运动这一研究对象的一个重要环节、一个组成部分来理解。网络上的虚拟社区大多具有开放性，因此，也相对比较容易进入，不需要诸如熟人引

① 刘华芹：《天涯虚拟社区——互联网上基于文本的社会互助研究》，第294–302页。

见或介绍信之类的手续，而且，也没有性别、职业、年龄之类的限制。研究者较为容易直接进入“潜水”观察的状态，也较为容易进入发言讨论（参与观察）和提问请教（访谈）的调查状态。

多年来，我经常在一些汉服的网络社区或论坛里“潜水”，一句话不说，就看同袍们的表述和热闹非凡的争论，总是收获很大。但与此同时，也体会到除了某些特定的网络语言符号需要掌握之外，虚拟社区的匿名性、网络礼仪问题（网络沟通所面临的特殊困难）、网上访谈的困难性（缺少姿势、表情、语气等身体语言信息）、网络交谈时的“短、平、快、简”等特点，均会令调查者面临全新的挑战。因此，研究者必须意识到网络调查有时候可能会难深入，尤其是要意识到网络虚拟社区并不是我们的全部的研究对象、亦即不是同袍亚文化社群的全部。这意味着从人类学角度研究汉服亚文化社群的访谈调查，自然还应该延伸到互联网之外，甚至主要应该是以现实生活中的汉服社团的各种活动现场为我们的田野。要真正理解同袍们的汉服亚文化，不能只依赖网络信息，那样就很可能产生偏颇、片面的认识，还应该观察同袍们在实际的汉服活动中的行为。要理解同袍们的认同意识，既要关注他或她们在网络虚拟世界的“线上”交流，也应关注其在“线下”现实生活中的具体文化实践。在互联网上的虚拟社区里检索、浏览和观察涉及汉服话题的各种讨论、交流和互动固然非常重要，但和同袍们面对面地交流和访谈，在汉服活动的现场直接地参与观察，也同样重要，甚至更为重要。就此而言，人类学的田野工作的基本方法并不会失效。

总之，存在于互联网上的汉服虚拟社区，并不是和中国的社会及文化生活领域绝然区隔、性质迥异的世界，我们应该看到，其与现实社会生活中反复呈现出来的汉服文化实践活动是相互关联、相互重叠的，也就是说，应该把同袍们的“在线”和“离线”看作是具有连续性的[①]。一方面，互联网成为同袍们展示其文化资本，形构自己的亚文化社群，并从中“充电”、抱团取暖的基本平台，另一方面，他们通过互联网创造性地建构成功的亚文化空间，则必然会扩及其在现实社会生活中的各种具体实践之中去。

① 安迪·班尼特：“第十章 虚拟亚文化？青年、身份认同与互联网”（张跣译），安迪·班尼特、基思·哈恩－哈里斯编：《亚文化之后：对于当代青年文化的批判研究（After Subculture：Critical Studies in Contemporary Youth Culture）》（中国青年政治学院青年文化译介小组译），中国青年出版社，2012年3月，第193–206页。

第十章　汉服运动的挫折、成就与瓶颈

第一节　汉服实践者面临的挫折与冲突

汉服运动兴起以来，曾经遭遇到不少挫折，面临不少困扰，同时也受到一些批评，它几乎就是在这些批评和困扰之中逐渐取得进展的。汉服运动遭遇的挫折，来自社会公众对同袍们的主张的不理解。同袍们的汉服实践活动，最经常遇到的误解和困扰，主要有以下几种情形。

1. 被认为穿着死人的衣服，亦即穿“寿衣”上街，当然很不妥当。2004 年 12 月，因为在某一新闻报道中，汉服被说成是“寿衣”，从而引起了一场著名的官司，最后，这场诉讼以汉服爱好者获得胜利终了[①]。之所以媒体会形成如此的印象，乃是因为清朝时的“十从十不从”中有“生从死不从”一说，直至近现代，在一些地方的葬礼上，也还是要为死者穿上汉人传统的深衣。换言之，尤其是男装，确实明朝

① 徐春柳：“谁把‘汉服’篡改为‘寿衣’？”，新浪网，2004 年 12 月 29 日。

时汉人服装的一些形态被较多地保存与反映在后来的丧葬服饰中[①]。这样的诉讼与其说是和对方过不去，不如说是在为汉服正名。但也不是和汉服有关的所有诉讼均能够胜诉。2006年10月某日，京津两地二十多位网友穿汉服在北京八大处参加了一场传统的女子成人式——笄礼，第二天，京城某媒体以“网友着汉服逛公园，市民觉得这种行为艺术很奇怪”为题报道，并在报社相关网站以“网友着汉服逛公园，边打招呼边‘宽衣解带’”为题报道，引起了当事人的不满。汉服网友们以侵害名誉权为由提出了诉讼，在2007年1月12日由朝阳法院作出一审宣判，四位穿汉服者败诉。

2. 被误解为拍电视剧或拍电影的专业或群众演员，这说明身穿汉服的形象，往往使人联想起古装戏。虽然有网友为此类误解而耿耿于怀，但实际上，在早期确实是有一些汉服爱好者，正是从戏装去认识、学习和制作汉服的。辛亥革命前后，以戏装的形态上街庆祝的情形，与此非常类似，原因就在于现实生活中没有的汉服，只好从戏曲里的人物装束去想象。就此而言，汉服运动早期也体验到了辛亥革命前后曾经有过的颇为类似的尴尬处境。

3. 时不时地就被误解为日本人或韩国人，而汉服也往往被当成是和服或韩服。每逢此时，汉服爱好者经常会有两个反应，一是有些生气或失望，二是把它看作宣讲汉服、启迪民众的宣传机会，并告诉误解者说：“这是汉族的民族服装，

---

① 事实上，眼下在中国的很多地方，人们对于葬礼中的死者，往往也会让其穿着鲜艳的中式服装。大街上的丧服店里，往往就有很多类似的服饰制品。

叫作汉服。”这方面典型的例子，例如，成都网友过女儿节（上巳节）时，因为所穿汉服的式样跟《大长今》中的差不多，很多市民遂误认为是韩国服装[①]。又比如，2010年10月16日，在成都市的反日游行中，有激进的大学生误认为曲裾款式的汉服为和服，出现了强迫穿者脱下，并将其在公共场合烧毁的事件。当然，这一事件的要害，除了对汉服的误解之外，更严重地还是在于它的违法性，亦即对公民穿着自由之人身权的侵害。

4. 能够制作汉服的裁缝店铺很少，早期的很多汉友曾不得不亲自设计或尝试自己缝制汉服。也因此，早期汉服无论在款式，还是做工上都较为粗糙，而且其款式、面料、纹样等具体形态也呈现出千差万别，于是，多少给人以乱糟糟的印象。经过十多年的发展，这种状况因为汉服商家的增加，现在已有很大的缓解。

5. 汉服的穿着实践者，时常要面临一些舆论的批评，包括围观者的各种复杂反应。这些批评很难简单地说正确或者错误，同袍们对它们既有反驳，也有解释，或者也有局部地接受。例如，说他或她们只是在谋求出风头、作秀、博出位，这种批评似乎算不上是多么难以接受的指责，因为很多同袍原本就是要特立独行，以汉文化和华夏复兴的先知、先觉者自居，原本就是要出这个风头，就是要通过自己的各种努力去宣传、推广汉服，以唤醒广大汉族同胞。当然，客观地说，在个人层面，如果不是恶意性的指责，这类评论也未必完全离谱。

---

① 李洹莹：“共度女儿节 网友穿汉装”，四川在线–《天府早报》2006年4月2日。

另有一些批评说汉服运动是食古不化，指向是复古，与另外一些食洋不化的人士相比，只是倾向不同而已。对于复古的批评，同袍们大多不太在意，甚或还会承认。汉服运动有一首主题歌，名称就叫作《重回汉唐》，因为汉唐的盛世，是这些年轻人非常心仪的。

由于汉服运动的确是试图复兴某种业已不复存在的古代服装，并企望把它作为近13亿汉人的民族服装，因此，它所面临的诸多困扰及尴尬，很自然地大都是和当代中国社会的实际状况有关。例如，在证明汉服的合法性时，讲述汉服的悲情史成为一个常用的套路；但在网络匿名的语境下，少数人表述出部分颇为激进的言论，甚或攻击现在的满族人，就不仅较少建设性，还有种族主义之嫌，这会引发纠纷，破坏民族团结，有违国家宪法的基本原则。针对诸如“大汉族主义”之类的指责，同袍们既有不以为然的，也有强硬反驳的，还有接受批评而有所收敛的。但同袍们的基本主张是，汉族和各少数民族一样，也应该拥有自己的民族服装，这是天经地义的权利，如果只是因为主张汉服就被说成“大汉族主义”，就很难接受。前些年有些汉服网站因为偏激和出格言论而被一时关闭的情形，也意味着有关批评并非无中生有。不过，应该指出的是，汉服活动通常并不直接导致不同民族之间的不快，和网络言论较为直白或激烈不同的是，实践中的汉服活动通常是不惹事的。

6. 尽管汉服活动频繁到令人眼花缭乱，全社会对汉服的认知度也明显提高，甚至出现了极少数在日常生活中坚持穿汉服的实践者。但是，把汉服当作平日便服穿用，视为生活服饰不可或缺的一部分[①]，必然要经常地面临侧目、白眼的压力，究其原因，主要是因为在日常生活出现了非日常的装束，由于那些古代款式的汉服，确实和人们的日常生活服装形成了鲜明的对照和差异，所以，很容易被视为奇装异服[②]。因此，坚持日常穿汉服确实需要勇气，很多同胞也都或多或少地因为穿汉服而和周围的人们有所分歧，或因此蒙受挫折感之类的体验。浙江省丽水某中学有一位女孩穿着汉服上学，引起同学们的围观，最后，老师只好把她送回家去。虽然有报道说，若干位同袍坚持在日常生活中穿汉服，但大多已不再是典型或形制"正确"的汉服，而是经过改良以缓解和周边社会环境之间产生突兀感的服装，例如汉元素时装之类。绝大多数同袍主要还是把汉服当作非日常的服装，例如，婚礼、过节或举行特别的汉服活动时才穿上它。

汉服运动的最大困扰来自汉服自身，无论把它说得多么美丽、潇洒和有多么伟大的意义，但对普通大众而言，其仍被认为与现实生活格格不入。总之，汉服运动是在和现实社会的对话、博弈和抗争之中，在不被理解，甚或被误解、曲解的大环境之中，既坚持一些在同袍们看来不能让步的基础理念，也不断地做出变通和调适，采用多种多样的路径和几乎是一切可能的方式扩大其影响，并实实在在地取得了进展。

---

① "大学女生穿汉服上课 3 年 按古时习俗行成年礼"，《扬子晚报》2012 年 10 月 4 日。"穿着汉服上下班"，金羊网 –《新快报》2013 年 6 月 10 日。

② 戴璐、张姮："高三女生汉服上学 学校派老师送其回家更衣(图)"，浙江在线 –《钱江日报》2012 年 3 月 20 日。

第二节　汉服运动的进展与成就

汉服运动在短短的不到20年间，便已取得了很多重要的收获。2004年11月12日，方哲萱（网名为“天涯在小楼”）曾孤身一人穿着汉服参加由天津市政府在文庙举办的官方祭孔活动（当时的祭服、礼服均为清朝服装），突显了孔教礼制和汉服之间相背离的局面，她以“一个人的祭礼”所渲染的历史悲情，曾经感染了很多网友。她以“一个人的祭礼”为题发表的博客，对该场景进行了历史悲情式的渲染，也感动了很多网友。但到2011年，据说曾有“短打”装扮的佚名男子，多次和天津祭孔活动主办方交涉，最终在“汉服祭孔”的呼声中，2012年4月天津文庙的春祭就采用了汉服祭孔（图101）。随后，2012年9月28日，在孔子诞辰2563周年纪念日，天津市第二届国学文化节开幕式暨祭孔典礼在文庙举行，再次采用汉服祭孔[①]。2013年9月28日秋季祭孔大典，也不再使用清朝服饰，祭孔舞生均着新制汉服，主祭官、陪祭官、执事均身着汉服致祭[②]。实际上，与此同时甚或更早，推动以明式服装和明制礼制祭孔的动态也见于其他城市，例如，2005年9月25日，河北正定文庙就率先将祭孔仪式改为汉服和明制流程；同年9月28日的曲阜孔庙公祭孔子，

① 晁丹：“天津文庙举行祭孔活动 首次采用‘汉服祭孔’”，天津北方网，2012年9月29日。

② 吴宏：“文庙十一假期举办国学游 祭孔大典首次着汉服”，天津北方网，2013年9月24日。

图 101　天津文庙 2012 年春祭采用汉服

（北方网）

也将服饰、礼乐全部改为明制。随后，长春、北京、天津等地区的文庙祭孔典礼，也大多采用明制。

类似这样，近些年来在各级政府主导下举办的，诸如祭祀黄帝、炎帝、孔子等典礼上的仪仗服饰，越来越多地采用汉服，这表明汉服的影响还在持续地扩大。如果某些礼仪场合出现清朝款式的祭官礼服，就会有同袍们表示反感，甚至去提出抗议。

归纳起来，汉服运动已经取得的成就，主要表现为以下几个方面。

（一）“汉服”一词的知名度空前提高，由于全国各大中城市汉服社团频繁举行各种汉服活动的实践性努力，以及网络、电视和报纸等多种媒体的持续关注。汉服被越来越多的公众所知晓，确乎已经达到了“脸熟”的程度[①]。而这种态势仍在持续增加，汉服已经成为现代中国社会文化动态中的关键词之一。据报道，有中学生对人民教育出版社出版的七年级《中国历史（上册）》（2006年6月第2版）教科书上屈原“左衽”形象进行纠错[②]，这应该就是汉服知识有所普及的一个象征性事件，从一个侧面反映了汉服运动某种程度的深化。虽然，对同袍们来说，汉服的普及仍然差强人意，尚待继续深化，但无可否认，汉服运动原本只是源于民间草根的倡议，现在也逐渐进入官方和部分精英人士的视野之内。

（二）汉服运动的规模不断扩大，在全国呈现出由点到面的发展，由大城市向中小城市不断扩散、蔓延。汉服运动扩大化的表现，首先表现为汉服社团或准社团在越来越多的大中小城市得以成立，有的社团规模一直在逐渐扩大。例如，“福建汉服天下”截至2013年初，据说已有会员五百多人。虽然某些城市的汉服社团由于理念分歧和人事等方面的原因，常出现内部分裂，但总体而言，运动的参与者与社团数一直在增长。截至2013年8月，百度汉服吧的会员人数超过20万人。2011年8月8日，“汉服地图——全球汉服信息查询系统”正式上线[③]，这个汉服运动的公益程序由王军

---

① 罗雪挥：“‘汉服’先锋”，《中国新闻周刊》总第243期（汉服专题），2005年9月5日。

② 黄洁莹：“初一教科书屈原插图衣襟穿反 官方承认出版失误”，《长江日报》2012年10月20日。

③ 汉服地图的网址为 http：//www.hanfumap.com/

（网名“黄玉”）开发，系统采用用户自主提交信息方式，将公益汉服社、商业汉服社、高校汉服社、汉服实体店、汉服网店、汉服配饰商店、汉风商店、文化机构、传统工艺机构、汉服 QQ 群等，按经纬度定位于全球地图。汉服地图也是一个汉服信息数据库，收录了大约三百多家汉服社团、汉服商家及汉服 QQ 群，这个数字目前仍呈现较快增加的态势。汉服地图在 2013 年 4 月 5 日，还推出了活动地图和汉服百科，前者收录汉服社团活动，方便用户及时关注和参加，后者则旨在建立由汉服倡导者自主编写的汉服百科全书。

其次，越来越多的汉服社团完成了合法化的登记或注册手续，例如，洛阳传统文化研究会、温州市汉服协会、宁波市汉文化传播协会（“宁波汉服”）、成都市传统文化保护协会汉文化研究专业委员会等等。

再次，汉服社团在全国高校迅速蔓延，甚至还波及一些中学。北京大学、清华大学、中国人民大学、北京师范大学、国际关系学院、同济大学、中山大学、陕西师范大学、中国农业大学、中国政法大学、中央民族大学、北京语言大学、中国传媒大学等高校，都有汉服社团，据不完全统计，全国约一百多所高等院校相继成立了汉服社团。在西安，几乎所有高校均成立了汉服社团，而协调各高校汉服活动的“西安高校汉服联盟”也应运而生（图 102）。值得指出的是，在西部多民族省区，例如，新疆、云南、贵州、宁夏等地，高校里的汉服运动也有一定发展，和东南沿海一些城市里汉服活动的参加者经常是在想象多民族场景中的汉服有所不同，西部多民族省区的汉服活动却有可能面临现实的多民族场景，如何在各民族文化多元平等和相互尊重的前提下，组织和展开汉服活动，以免引起负面情绪的连锁性刺激反应，当是今后应持续予以关注的。

图 102　西安交通大学校园内的汉服活动

（2010 年 11 月 22 日）

（三）各地举办的户外汉服“雅集”活动日益频繁，包括穿汉服过传统节日、穿汉服祭祀先贤、穿汉服参加出席聚会等等，不仅频次不断增加，规模也逐年扩大，有些汉服活动还实现了惯例化、恒常化[①]。在此，仅以活动的大规模化为例，2012 年端午期间，“汉服深圳”在锦绣中华举办的活动，虽然严格限制人数，报名参加者依然超过二百多人；2013 年 3 月 23–24 日，广州汉服协会受邀在南海神庙“波罗诞”庙会上举办的汉服展演，据说前来观礼者累计达数万人

① 吴宏：“天津文庙举行春季祭孔活动 开笔礼将常态化”，天津北方网，2012 年 4 月 30 日。

次[1]；近几年成都的端午汉服活动，参加人数也是每年都在增加。

（四）原本旨在为汉服提供登场机会的各种新创“传统仪式”或文艺形式，不断花样翻新，层出不穷，甚至还逐渐地、程度不等地、主动或被动地渗入到官方或半官方的有关体制之内（图 103）。例如，有些地方的汉服社团，积极参与各级政府文化部门主导的非物质文化遗产展示活动，不仅以汉服、礼仪及汉舞等展示为整个活动增添光彩，也为汉服附加了些许文化遗产的意味。同袍们经常拿成人礼、婚礼说事，这确实是非常聪明的策略。汉服婚礼、汉服成人礼，都是在目前汉服活动的文化实践中较为成熟的做法。此类实践模式，

图 103　2011 年海河大学运动会开幕式上的汉服女生

① 嘉林：“华章再现——广州汉服协会举行南海神庙专场演出”，南方网，2013 年 4 月 2 日。

若能长期坚持下去，进而实现汉服的平民化，应该是会有很大的成效。同袍们的服装追求及礼仪实践，不仅直接或间接地影响到部分国人的仪式生活，还程度不等地开始影响到国家政治生活中一些涉及服装和仪式的相关部分。

（五）汉服运动的公共关系策略日趋成熟，不仅操作和运营方式形成了稳定的模式，其组织机制也渐趋完善。举凡能操作较大规模活动的汉服社团，往往设有外联部或宣传组等，处理外联、公关和媒体相关事务。其常用的公共关系策略，除前述的借助社会公共事件，为汉服运动积极发声以外，近年来还特别注意利用社会名流的影响力来扩大影响。例如，端午、七夕时穿汉服扮成屈原和嫦娥，给航天英雄刘洋的父母送粽子和鲜花；建议莫言穿汉服出席诺贝尔文学奖仪式[①]；利用媒体人士杨澜为汉服背书[②]。积极利用大众媒体尤其是互联网的努力，更是自不待言，从2011年起，新浪微博和腾讯微信，都涌现出一批致力于汉服宣传的团队等等，所有这些都是汉服运动与时俱进的新尝试。

（六）汉服逐渐被不同级别的官方或半官方仪式活动所接纳。虽然汉服运动主要是民间自发组织的，具有草根性，但同袍们其实是非常在意官媒的反映和政府的态度，一旦获得官方或半官方的首肯，立刻会被视为是一种成绩。例如，江苏师范大学研究生的毕业典礼，学校当局采用汉服作为礼

---

① “莫言瑞典领奖欲穿燕尾服 网友反对：建议穿汉服（图）”，中国新闻网，2012年11月15日。

② “杨澜团扇穿汉服主持节目 只为‘做一天古代女子’”，中国新闻网，2012年4月12日。

图 104　江苏师范大学研究典礼采用汉服

（《扬子晚报》）

服，引起同袍们欢呼雀跃（图 104）。2012 年 6 月 21 日，江苏师范大学研究生毕业典礼暨学位授予仪式，采用汉服、汉礼。800 多名 2012 届硕士研究生和 30 多名校领导、校学位委员会成员、导师代表，均着汉服参加。在赞礼主持下，全体毕业生行三拜礼。一拜父母：劬劳育我，忠孝事亲；二拜师长：传道授业，恩重如山；三拜母校：感恩母校，报效国家。据说该校此后每年均采用此形式授予学位。在 2013 年的研究生毕业典礼上，校长任平致辞："择汉之形仪，行毕业之礼。奏汉乐、着汉服、行汉礼，希冀以此等流式，予诸生古典教育之神髓，明千年文化之底蕴，而望诸生传承旧时风骨，开拓今日文明，作己身之贡献于当下时岁。"这些举动在汉服圈内获得了极高的评价。

（七）汉服的商业化和产业化也有很大的进展，涌现出了不少致力于汉礼服制作的商家，以及同时经营相关礼仪活动的汉服实体店。其中，较有影响的如，北京“如梦霓裳”、“汉衣坊”（北京汉疆文化发展有限公司）、武汉“采薇作坊”、成都“重回汉唐”、杭州“寒音馆”、上海“汉未央”、广州“双玉瓯”、“明华堂”、西安“黼秀长安”、济南的“扶芳藤”、杭州“净莲满塘”等等。我曾经在南京访问过一位同袍，他在夫子庙内开了一家汉服店，虽然来的客人总是看的多，买的少，但他说，至少现在大家都知道这是汉服了。与此同时，致力于高端汉服市场的商家也已经出现，在杭州，我访问过的“净莲满塘”是一家专门制作高端汉服（明代款式）的作坊，据说一件衣服可以标价十几万元人民币，其仿古的做工非常精致，很有品位。再比如，广州的“明华堂”、济南汉藤文化传媒有限公司也都很有名。“明华堂”曾提出并致力于实践“汉服礼服”构想，其制作的新款袄、马面裙、披风套装等，做工精良，价格不菲（4000 元左右一套），但依然很受欢迎。济南汉藤文化传媒有限公司由黄芹芹设计的“扶芳藤”和“五色汉唐”汉服，为该公司的两大品牌，前者走的是汉服高端定制的路线，后者则主要侧重于生活化汉服和汉元素服饰、工艺品的推广与普及。

汉服户外活动的拓展，同袍和爱好者队伍的扩大，也为汉服商家或汉服实体店的发展提供了需求与机遇。目前大约有 80% 的汉服爱好者，都是通过淘宝网的汉服网店获得自己第一件汉服的，虽然其做工有待提升，但总算是满足了基本的需求。通过网店定制汉服或团购汉服，是初入门的汉服爱好者获得汉服的主要途径，尤其是团购方式，可以满足相对较大规模、集体性汉服活动的需要。商业竞争与市场运作也促使汉服制作逐渐专业化，并由此带动了周边配套行业，诸如面料、刺绣、印染、配饰、化妆等市场的成长。汉服从早期的既无人会做、也没处买的局面，到现在网店、实体店的涌现，状况有了很大改观，这既是商业机构积极推动的结果，也从一个侧面反映了近些年汉服运动的成长。但截至目前，汉服的品牌化尚未成形，汉服的工业大批量生产计划也并未实现。

汉服与礼仪活动策划的结合是一个突出的趋向，例如，西安的“女友网”从 2011 年起，在古城墙举办汉服集体婚礼，经常邀请百对新人参加，堪称是商业运作汉服婚礼较为成功的范例。此外，一些汉服商家（或自称汉商）也同时经营汉服婚礼、汉服成人礼等礼仪策划及咨询服务。最近汉服在全国各地均出现了作为时装或发展成为流行的倾向及可能性，类似“汉衣坊”那样以汉服及汉文化产业为经营项目的机构，在致力于将民族传统文化与现代时尚感觉相结合的同时，也一直在积极地推动着汉服的市场化。

第三节　汉服运动的瓶颈与问题

如前所述，汉服运动已经得到长足的发展，但若是深入到中国社会的几乎任何基层社区，均不见汉服的踪影。换言之，汉服活动截至目前还主要是停留在社会的表层。有些汉服商家惨淡经营的案例，似可说明在看似热闹的汉服运动当中，汉服个体商家所体验的孤独、困扰以及市场前景的不确定性。

2011 年 8 月 7–11 日，我在天津市蓟县西井峪村观察和调查普通村民的服饰生活，发现和过去相比，乡民们在服饰上，已经不再穿着补丁衣服，且手工缝制全部让位于购买成衣；购买服装也总是以城市或电视里的都市居民为榜样，村民中年纪大的人追求随意、舒适；年轻人则追求时尚，但邯郸学步，难免不土不洋。一般来说，人们还保留有一点传统的服装，主要是大襟袄、缅裆裤、对襟汗衫、中山装等，但大都不再穿出来会客。晚辈孝敬老人时，往往会给父母买一件类似新唐装那样的衣服，认为显得富贵一些比较好。对于汉服，人们没有任何印象，一定要追问，回答便是那不就是古装戏里的衣服吗？由此可知，汉服距离进入基层百姓的日常服饰生活尚遥遥无期。

2006 年 4 月，《新文化报》和搜狐网、汉网联合进行了一次约 1200 人参加的网络问卷调查，调查结果显示约八成以上网民认为应在一定领域内复兴汉服，七成以上网民认为应以汉服为样本改良现代学位服。这些数据对汉服圈鼓舞很大，但却容易误导人们对汉服运动目标的艰巨性过于乐观。就在汉服运动如火如荼地在全国蔓延之际，不少运动的精英骨干却深感瓶颈期的困扰[①]。借助过传统节日让汉服出场等方式，无论形式或是内容，均逐渐趋于重复和雷同。习惯于因为新创意而被媒体聚光，或因特立独行感到刺激的部分汉服运动的“老人”们，已开始对那些“老掉牙”的程式化感

① 周星：“2012 年度中国‘汉服运动’研究报告”，张士闪主编：《中国民俗文化发展报告 2013》，第 145–174 页。

到厌倦或疲惫；与此同时，媒体也逐渐熟悉了汉服活动的口号、理念和行为模式，开始出现“视觉疲劳”，对反复再现的汉服迅速失去新鲜感，记者们看惯了的汉服活动对于公众的视觉冲击力也正在递减。

汉服运动在理论上未能取得突破，众多分歧依然存在，新的共识也尚未达成。在实践层面上也面临这诸如文艺化、祭服化、穿越、优越感和场景转换等诸多问题。

首先是汉服文艺化的问题。舞台剧、电视剧、广播剧或同袍们的汉舞及其他才艺表演，的确提供了很多机会给汉服，但是，此种文艺化、游艺化甚至娱乐化的趋向，在客观上却有将汉服舞台化、戏服化、道具化的危险。汉服如果作为表演服装被过度阐释或运用，特别是穿着汉服演出各种剧目，就有可能使参加者和旁观者均误以为是在做“服饰扮演”游戏。假如汉服的作用只是在于在服装展演市场或古装市场上增添了服饰种类，抑或是获得更正统的地位，汉服运动的初衷就将被抛至九霄云外。但过度文艺化的问题，目前尚看不到有合适的对策。

其次，是祭服化的问题。伴随着汉服在各种祭祀仪式中频繁地出场，其多少就给人留下祭服的印象，从而进一步强化了它的非日常性。近些年，祭祀仪式过于泛滥，仿佛是个古人便可找名目祭一祭。比如祭拜上古的比干、西汉的薄太后或近代张之洞等人的情形，祭祀的过度泛滥反倒弱化乃至于消解了仪式本身的神圣性。政府基于无神论的立场，对于仪式祭典常采取虚无主义立场，倾向于不作为，民间祭祀又容易出现混乱或泛滥化倾向，此种情形若不能改善，通过仪式祭典塑造汉服的庄重感，或通过汉服重构国民仪式生活的意义这一伟大的目标，恐将难以实现。

汉服在和古代仪式典礼结合的过程中，有可能显现出原本被人为地附丽其上的古代身份等级制之类和现代社会格格不入的要素，同袍们津津乐道的以服饰为载体的古代礼仪，其实并非网友想象的那么浪漫。中国古代服制中的礼仪及相关的意义，主要就是等级和身份制[①]。《礼记·坊记》：“夫礼者，所以章疑别微，以为民坊者也。故贵贱有等，衣服有别，朝廷有位，则民有所让”；贾谊《新书·服疑》：“贵贱有级，服位有等，……天下见其服而知其贵贱”；《后汉书·舆服志》：“非其人不得服其服，所以顺礼也”；《古今图书集成·礼仪典》：“上衣下裳，不可颠倒，使人知尊卑上下、不可乱，则民志定，天下治矣”。这些说的都是通过服饰标示和确认人的贵贱等级。被同袍们浪漫地予以美化的那些古代的价值或意义，果真可以通过汉服再现于当代社会吗？这其实是大可质疑的。我多次在汉服社群活动的现场参与观察，发现社群领袖人物穿的汉服，似乎更加接近古代贵族乃至皇帝的装扮，而一般成员的汉服则像是读书人或庶民百姓，甚至跑腿的（短打）或丫鬟。某位企业老总举办汉服活动，自己穿龙袍居中，两旁则由员工穿成像是宫女般的装束，委实就是一种“角色扮演”的场景。在光鲜亮丽的汉服运动的深层，多少也有一些难以被当代中国社会或绝大多数当代中国人所接

① 林少雄：“中国服饰文化的深层意蕴”，《复旦学报（社会科学版）》1997年第3期。

受的暗部或阴影，就像当年袁世凯曾借重汉服为复辟提供合法性一样，即便是到了21世纪的当今，汉服运动的某些部分，包括部分理论陈述，多少还或隐或显地内藏着帝王、皇权、等级、身份之类腐朽的思想。此外，试图借助国家公器推广同袍们自认为具有绝对性的某种服装，似乎也有复活封建王朝时代钦定和管制人民服装之服制旧传统的嫌疑。截至目前，除了汉服婚礼、汉服成人式等比较容易令人接受之外，如何扬弃汉服伴随着复古礼仪而来的等级制、身份制色彩或印象，究竟应该如何理解汉服和它曾经承载的那些意义之间的关系，堪称是当今汉服运动的一个理论和实践性难题。

第三是“穿越”问题。由于汉服的宽泛定义包含了上下数千年悠久的服饰史，一方面，现代汉服从中获得了取之不竭的文化资源，另一方面，却也导致现代汉服的款式难以统一。于是，不同朝代的汉服穿越时空在同一个场景里登场亮相，难免使人感觉奇怪（图105）。这种状况固然体现了汉民族传统服饰文化资源的丰富和汉服范畴兼容并包的宽

图105　唐式汉服（襦裙）与周式汉服（曲裾深衣）

泛性，但同时也说明汉服运动内部对于款式形制问题尚未达成共识，仍然处于混乱状态。穿越时空的汉服展示，无论同袍们如何自我感觉良好，还是终究无法摆脱汉服的非日常属性。加之各种五花八门、朝代错位的仪式和典礼，汉服也就无可避免地带给人们类似“关公战秦琼”的滑稽感和不合时宜的穿越感。类似事例还有穿汉服跟着老师诵读《弟子规》的小学生，头顶却戴着用一次性纸杯和筷子制作的“冠”，殊不知古人是在20岁前后才行冠礼的；孩子们身穿汉服诵读《论语》，其上却系着鲜艳的红领巾；青年学生身着汉服在黄河风景名胜区炎黄广场咏唱，歌曲却是现代诗人光未然的《黄河颂》；还有清明时节，穿着汉服去南京雨花台革命烈士陵园，上演“古人”凭吊革命烈士的一幕等等。穿越问题体现了汉服尴尬的局面，这个问题可能在今后很长一个时期，还将持续困扰汉服运动的实践者们。

第四，汉服运动的理论精英和积极实践者，经常有意无意地表现出文化上的优越感。在汉服论说中，汉服是最美、最优越的服饰体系，这不难理解，因为汉服运动本身就是一种文化民族主义运动，此种“各美其美”的表述只要不是很过分，可以将其理解为对于本民族服饰文化的热爱。但是，在涉及族际场合的比较时，就应该对过度的文化优越感保持警惕性，以免滑向汉文化中心主义。汉服运动精英的优越感，时不时表现为以文化的先知、先觉自居，有以启蒙天下无知民众为使命的心态。很多同袍对于其他不懂汉服乃汉民族的民族服装的人们的态度，基本上就是“哀其不幸，怒其不争”，可以说这是一种觉得世人昏昏、唯我独醒的优越感。不少同袍对于中国文化受到西方文化的冲击有着更为强烈的危机感，这种危机感很容易转化为对汉文化的自我保护意识，并进而衍生出守护者以及解读者的优越感。正如拥有制作汉服的技能，可以成为个人在汉服社团中赢得尊重的文化资本一样，对有关汉服知识的熟知也能够被用来建构优越感，甚至是文化的特权，尤其是阐释权。但是，如果汉服运动的目标是要在普通百姓中复活及普及汉服，那么，自认高于普通百姓的文化优越感，反倒有可能成为其目标的阻碍。

第五，关于场景转换的问题。众所周知，民族服装大都是在族际场景的具体情形下，才凸显出其族别的文化特性。所谓场景转换，主要是指汉服在国内多民族场景和在国际场景的转换。正如法国人类学家丹·斯佩伯（Dan Sperber）的文化表象论所指出的那样，并不是用什么表象什么，而是针对谁，用什么表象什么[①]。汉服作为同袍们所声称的汉民族的民族服装，应该是一种集合表象或公共表象，它对于汉民族的所有成员而言，应该是一个共同认知和认同，并承载情感的象征。但它的意义同时也要取决于其表象所要针对的对象。对于中国这样一个多民族国家而言，汉服的理论和实践，首先以国内多民族的族际关系为前提，因此，其对国内多民族之间的关系总会产生程度不等的影响。但是，在有关汉服的讨论中，除了涉及汉族、少数民族、中华民族这些范畴之外，

① ダン・スペルベル（Dan Sperber）：『表象は感染する—文化への自然主義的アプローチ(Explaining Culture： A Naturalistic Approach)』（菅野盾樹訳）、新曜社、2001年10月、第131頁。

还总会涉及汉文化、中国文化或中华文化以及与西方文化、日本文化、韩国文化的关系等。换言之，在国际化、全球化或东亚等跨越国境的对外场景下，在国际文化交流的文脉中，汉服作为中式服装的属性，自然就会凸显出来。由于语境不同，表述自然有所不同，与此相应，汉服的属性和意义就会有所变化。对内将汉服和各少数民族的民族服装相并列的逻辑，如果转换一个场景，不难想象的问题之一，便是如何看待唐装、新唐装和现代旗袍，甚至还有长袍马褂等其他中式服装。这些在内部语境中被排斥为满装或被认为不那么“正宗”的服装品类，在外部认知中，却经常是作为中式服装被定义的，而且，它们还比汉服有着更高的认知度。

汉服运动的户外实践，至少有一些针对西方文化的想象，在这个意义上，汉服也可以被视为是中国或中华文化的认同符号。例如，2006 年冬至为 12 月 22 日，深圳有二十多名汉服网友特意要在 12 月 24 日，亦即所谓平安夜，穿着汉服以补过冬至，挑战圣诞[①]。如此穿着汉服过传统节日，跟洋节较劲，其中蕴含的中国文化认同的寓意不言而喻。近一个时期，中国社会有以传统节日抵制西方节日渗透的动向，较为典型的例子，例如，以七夕对应 2 月 14 日的情人节，把七夕定义为中国式情人节，这在部分汉服活动中已经有所体现。不过，对于更为保守的汉服社团，如上海汉未央而言，七夕的根本意义完全不同，他们举办的七夕汉服活动是要凸显其

---

① 秦鸿雁：“深圳 20 余人平安夜穿汉服补过冬至挑战圣诞”，南方新闻网，2006 年 12 月 25 日。

更为“原生态”的意义，而不是把其解读为中国式情人节。

最后，还有男女汉服装束的社会评价差异问题。几乎在每一场汉服运动中受到注目的都是女性，她们总能赢得美丽、可爱之类的评价，但相比之下，汉服男装获得的评价总是不太高。无论“线下”户外活动，还是“线上”网络里的反映，这一点上是基本相同的。一般公众对于汉服女装基本上没有多大抵触感，但汉服男装就显得困难一些。有同袍承认说，汉服男装确实较难建构，如果建构得很豪华，就变成皇帝的龙袍，事实上，确实也有人把自己的汉服做成龙袍那样，自然会引人反感；但如果建构得太朴素，就是劳动人民的服装，诸如打柴的樵夫或义和团那样的“短打”，男装很难找准感觉。我认为，这种困境主要是来自人们对于服装所持有的固定印象的影响，而在这些印象的背后，潜在着人们对服装历史及文化的集体记忆。汉服同袍们理想中的汉服男装，似乎还是在“才子佳人”的模式或框架之中，基本上是书生、古代士大夫的装束，且需要有作为国家栋梁的那种儒者的感觉。由此可知，同袍们追求的服装审美，其实是跟现代社会审美价值多样性的取向不大一样。公众之所以对汉服女装较少抵触，而对汉服男装评价不高，其缘由还可能来自女装截至清末，事实上并未中断，而男装则有长达数百年的中断，从而使得人们较难克服对于汉服男装作为古装的印象。在某种意义上可以说，汉服获得的正面评价，大多来自女装，而非男装。

比起来自外界的批评与挫折而言，汉服和汉服运动所内含的悖论，其实是要更加深刻和重要得多。比如，在中国服装史和汉民族史的复杂性与汉服概念内涵的纯粹性之间，就存在着明显的悖论。诸如网络论坛上偏激、执着的汉服言论和现实中汉服活动的温和、变通的建构主义实践之间，就存在着明显的温度差；汉民族的汉服和中国人的民族服装的概念之间，存在着难以在逻辑上顺利转圜、难以完全对等地整合的距离感。此外，汉服运动所追求的是民族的文化，还是国民的文化；是华夏的，还是中华民族的；以及究竟是追求日常生活中的汉服重归或重现，抑或只是作为礼仪服装的确立等等，所有这些本应该在汉服运动内部逐渐地予以理顺的问题，却依然还是一团乱麻，混淆不清。比起来自外部的“捧杀”和“棒杀”来，这些问题可能是更加深刻的困扰。此外，由于汉服运动的兴起，无论同袍还是学者都开始关注服装史，并在中国服饰研究领域掀起了不小的高潮，但其中将复杂的历史简单化的倾向还是较为突出。

汉服运动的口号之一是“华夏复兴，衣冠先行”，其突出特点就是过度强调或极端夸大汉服这一符号的重要性。2007 年 10 月底，在百度汉服吧、天汉网、汉网等联合举办了悼念“溪山琴况”英年早逝的活动，据说他就是“华夏复兴，衣冠先行”这一口号的首倡者，网络上有收录其汉服复兴计划等在内的《溪山文集》流传。对于同袍们而言，服装至上的思想有一定的合理性，华夏民族的复兴固然是要比汉服的复兴更为远大宽泛，但汉服是不可缺少的，否则，就不能叫汉服运动了。正如汉服运动早期的导师“溪山琴况”生前所说：“假如没有像汉服这样的文化形式，我国的传统文化也就失去了载体。”这种“服装至上论”的思维，其实也是中国文化的一个传统，几千年来，中国文化一直通过服装表达身份、礼仪和其他很多意义，往往试图通过和服装有关的仪式来建构某种价值或权威。

同袍们把把汉服能否复兴视为华夏－汉族复兴，进而中华复兴和中国复兴的关键及先决条件，但却未能为此提供足够的理论支撑。在以“汉”为修饰的众多文化事象或主观意念中，包括汉语、汉舞、汉餐、汉礼、汉学、传统医药、传统民居或其他等等，汉服为何独成灵丹妙药？为何不能是其他先行，而必须是服装先行？[①]汉服一经穿上，即可让礼制文化的价值和意义马上附体吗？同袍们对此各有说法，一方面认为必须坚持汉服至上的观念，另一方面又说汉服只不过是一种载体，更重要的是必须复兴传统文化或礼制的价值和意义，至于那些伟大的价值和意义如何才能够在当代中国社会重获新生，却又必须是汉服先行，于是，就陷入到了循环论证和自相矛盾之中。无怪乎有人批评汉服运动只是一种形式主义的文化复古，与其说是文化自觉，不如说是在全球化时代跨文化交流的前提下缺乏文化自觉的表现，其与复兴国学试图依靠恢复私塾和强迫孩子们读经一样，不着要领，方向不对[②]。

问题还在于汉族是一个超级巨大的民族，人们的穿着实践非常多样化，对于民族服装的看法难以达成一致意见，甚或对是否有必要统一建构出一套民族服装也有不同意见。中国的现状是唐装和旗袍相对普及，也在商场里有售，但汉服仍然远离民众日常生活，也没有形成真正的销售市场。

① “‘汉服’当由‘汉人’穿”，《青年时报》2006年4月3日。

② 卢新宁：“‘复兴汉服’合时宜吗？”，《人民日报》（海外版），2007年4月17日。

在北京的王府井百货大楼和东安市场，所谓的“民族服装”专柜，指的就是旗袍、唐装或新唐装，这反映了一般的公众认知和汉服精英们的思路之间存在着很大的距离。在现代社会里，着装是人民的基本人权与自由，无论有多么大的争议，汉服运动的最终归宿，终究取决于普通民众在日常生活中对于汉服的认知和取舍。

第四节　如何理解汉服运动

对于汉服运动的评论，众说纷纭，有褒有贬。我认为，与其对它进行价值判断，不如认真研究它的背景，它得以兴起的缘由、它的理论主张和具体实践，然后，去深入地理解它。目前正处于“现在进行时”状态的汉服运动，有着非常复杂的社会与文化根源，但大体上可以说，它是在全球化的大背景下出现的，同时也是在以新唐装为代表的中式服装全面复兴和流行日久的社会基础之上发生的，它是又一轮旨在建构汉族乃至中国人的民族服装的尝试。

在形态复杂多样的网络民族主义思潮中，汉服运动是其中较为典型的一种。以汉服为符号而彰显的民族主义，主要是一种汉文化的民族主义，它与网络中活跃的各种以“族别”诉求和表象为特点的少数民族的民族主义时而相互呼应，时而相互对峙，甚或由于相互刺激而可能朝向政治民族主义的方向发展，从而对国内多民族关系的格局产生不良影响，甚至给国家维系民族团结和大一统的国家体制带来更为复杂的局面。尽管汉服运动标榜的是以复兴汉服和传统文化为目标，但在其理论中实际存在着的汉族本位、汉文化正统和汉族中心主义观念，使其具有排他性特征。例如，把汉服运动说成是“文化的”辛亥革命，意思是要强调汉文化在中国的正统性和纯粹性等，由于这类理念和多元共存、多样性、“美美与共”的中国文化的大格局和大趋势相左，所以较难获得成功，它既难以被中国现政府的文化多元主义（多元一体）、民族团结政策，以及在“中华民族”理念下推动各民族融合共荣的导向所接受，也难以得到学术界和知识界更为有力的支持。可以预料，汉服运动在今后一个时期内仍会持续发展，但它仍将处于比较奇特的尴尬处境：拥有近似主流的话语，讲着和主旋律类似甚或相同的口号，实际上却是很边缘的地位。

汉服运动想要获得健康、持续的发展，就应该对虽然只是极少数，却也不得不引起重视和反思的个别偏激的言论予以高度警惕。据说在 2003 年前后确定“汉服”这一称谓时，当时的骨干人物曾经想过使用“华服”一词以淡化汉民族的色彩；与此同时，他或她们也曾试图将自己定义为温和与悲情的汉民族主义，例如，赵丰年就曾强调说，“中国需要温和理性的华夏民族主义和恢复华夷之辨”[①]，其意思是为了凸显汉民族的主体性和自我认同，但又不具有对于其他民族的进攻性。但不幸的是，当处于族际对峙及网络匿名骂战的氛围之下，极少数同袍的某些言论和主张确实给人以激进的“大汉族主义”的印象。虽然它只是汉服运动的“支流”，

---

① 赵丰年：“华夏千年历史回顾和启示”，汉文化论坛（http://www.huaxia-culture.com/bbs/），2004 年 3 月 20 日。

并且在后来的发展中趋向于弱化和消退[1]，若仅从网络言论来看，海内外一些媒体或学者对这一点的批评，确实不无根据。为纪念王乐天在2003年11月22日首次穿汉服上街，同袍们把每年11月22日确定为“汉服出行日”。2018年11月22日，“汉服出行日”活动再次引起海内外媒体的广泛关注，但就在第二天，11月23日的美国《纽约时报》刊发了一篇题为“上千年的复古服装，带着民族主义情绪的时尚宣言”的评论[2]，援引澳大利亚麦考瑞大学（Macquarie University）的中国研究学者凯大熊（Kevin Carrico）最新出版的《大汉：当今中国的种族、民族主义与传统》[3]一书中的观点，指出汉服运动是一个种族性的民族主义运动，它试图通过汉服来复兴“大汉民族”及其相应的“纯粹中国”的乌托邦式愿景。虽然有的同袍对此类批评不以为然，表示拒绝，但正如“大汉”、“天汉”、“皇汉”、“汉心”等网站名称及汉服论坛的常用词汇所显示的那样，强调族缘血脉意识和追寻文化纯粹性、正统性的部分汉服论说，确实很容易出现汉文化中心及汉文化优越的倾向[4]，因此，被认定为“族裔民族主义”或“种族性民族主义”[5]，也并不冤枉。

---

① 杨娜等编著：《汉服归来》，第27页。

② “A Retro Fashion Statement in 1,000-Year-Old Gowns, With Nationalist Fringe”，*The New York Times*，November 23,2018.

③ Kevin Carrico. *The Great Han*：*Race, Nationalism and Tradition in China Today*，Vniversity of Califonia Press，2017.

④ 李理：“中国的正统不能乱！”，汉网，2003年1月。

⑤ 王军：《网络民族主义与中国外交》，中国社会科学出版社，2011年6月，第80–89页。张跣：“‘汉服运动’：互联网时代的种族性民族主义”，《中国青年政治学院学报》2009年第4期。

此外，极少数同袍对官方意识形态中的“中华民族”概念，也是疑虑重重，有时对不同意其观点的人士，甚或斥之为“伪汉”、“伪中华”等，如此偏激将导致包括汉民族在内的分裂，也就和其建构汉民族认同的初心走向了完全背反的方向。

然而，若是从同袍们比较温和的汉服活动的文化实践来看，它不过是都市汉族一小部分知识青年的文化民族主义。长期以来，国家在民族问题上执行的政策与其说是民族政策，不如说是少数民族政策，汉族成为民族分类识别之后，剩余下来的大多数沉默的、面目不清的人们，似乎他们就没有或不应该有民族意识或文化认同。在参加汉服运动的同袍中，虽然有对国家现行民族政策感到不满，尤其是对片面优惠少数民族的政策不满的年轻人，但更多地还是认为和少数民族一样，汉族也应该主张自己的文化，拥有自己的民族服装。汉服运动的出现多少是受到少数民族的民族意识日益高涨的刺激，或至少是明显地意识到不同于少数民族的汉族文化的主体性。他们的希望与逻辑很明白，我们有汉字、汉语，当然也可以有汉餐、汉服、汉舞，在国内多民族社会的格局与背景之下，只就争取汉民族拥有民族服装的平等权利这一点而言，提倡汉服具有一定正当性，不应该被贴上“大汉族主义”的标签。值得指出的是，很多同袍当然意识到中国是多民族的国家，意识到少数民族的存在以及民族关系非常重要，例如，在为北京奥运会设计运动员礼服时，就曾对少数民族运动员的礼服问题有所考虑。很多同袍其实很欣赏少数民族丰富多彩的服饰文化，并将此作为建构汉民族的民族服装的依据之一。和少数民族相比，汉族没有民族服装，确实让人有失落感，有寂寞感，也有些难堪，因此，只是建构汉服没有什么不对。

汉服运动具有多重属性，从不同角度看，就会浮现出不尽相同的意义。若从国际社会和全球化的背景去分析，汉服运动多少是具有全球化“在地”实践的属性，它力图建构并凸显汉文化起源的中国符号，以强化认同（相对于和服、韩服、西服等），追溯并试图保持中华文化之根。换言之，围绕汉服的诸多争论与界定与其说是基于真正的服装文化及其交流史的研究成果，不如说是基于现当代国际政治关系中的文化符号功能和国际（族际）交流的场景性而展开的。

在意识到东亚世界的意义上，汉服往往被拿来与和服、韩服相提并论，有时候，也会是在与和服、韩服的对比中被定义和论说的。这意味着同袍们在建构现代汉服时，确实意识到和服和韩服的存在。从网络言论分析，可知至少有部分同袍多少是受到和服和韩服的一些刺激，既有些羡慕，又有些不大服气，于是，就会说它们受到过中国古代的影响，例如，唐朝时，汉服曾给予和服以某些影响，以此来提升汉服文化在东亚文明中的地位。中日韩三国间在电视节目和影视作品上的频繁交流，也在某种程度上刺激了汉服的论说。同袍们对于韩国的《大长今》、日本的《大奥》和中国的《汉武大帝》津津乐道，认为剧中的服饰分别代表了韩服、和服与汉服的华美和精致。确实，从东亚三国的情形看，日本有和服、韩国有韩服，中国除了少数民族，汉族一般没有明确、统一的民族服装。如果一定要说有，除了各地的民俗服装，大概就是长袍马褂、唐装、旗袍、中山装，很难说哪个更加正统或更能代表中国。

在包括欧美在内的国际社会，人们通常理解的中式服装或对中式服装的印象，是以唐装和旗袍为主，以及中山装，此类“他者”认知非常重要，不能忽视。我希望，今后在中式服装里还可以有汉服，虽然中式服装这个概念比较宽泛，不够严谨，但它却因为较具包容性而不仅不构成困扰，还可以化解很多悖论。显而易见，在中式服装里增添汉服或汉服系列，应该没有问题，但我们却不能在中式服装和汉服之间简单地画上等号。

和汉服曾经昙花一现的义和团时期、辛亥革命前后中国社会面临极其深刻的全面危机有所不同，当前的中国社会对内各民族关系维持了基本良好的状态，对外也基本不存在不可调和的国际冲突，相反，改革开放促使中国蒸蒸日上地发展起来，人民生活改善，国家日趋富强。那么，当今的汉服运动究竟又有着什么样的时代依据呢？日本学者山内智惠美指出，改革开放导致西服全面进入中国并迅速普及到社会各个阶层，成为人民生活中主导性的服装，与此相应，中国的传统服饰却走向全面衰落，汉族的传统服装（包括各地的民俗服装）已经在城市和发达地区的农村失去了最后的地盘，目前仅在偏远地区的农村尚有残余[①]。或许可以说，就在这三四十年里，西装实现了对中国服装的彻底取代，正是包括服装在内的国民生活方式的急剧变迁和大面积西化，才引发了汉服运动之类的“抵抗”。汉服运动在某种意义上，是年轻一辈面对中国的文化危机时所做出的一种反应。因此，要

① 〔日〕山内智惠美：《20世纪汉族服饰文化研究》，第54–55页。

理解汉服运动，还应注意到和汉服运动同时伴生的，诸如国学热、重新祭孔、非物质文化遗产保护运动等各种传统文化形态的回归现象。从中国传统文化在21世纪全面复兴的趋势看，汉服运动不过是国学复兴、民间信仰复兴、传统礼仪复兴等大潮中的一支流脉而已。中国在进入21世纪以来，整个社会的文化动态，基本上是对30年前“文化大革命”的全面反弹，这样的反弹过程有一定的必然性。长期以来，政府在文化领域一直奉行革命政策，一直倾向于自我贬低本土文化传统，但在经历了40年的高速经济增长，实现了初步富足之后，人们终于明白了传统文化并不一定妨碍现代化。不仅如此，生活初步富足之后的中国人所喜欢的那些价值，包括热闹的气氛和亲情，恰恰主要是在传统文化中得到温存体现和表象的，人生的意义也需要通过传统的方式来重新建构。

中国社会与文化生活里的很多问题，不少都是因为汉服运动的提示而逐渐引起了公众和媒体的关注，诸如成人礼仪的建构问题、日常生活中的意义缺失问题、如何理解传统文化在当代社会的存续问题等等。以人们对仪式庄重感的追求为例，中国人的传统生活方式经过革命年代持续几十年的破坏，生活已失去了庄重感，太过庸俗，无论哪个阶层或行当，也不管是怎样的身份，大家都缺失庄重感。年轻的同袍们对此不满，他们试图在生活中重新建构，或通过学习传统仪式、穿着汉服等方式寻找庄重感。在汉服运动的各种活动中包含了大量的仪式，甚至穿汉服这一举动本身也像是在举行某种仪式。仪式具有非日常性，它和同袍们的日常生活形成对比，并由此产生特定的意义。如此对于仪式庄重感的找寻，有助于中国社会重建自己的意义价值体系。

汉服运动会趋于泡沫化，还是会持续地扩大化？它或许还会持续地发展，但汉服果真能够复活，重新成为人们的日常着装吗？它只是一种时装或流行吗？或者它不过是某些亚文化社群举办“雅集”时的道具，或其成员彼此认同的标签？抑或只是少数人群的行为艺术？所有这些提问，其实和我多年前在新唐装盛行时提出的问题颇为相似[①]。汉服运动要想持续和健康地发展，还必须正视自身在理论和实践等方面的困惑，例如，究竟是走精英主义路线，还是走大众主义的路线？到底是礼服、祭服，还是日常生活的常服？此外，还存在汉服时尚化的趋势和汉服运动对纯粹性的追求及其本质主义定位之间存在的天然冲突，汉服至上主义理念和符号化、道具化现实之间的悖论等等。对于“汉元素时装”对未来普通民众服装生活的丰富性所可能做出的贡献，我充满期待，而且，相信如果汉服运动所谋求的汉服复兴，不是把汉服变成中国人的日常服装，而只是试图将它变成中国人的非日常礼服（例如，节日礼服、仪式礼服、社交礼服等），它还是有可能部分地获得成功的[②]。但如果汉服运动追求的是要建构一套排他性的国服，则问题就会非常复杂，自然也是会更加困难。

假如我也有资格给汉服运动提一个建议，我想说比起汉服

---

① 周星：“中山装·旗袍·新唐装——近一个世纪以来中国人有关‘民族服装’的社会文化实践”，杨源、何星亮主编《民族服饰与文化遗产研究——中国民族学学会2004年年会论文集》，第23–51页。

② 周星：“2012年度中国‘汉服运动’研究报告”，张士闪主编：《中国民俗文化发展报告2013》，第145–174页。

的象征性意义而言，是时候重新审视汉服在现当代国人日常生活中的一般功能性问题了，汉服运动的理论家和实践者们应该深入、认真地研究在中国城乡大众之间约定俗成的“服饰民俗”。如果汉服只是国学复兴、华夏复兴的符号，那它也就完全可以被其他符号所替代（符号学的原理如此）。对于试图以汉服为载体来承载的那些意义，并不是越繁多、越古老、越纯粹越好；汉服作为载体或符号与其承载的内涵或象征的意义之间，也并不存在永恒、本质以及必然性的关系。相对于那些在古代可能确曾附会于服装之上的意义，汉服在当代社会的实际功能，包括物理的、审美的、象征的功能等，当更加值得去深入思考。即便是那些看起来确曾有过的传统或意义，也都是需要在现当代的社会生活中予以重新确认和重新阐释的。因此，汉服运动与其执着地去追寻上古之意义，不如反问所建构的民族服装在现当代能够承载何种意义。而且，汉服不能只是承载象征意义的物体，汉服归根到底只是一种或一类服装，而不是抽象和空洞的符号。它本身必须是对一般民众现实人生中的服装生活有意义，才能获得立足之地。比起对汉服各种伟大象征性的繁复阐释，同袍们持续、坚韧的穿着实践以及动员更多民众也尝试去穿着的实践，才是汉服运动今后真正的前景之所在。当然，有些同袍只是把汉服视为 21 世纪中国汉文化之“文艺复兴”的符号或载体，期待通过汉服运动去导引或促动现当代中国社会在迅猛的现代化进程中，能够时不时地对自身的文化、信仰和认同反躬自问，使我们不断能够有重新认识自己文化传统的机会。在这个意义上，汉服运动也是可以获得一定程度的成功，只要它不再执着于服装至上主义。

第十一章　包容、开放与实践的中式服装

第一节　何谓“新中装”

我们如果过度关注汉服和汉服运动，对其各种活动及其社会影响做出过高评价，反倒有可能忽视了在当代中国社会中，实际上还有很多其他同样重要，或许更为重要的涉及中式服装的穿着、展演以及建构实践的各种文化动向。例如，2017 年 4 月 19 日，在深圳古庙举行的庆祝妈祖 1057 周年诞辰祈福会上，所有参与者均穿着长袍马褂（图 103）；至于全国各地穿旗袍和中山装参与展演或在各种涉及传统文化的活动中出场的情形，就更是不胜枚举了。例如，2009 年 5 月 30 日，上海豫园豫龙坊举办的名为“上海中日友好大型活动——和服旗袍游园会”，在上海民众中引起了很大的反响；2011 年 9 月 26 日，为纪念辛亥革命一百周年，首都博物馆推出“华韵国服——百年中山装展”，吸引了很多人前来参观；2018 年 3 月，第三届深圳旗袍文化艺术节，吸引了为数众多的旗袍爱

图 106　深圳古庙的妈祖 1057 周年诞辰祈福会
（中华妈祖杂志）

好者前来参加等等。这些事实说明，无论同袍们多么努力、多么大声和理直气壮，他或她们事实上都无法完全垄断对于传统文化、民族服装或中式服装的定义权、解释权以及发明权。至于把中山装和海派旗袍登录为“国家级非物质文化遗产”，以及新中装的创制和中国礼服的推陈出新等，更是说明国家在同袍们所格外关注的问题上，也并非完全无所作为。

2000 年上海 APEC 推出的新唐装令人记忆犹新，一转眼 13 年之后，2014 年 11 月在北京召开的第 22 次 APEC 会议上，作为主办国的中方又推出了一套“新中装”，同样也是令人眼前一亮，随后也同样是一时论者如云、好评如云[①]。和 13

① 张东辉：“从北京 APEC 新中装说开去”，人民网－《人民日报》（海外版），2014 年 12 月 5 日。

年前新唐装的命名一样，此次新中装的命名，也是有若干高大上的说法作为依据。例如，说它是一系列旨在展示中国人新形象的中式服装，其根为“中”、其魂为“礼”、其形为“新”，三者合璧，才谓之“新中装”。

还是和新唐装被推出的时候几乎一样的全球化、国际化的场景，依然是民族服装的又一次创制和演出。亚太经合组织的那个没有明文规定的由东道主提供服装的传统惯例，仍在不温不火地延续着：2003 年 10 月的泰国曼谷 APEC 会议，东道主提供了传统的泰式服装，但明显采用了西式剪裁技法，从服装形态学上看，就像是介于中国新唐装和西服的中间状态；2004 年 11 月，智利 APEC 会议提供了传统的民族服装“查曼多”；2005 年 11 月，韩国釜山 APEC 会议提供了韩服（韩式大褂“图鲁马吉”）；2006 年 11 月，越南河内 APEC 会议提供了传统长衫“奥黛”；2008 年 11 月，南美秘鲁 APEC 会议，领袖们穿的是当地的斗篷（披风）；2009 年 11 月，新加坡 APEC 会议提供了东南亚风格的服装，据说是来自当地的峇峇文化，它和中国的新唐装有些类似，不同的是小立领；2013 年 10 月，印度尼西亚巴厘 APEC 会议提供了当地的“安代克”服装。在 2014 年 11 月 10 日谜底揭晓之前，确实又有好事者猜测北京 APEC 会议又将会推出怎样的“华服”？认为新唐装再次登场者有之，认为或许会是汉服者有之，而新中装的推出，既让一部分人兴奋，也让另一部分人失望。

令人欣慰的是，在北京 APEC 会议筹备工作领导小组就此次首脑服装的设计所提出来的思路或理念中，有“各美其美，美美与共”，中西合璧、和而不同之说，这个理念来源于中国人类学家费孝通，以此为宗旨，也就意味着为领导人设计的服装，除了要强调和突出中国特色之外，还必须有包容、开放和融汇的姿态；亦即既兼顾传统和现代，又兼容民族性和国际感，真正做到古为今用、中西交融。简单地说，就是既要“中”，又要“新”。

接下来的具体设计，首先是款式先行：主要通过款式来实现上述设计理念；形成系列：一次性推出一个系列，可以供穿用者有较多的选项；其次是仪式感强：明确它是作为礼服，亦即作为礼仪服装而并非生活常服的属性；再次是尊重个体，亦即对每一位穿用者均量体裁衣，以表现其个性气质，彰显领导人的形象；最后是推广流行：对于预料之中的轰动效应予以延展，进一步推动中式服装文化的建设（图 107–110）。

图 107　北京 APEC 会议上穿着新中装的各经济体领导人

（新华社）

图 108　新中装男款
（新华社）

图 109　新中装女款
（新华社）

图 110　新中装 / 旗袍
（新华社）

从 2014 年 11 月 10 日晚被说成是亚太大家庭“全家福”的合影来看，东道主为领导人提供的服饰，男性为对开襟、立领、连肩袖的款式，面料为提花万字纹宋锦面料，以及海水江崖纹的设计；女性为对襟、立领、连肩袖的款式，面料为双宫缎，外套则饰以海水江崖纹。另为第一夫人们提供的服装，则是开襟、连肩袖的外套，内搭立领的旗袍裙。据说，为了体现和而不同的理念，实际上是为领导人及其配偶，提供了多套款式和颜色以供其自由选择。

事后出现的各种曝料或花絮，揭示了这一系列新中装的设计理念、创作过程，以及其中寄托的象征性言说。全国数百名一流设计师参与，历时近一年，经由层层甄选，主持其事的服装设计研发小组，被认为代表了中国当下服装设计的最高水准。这一系列的新中装，被认为符合中国人的审美意识和着装习惯，同时也有国际时尚的感觉。在设计师们看来，完全传统的汉服和中山装，或不符合中国的主旋律，或已经不足以表达现代中国人的精神面貌，所以，才有此套新中装的推出。新中装的属性当然得是“中”，它要显示中国服饰文化的精粹，故其款式据说是融合了历朝历代具有代表性的款式风格和要素：始于商代的开襟，盛于明清的立领和对襟，以及最为古老的连肩袖等等。也因此，它似是而非、似旧而新，让人无法判断究竟是依托了哪一个历史阶段的传统服饰；赞赏者们则认为，它是融汇了中国历代服装风韵和现时代精神的特色中式服装。

当然，还有很多其他证明这一系列新中装的独特、高贵以及具有中国文化之“本真性”的论证，包括对各种象征意义的附加和演绎。例如，把中国的“世界非物质文化遗产”宋锦作为面料，进而还有“和美绉”、“天香缎”、“天丽绸”、“天娇锦”等，这些材质或者是100%的顶级蚕真丝，号称最为环保；或者是用真丝和顶级羊毛交织而成，号称最为自然。其次，强调其工艺的古老性、传统性和手工性。宋锦作为宋代的提花面料及图案的统称，本身就具备历史性价值；它从制版到染色，据说全部是按照传承下来的古法研制，且全部都是由手工制成；至于著名的海水江崖纹样，其中被寄托的寓意则是亚太各经济体山水相依、守望共荣。

在剪裁的制作工艺上，和当年的新唐装一样，此次推出的新中装也是中西结合，既要表达中国服饰的意境，同时也要让穿着者感到合体与舒适；当然，还必须有所创新，据说把立领和对开襟相结合，就是对款式的创新，也因此，它被赋予了传统正装的感觉。和新唐装最大的区别在于，新中装没有采取垫肩装袖的西式剪裁，而是采用了中国传统的连肩袖。13 年前的新唐装相对而言较多地体现出传统服饰元素，以鲜艳和富贵的格调来彰显中国人的文化自信，此次新中装则多少有所不同，它相对较多地追求气度、高级和沉稳的格调，例如，在色彩上，特意选择故宫红、靛蓝、深紫红、孔雀蓝以及金棕色和黑棕色等，可以说均是较为厚重和大气的色调。

但是，和当年新唐装推出之后的社会反应几乎完全一致，新中装也被认为是一次研制国服的设计探索，在它被隆重推出前后，照例引发了研究和讨论国服及相关问题的热潮。2014 年 10 月 25 日，由多家机构和企业联合举办的“国服文化研讨与服装探索展示大会”在北京钓鱼台国宾馆举办，堪称是此类动态中较为重要的一环。不过，令设计师们稍感意外的是，新中装在普通国民中的反应却有些冷淡，远远不及 13 年前新唐装引起的反响强烈，也就是说，新中装并未引发设计者们此前所期待的流行性追捧。

第二节　中国礼服

1949 年以后的新中国，始终没有明确地规定礼服的样式，国家领导人出访或出席重大过国事或外事活动时，多以中山装为礼服。例如，1949 年，毛泽东在天安门城楼上宣布新中国成立时，穿的就是中山装；1979 年，邓小平访美，和美国总统卡特会面时，也是穿中山装。但在改革开放以后，除了中山装，国家领导人时不时地也以西装为礼服，或以夹克为便服。

1966 年 9 月，中国政府的外事部门曾经做出规定，参加接待外宾的工作人员，“男同志一律不准穿西服，女同志一律不穿旗袍、高跟鞋，不抹口红，不戴首饰，不烫发，不拿纯装饰用的手提包等”。做出如此规定，自然就导致中山装（女性则较多穿用所谓的中西装）成为独一无二的正统性服装，事实上也就具备了礼服的属性。1980 年 8 月 21 日和 1983 年 5 月 23 日，外交部先后印发了《关于对外活动服装穿着的几点规定》及《关于参加外事活动着装问题的几点规定》，这两份规范性文件的内容大同小异，其明确提出的指导性意见是：“男士除穿中山装外，也可着西服或民族服装”；当人在国外时，“如东道国规定着礼服或民族服装，中方男士可穿中山装，女士最好穿旗袍或长裙”[①]。由此可知，当时是把旗袍理解为民族服装的，但对于男士的民族服装究竟是什么却语焉不详。值得一提的是，在 1983 年的规定中，还特别强调了服装应该“美观”及“女士服装式样、颜色应多样化”，这可以说是对于变化中的时代大趋势的敏感反应。因此，中国外交人员在 1980–1990 年代，基本上是以中山装、旗袍为正装，例如，中国驻外使馆举办国庆招待会，外交官们几乎都穿中山装。从 1990 年代起，则相对较多地穿用西装出现在国际礼仪活动的各种场合。在外事场合，西服逐渐取代了中山装，这主要是因为随着 1980 年代思想解放运动的展开，西装不再是奇装异服，也不再是资产阶级生活方式的表象，而着装审美及其价值观的多元化也成为了时代的大趋势。

---

① 马保奉：“就习近平主席出访着装——再议中国的礼服”，《人民日报（海外版）》2015 年 4 月 5 日。

但最近几年，在重大的国事活动或外交礼仪场合，国家领导人或外交公务人员身穿中山装或类似中式礼服的情形又多了起来，这或许是因为多年来持续地有政协委员或人大代表（例如，2008年和2013年政协常委刘长乐曾数次提出关于国家领导人出席正式礼仪活动时着装问题的建议，并称之为“中国华服”）[①]的反复提案作为依据，虽然它其实是早就形成了的一个传统。

2014年3月24日，中国媒体报道习近平夫妇访问欧洲，在出席荷兰国王和比利时国王相继举行的国宴时首次穿着“中式礼服”，并说“世界为之眼前一亮，国人为之精神一振”。习近平穿的那套中式礼服很像中山装，但又不同于传统的中山装，而是对中山装的一些关键部位进行了改良[②]，据说也是既保留了中式服装的传统，又采纳了西服某些元素（图111）。例如，说它放弃了中山装的翻领、风纪扣、明扣等，亦即不再是紧闭的翻领，而是稍微敞开的立领；明门襟改为暗门襟；把四个兜改为三个暗兜，上身只有左胸兜，无兜盖；左胸衣兜佩饰有黑底白色花纹的帕巾（据说这是领导人首次使用口袋巾）；中间一排中式绣花和领口、袖口的刺绣祥云暗纹图案，更加凸现了它的礼服属性等等。彭丽媛则是身着立领粉青色（青绿色）中式长裙（旗袍），外衣（罩衫）对襟、过腰，门襟和袖口均以绣花镶边，刺绣有凤凰百花的纹样，

---

① 2016年2月，仍有人在中国人大和政协会议之前提议，要求将中山装定确定为“国家正式礼服”。

② 马保奉：“就习近平主席出访着装——再议中国的礼服”，《人民日报》（海外版），2015年4月5日。

可谓是既有传统风格，又富于现代美感，与习主席的中式礼服相呼应，彰显出东方女性的优雅、大方、沉稳、自信。

图 111　习近平和夫人穿中式礼服出席
比利时菲利普国王夫妇举行的国宴
（庞兴雷摄）

国内媒体的议论和接下来的解读，是把这套基本上是对中山装稍加变通、改良的礼服，说成是“既有传统风格又有现代元素，既有中国气派又具开放意味”，它所传递的文化信息是中式代表自信，变化意味着创新；甚至还说中国网民为之欢呼“新的国服诞生了！”进而还希望“中国各级领导人都应该穿国服”[①]。或许是因为那个由孙中山开创的中国

① 吴杉杉：“解读习近平穿中式礼服参加荷兰国宴（图）”，中国新闻网，2014 年 3 月 24 日。“习近平夫妇着装尽显中国范儿”，《京华时报》2014 年 3 月 24 日。

式“着装政治学”的影响，中国领导人的服装总是会被过度解读。1998 年江泽民访问日本时，身穿黑色中山装出席天皇的欢迎宴会，据说也曾被日本媒体解读为是要表达某种不满。

2018 年 11 月，习近平访问西班牙，出席西班牙国王费利佩六世举办的欢迎宴会，习近平和包括外交部部长王毅等在内的所有中国官员，均穿着同一款中式礼服出席，再次引起了海内外媒体的广泛关注。有些媒体虽然把这款中式礼服直接称为中山装，但若是仔细观察，它和此前访问荷兰和比利时，出席国宴时所穿的那套中式礼服为同一款。习近平穿着这套以中山装为原型而特别设计的新的中式礼服出席正式外交场合，在外交部礼宾司原代司长鲁培新的解读中，认为这充分展示了中国文化的风采，也体现了中国在外交上的自信。国内媒体把这款中式礼服说得非常特别，或以为由于习近平的穿着实践，中式礼服似乎已经有了定论，或以为习主席穿这款中式服装并引起关注，其实就是让中山装重新流行起来的一次成功实践。

但在海外媒体看来，习近平的穿着却被说成是“毛泽东装”（Mao's Suit）。这与其说是在评论服装的款式，不如说是基于过往的“印象”而对它的隐喻或象征做一些过度的解读，例如，把它理解为领导人或中国官方的意识形态取向等等。虽然这一类解读未必有多么大的意义，但也不难理解，因为中国公务人员确实往往就是通过着装来表达某些寓意或姿态的，就像 2008 年北京奥运会开幕之前，中国驻法大使孔泉赴任拜访法国萨科齐总统时，特意穿了一身中山装，以强调自己的中国身份那样。

进入21世纪，西装压倒性地成为官员尤其是外事官员们的礼服正装，中山装只是偶尔才穿出来。由于中国人所理解和穿着的西装未必能够恰当地对应人在海外的诸多场景，因此，西服独步天下的局面也遭到一定的诟病。外交部礼宾司的资深外交官马保奉针对此种状况指出，应该出台相应的法规以规范国家公务员、外交官等官方人士的着装行为，因为官场的穿戴不是个人行为，而是关系到政府的权威和国家的形象。他的建议是，应该抓紧对中山装的改良，设计出规范的中式礼服并正式命名[①]。习近平就任国家领导人以后，大力提倡"中国梦"，而此款中式礼服，堪称是中国领导人在郑重场合从中山装转向西装，再转向中式服装的明确回归[②]。由随访西班牙的中国官员普遍穿中式礼服的情形来推测，不排除它或将成为中国官员在国际重大正式场合的着装样板。2019年春节期间，中央电视台新闻联播的男性主持人穿上了这款中式礼服，或许也是一个颇为明确的信号。

但因此就说中国礼服从此确定，则可能有些言过其实。若是仔细观察，可知此款中式礼服，确实还与印度的传统礼服"尼赫鲁外套"颇多相似，两者之间最大的不同，大概只在于纽扣的显在或隐蔽。如果只是由中式隐扣构成和"尼赫鲁外套"的区别，则它的中国属性，似乎仍显得不

① 马保奉："就习近平主席出访着装——再议中国的礼服"，《人民日报》（海外版），2015年4月5日。

② 无独有偶，2012年，台湾领导人马英九在竞选连任时，曾身着一套白色中式服装出镜，拍摄竞选宣传片，其式样与习近平的中式礼服非常接近。

够那么突出。

第三节 超越“国服”情结

在新唐装、新中装和中式礼服相继引发的国内舆论热潮中，总是会有所谓“国服”问题被反复提出。中国到底有没有国服，需不需要国服，为何需要国服，以及需要什么样的国服等等，这类话题的反复出现，表明在中国的公共媒体和部分公众的心目中，存在着所谓的国服情结。国服情结最为显在的表现，就是对于国家领导人在各种公开场合的着装形象格外地关注与纠结。试图建构国服的冲动，在某种意义上，也说明作为现代多民族国家的中国，依然面临着国民文化建设的艰巨任务，依然需要有强有力的象征符号来强化国家的认同。但是，在国服问题上，多民族的中国社会却很不容易达成基本的共识[①]。

2006 年 3 月，东华大学在上海国际服装文化节期间，首次组织全国服装院校，举办了一次主题为“我心目中的‘国服’”的服装设计邀请大赛。大学生们的作品包括获奖作品，远远超乎服装界专家们的预期。在多数专家的心目中，“国服——着装的国家形象”，其实是已经有一定的基础，或被认为具有一定代表性的，诸如中山装、旗袍、唐装之类，抑或是多少汲取或融入了这些传统元素的新创服装。但实际上，大学生服装设计师们的作品却非常时尚，太过舞台化、时装

---

① 袁仄：“‘国服’、‘汉服’及民国服制”，《艺术设计研究》2006 年第 4 期。

化，甚至太卡通，汲取旗袍、中山装等相关元素的作品为数甚少，令专家们始料未及[1]。举办此设计大赛的结果，恰好说明了中国目前尚没有国服，年轻人心目中的国服也远远没有形成哪怕是初步共享的印象。由此可知，中国社会公众及文化知识界关于国服（或中国人的民族服装）问题，距离达成共识还非常遥远。在此次设计比赛中获奖的边菲解释说，她之所以不把旗袍视为国服，是因为当代旗袍往往被作为酒楼饭店服务员的工作服，或是因旅游业需求而兴起的演出服，失去了原本的韵味。这种批评不无道理，但却反证了旗袍在民间的普及程度。然而，创制国服却始终是长久以来很多人的梦想，从孙文创制中山装，到两次 APEC 会议相继推出新唐装和新中装，国家领导人出访时穿着的中式礼服，以及眼下的"话题之王"——汉服运动等等，到现在一百多年了，动不动在中国的舆论界就会有国服论出场，几乎就像幽灵一样[2]。这意味着那个旨在建构中国人的民族服装的过程仍在持续地延展着，而汉服运动乃是这一过程中又一轮新的文化实践。若把人们耳熟能详的"唐"、"华"之类的范畴等同于中国或中华，则唐装、华服等概念也就近似于国服，但若把长袍马褂，甚至改良的马褂（唐装）定义为满装，它们似乎就不够作为或晋升为国服的资格。类似这样，大部分涉及国服的讨论，要么只是概念的执拗或文字的游戏，要么是无视普通民众在日常生活实践中对于中式服装已经形成的默契

① 韩晓蓉："大学生比拼国服设计：无一是旗袍中山装"，《东方早报》2006年3月24日。

② 王惠琴："'汉服'与'国服'"，《饰》2008年第1期。

或认知，要么是无视多民族的国情。国服之所以难产，原因并不在于服装的定义，而在于中国和中国人的定义。显然，相关分歧的焦点与其说是在于民族服装，不如说是在于中国、中国人、中华民族、汉族、华夏族以及各少数民族等，这些概念及其本质化所带来的各种问题。因此，我们应该按照费孝通教授提出“多元一体格局”的理论，秉持“各美其美、美人之美、美美与共、天下大同”的原则，采用更加从容的立场看待民族和文化，看待与少数民族、汉族的民族服装以及与中国人的国服相关的问题。

虽然有学者针对人大代表提出的创制汉服式样学位服的建议，提出应该慎言汉服而多提国服[①]，因为汉服这一范畴存在歧义，用它作为学位服，少数民族学生未必认同。但多提国服，其实也是有很多问题，且一时无解。因为国服这个概念本身，确实是存在一些困扰的，特别是对于多民族的中国来说，确立某种款式的国服是否有可能？虽然汉服运动的参与者中有些人并不是很热衷于把汉服确定为国服的主张，他或她们最基本的理念还是汉服乃汉族的民族服装，但在汉服运动中也的确是有主张将汉服确认为国服的动向，例如，2006 年 3 月，“天涯在小楼”发起了一个“复兴华夏服饰、弘扬民族精神——‘以汉服为国服第一选择’的签名活动”[②]，并引起了不小的反响（图 112）。此外，也有从学术研究的角度出发，认为汉服具有可以被确立为中国国服的特殊优

① 王达三：“慎言‘汉服’，多提‘国服’”，深圳新闻网，2007 年 3 月 12 日。

② 赵宗来：“华夏衣冠复兴的十年历程、现状和未来展望”，载刘筱燕主编：《当代汉服文化活动历程与实践》，第 128–137 页。

势[①]，或强调以汉服元素为依托，打造中华人民共和国的国服是最贴切与合适的一项任务[②]。

图 112　2006 年 10 月 6 日，支持汉服为国服签名活动
（广州市汉民族传统文化交流协会）

客观地讲，由于汉族在中国的主体性，将汉服作为中国人的民族服装，似乎比较顺理成章。但在这里，汉服运动的理论家们往往在其表述中存在概念偷换的问题，先是说汉族的民族服装，华夏的民族服装，不知不觉就置换成中国人的民族服装。众所周知，民族服装一般是在场景中得到凸显的，因此，对于此类场景的切换以及概念的置换，通常并不难理解，但必须指出的是，如此的表述内涵着深刻的悖论，主要

① 邓雅、梁惠娥：“浅议汉服风韵与国服”，《北京服装学院学报（艺术版）》，2006 年第 3 期。

② 李晰：“汉服论”，西安美术学院 2010 年博士学位论文。

只是顺应场景的随机应变，不能说具有学术的严谨性。

未来中国人的民族服装会是怎样的呢，中国需要或者能够成功地建构出所谓的国服吗？从法律上讲，具有中国国籍的人就是中国人，但从文化上讲情形就非常复杂了；既然是国服，那也就必须考虑兼顾国内少数民族人民的感受和接纳程度。法律意义上的中国人概念应该以是否具有中国国籍为依据，因此，汉服运动的国服指向，必须面对如何涵盖为数将近1亿的少数民族人口。而只有在这一语境下讨论国服及相关的国民认同（并非只是民族认同）的话题，才具有建设性。不仅如此，由于汉服并非当代中国汉族人日常生活中现实存在的一种或一套服饰，它主要是基于遥远历史记忆的当代建构，因此，由复古倾向的汉服来谈论国服，自然就会使问题进一步复杂化。

关于国服的思想谱系，总是和中式服装的建构及其穿着实践相始终。一方面，它和中国古代政治文化的服制传统藕断丝连，倾向于通过服装来规范官员和人民的生活方式；另一方面，它又与中国作为现代多民族国家需要通过建设国民文化而不断地强化国家认同的需求密不可分。当然，还与积贫积弱的中国在奋进崛起的过程当中，一般人民和公共媒体均特别在意国家和国人在国际社会中的形象这一类特定的心理有关。不难理解中国人为何如此介意自己被国际社会所认知的形象，因为就在2012年的万圣节期间，仍有美国商家通过网络销售20世纪初西方人用以辱华的面饰，亦即所谓“傅满洲”的形象[①]：红色及黄色的对襟中式上衣、带有“猪尾辫子”的各种帽子以及八字胡。作为族裔妖魔化的种族偏见符号，傅满洲的形象如幽灵般地仍游荡于百年之后的网络这一例子本身便可以说明，西方世界关于中国人的刻板印象，依然是促成中国公众在意民族服装或国服及其相关形象的部分根由。

可是，和国旗、国徽、国花、国宝之类的符号性建构不尽相同，国服在作为一个符号的同时，它还内涵或预设了对于人民服装生活的某种以国家权力为背景的强制性干预的可能性。换言之，在国服的思想逻辑里，其实包含了制服社会对于人民服装生活的某些干预及干涉的含义，它是否能够被已经进入时装社会的国人接受呢？假如某种款式的国服一经确定并被通过行政手段推行开来，那中国就有可能由当下的时装社会倒退回曾经的制服社会。在穿衣戴帽早已成为个人所好的今天，为了推广某种特定服装而期盼使用国家公器这一类制服社会的意识形态观念，委实值得深刻反思。

西方历史上也曾有过动用最高权力推行“以民族服装来固化民族感觉”之类政策的情形，例如，在民族国家意识崛起的思潮中，德国的巴伐利亚王国的国王马克西姆二世曾在1853–1857年连续发布三道诏书以推广民族服装。当时，出自艺术家之手、具有审美价值的民族服装，其实是汲取了各地农民服饰的典型性特征。当时这一民族服装的样品挂图免

① 赵小侠：“美国万圣节推‘歧视中国人’服饰引强烈不满（图）”，环球网，2012年10月26日。

费发放乡村，在公共活动室中展出；学校的节日或毕业考试等仪式性场合，学生们必须穿着；新婚夫妇应身着民族服装举行婚礼；在乡村的节庆竞技中优胜者的奖品也是民族服装等等。但是，今天这种民族服装还是无法在日常生活中保留任何立足之地，只有在表演性场合，才可以看到身着民族服装的人们，而街头的芸芸众生所穿戴的，却是在全球化背景下或许是出自某个中国服装加工车间的衣物[①]。

第四节　重新定义“中式服装”

为了回避国服概念的政治性，以及避免国服理念所内涵的国家体制与民众服装生活之间关系的困扰，我们更加倾向于认为“中式服装”这一概念的文化性，它能够被用来更好地描述和概括有关中国人的民族服装在近一百多年来的建构史。同时，我们在此也尝试对中式服装予以重新定义，以便使得它具有更好的可塑性和更为宽博的包容性。简而言之，中式服装就是在与西式服装以及其他国家的服装文化体系相互比较的语境或场景下，得以确认的具有中国文化属性、风格和中国多民族的服饰文化之传统要素的服装。假如未来的国服创制真的有可能成功，有学者认为，它也应该是综合了中国各个历史朝代以及中国多民族的服装样式而全新建构的[②]，但在这样的国服成为现实之前，我们不妨先拥有一个

① 吴秀杰：“文化保护与文化批评——民俗学真的面临两难选择吗？”，《河南社会科学》2008 年第 2 期。

② 王达三：“慎言‘汉服’，多提‘国服’”，深圳新闻网，2007 年 3 月 12 日。

具有更大和更多容量的中式服装的范畴。

1997 年在香港回归祖国之际，据说香港有媒体就曾提倡市民在回归之日集体穿中式服装；内地的服装文化专家袁仄等人，亦曾致力于推动将某日确定为“华服日”（此处所谓华服并非是指汉服），号召民众在这一天都穿中式的传统衣服。但是，上述号召的响应者寥寥无几，说明中国社会对于此类问题或缺乏共识，或没有紧迫感。因此，我们在此重新定义中式服装的概念，主要是从学术研究的角度，试图澄清一些概念和逻辑上的混乱。这里所谓中式服装，是和中国人、中华民族等概念相呼应的。

如此的中式服装概念，自然可以，而且必须将汉服及其所有相关的建构实践均包括在内，它也理所当然地内涵着对于汉民族传统服饰发展历程中存在“混血”这一基本历史事实的尊重。上古时期就有赵武灵王推行的“胡服骑射”；中古时期北魏孝文帝主导推行的包括服饰在内的主动汉化政策；盛唐兴起的圆领窄袖服饰曾经受到西域胡服的影响，唐朝时的华胡同风反映在服饰文化上，既有胡化现象，又有华化现象，这在敦煌壁画里有非常丰富的表现[①]；近古时期则有晚清以后满汉服装的逐渐融合，以及民国时期既汲取了满族旗装的某些特点，又大量地汲取了西洋的裁剪技艺而成的现代旗袍等等。所有这些都不妨碍多样性的中式服装范畴的成立。

而从中式服装构建的角度来看，我认为，汉服运动的最

① 竺小恩：《敦煌服饰文化研究》，第 29、86、98 页。

大贡献，可能就在于它极大拓展了中式服装的多样性及其进一步扩容发展的可能性，为中式服装提供了更加丰富的建构资源。汉服运动确实在很大的程度上，把中国人一百多年来孜孜追寻或试图建构民族服装的尝试推进到了一个新的阶段，相信今后类似的尝试仍会不断地出现，中国社会仍将继续追求民族服装的创设与建构。即便是那些追求文化纯粹性而人为建构出来的各种款式的当代汉服，若将其理解为中式服装，似乎就没有多大的困扰了。显然，如此对中式服装予以宽泛的定义和规范，有助于化解汉服运动内在的不同面向之间的紧张悖论，从而摆脱相关的文化逻辑的困扰，亦即能够为汉服运动提出解套的方案，为它找出一条光明的出路。不仅如此，汉服运动也因此能够获得非常积极的意义，因为它极大地拓展了中式服装的内涵，不仅为广大民众提供了很多可供想象和选择穿着的中式服装的款式，还把历史上汉民族的所有服饰元素均纳入到当代中式服装创新或建构的资源宝库之中。因此，汉服运动为在新的时代背景下中式服装的发展或建构实践，已经并将继续做出重大的贡献。

开放、扩容的中式服装概念，当然也应该把民国时期经由政府通过服制建设而促成的长袍马褂等传统中式服装纳入其中。由此看来，汉服运动对唐装、旗袍等的贬低和抵制，也就失去了意义。由于在中国的社会现实中，包括在一般的汉族民众当中，唐装和旗袍一直有着较为广泛和深厚的基础，完全没必要否认它们早已经是中式服装的这一既成事实。就像在台北一年一度的祭孔大典上，均着蓝色长袍的主献官、分献官、陪祭官，以及身穿黑色长袍马褂参加仪式、上香行礼的地区领导人，他们的着装自然都是能够在中式服装的框架之内获得定位；抑或是各地民间从长袍马褂改良而来、比较有广泛的群众基础的常服褂子和长衫礼服等，也都可以自动地获得中式服装的属性。虽然有人强调民国年间的长袍、马褂和旗袍均起源于满装，但在中式服装的框架之内讨论其族属起源的意义并不是很大，也不会有多少建设性。在这个延长线上，由长袍发展而来的长衫，由马褂发展而来的唐装、新唐装以及各种中式短褂，包括诸如立领、盘扣等一些基本的服饰元素，均是中式服装体系中不可或缺的组成部分。在国际化的场景下推出的新唐装，无疑是在新的时代背景下重新设计创制的中式服装。2011 年 4 月 8 日，在上海迪斯尼乐园的开工典礼上，米老鼠、唐老鸭等 20 个迪斯尼卡通人物均身穿新唐装以为庆祝（图 113），亦可被视为是中式服装走向国际化的再次表现。

图 113　迪斯尼卡通人物穿唐装庆祝上海迪士尼开工

（汤彦俊摄）

在意识到欧美世界的意义上，汉服指向着更为纯粹的国服或中式服装，然而，现实的情形是唐装、旗袍和中山装均要比汉服具有更高的国际认知度。显然，如何提高汉服的海外认知度确实是一个问题。中国大陆的民间儒学实践者蒋庆，经常身穿一款中式对襟装，这种在汉服运动看来属于满装或胡服的装束，在蒋庆本人看来，却有着明确的中式属性。可见除了有组织地人为进行的建构实践，重要的还有一般民众的日常穿着实践。

曾经在民国时期的市民社会中经由普通民众的穿着实践而自发形成的现代旗袍，已是海内外公认的具有代表性的中式女装。在这个延长线上演绎出来的各种时尚裙装，均可视为是中式女装的新发展。关于旗袍，以上海为中心，当前也有很多值得一提的动向，例如，关于旗袍文化的展示活动、推动穿旗袍的时装表演，以及各种形式的群众实践，可谓络绎不绝。2012 年 11 月，湖南高校女生设计的女书旗袍，据说还获得了国家专利，亦是无数相关实践中的一例。

由革命先行者孙中山和国民党创制并极力建构的中山装，亦是被海内外公认的中式服装。在这个延长线上，后来相继发展出来的人民服、军便服、学生服、北京 APEC 会议推出的新中装，以及习近平主席不久前访问欧洲时穿用的那款小立领中式礼服等，它们无一例外地均属于中式。

中国各个地方具有浓郁的地域性特色的诸多种类的民俗服装（例如，东北的大花袄、江南的拼接衫以及惠安女装、凤阳汉装等等），亦当归属于中式服装的文化谱系。当它们不在国际性场景或语境中出现时，其中式属性一般不会或不大需要凸现出来，但当它们被置于上述那样的场景或语境之际，其作为民族服装的中式属性，就会非常自然地得到凸显和确认[①]。

汉服运动在建构汉族的民族服装时，经常是把它和满族或其他少数民族的服装予以对举或并置的。汉服也和其他所有的民族服装一样，具有场景或情境性，它往往也是根据具体场景来彼此确认和发挥其族际标示功能的。在国内多民族的场景下，以少数民族的服装为参照，汉族青年们致力于复活汉服的努力确实有着理直气壮的理由，汉服爱好者对于没有自己民族服装的缺憾也很好理解。但汉服也经常被拿来和韩服、和服、西服相比较或并置。可见，对于中国人而言，民族服装确实是一个难题或悖论。汉服运动所致力于建构或试图复兴的汉服，究竟是作为华夏、汉族或汉人之民族服装的汉文化，还是作为中国人之全体国民的国服亦即国民文化？假如真的如北京大学历史系某学生希望的那样，把汉服作为该系的"系服"[②]，那么，若有在该系就读的藏族、蒙古族或其他少数民族出身的同学会不会对此种系服产生抵触呢？类似这些，都是目前有关汉服的讨论和汉服运动既无法回避又无法解答的重大问题。在国内多民族文化相互比较的情形下，汉服的合法性比较容易理解，但在把汉服升格为中国人的民族服装或所谓国服时，即便汉服的权重和影响力可能很大，也不宜排斥其他少数民族服饰文化的中式属性或其成为中式的可能性。

---

① 周星："新唐装、汉服与汉服运动——21 世纪初叶中国有关'民族服装'的新动态"，《开放时代》2008 年第 3 期。

② 袁烽："北大学生着汉服游园 学生称愿用其做系服 (组图)"，《新京报》2006 年 5 月 6 日。

中国各少数民族的服装生活及其传统的民族服装，往往在具有各民族特色的同时，也程度不等地相互影响，并且也都和汉文化之间有着大面积的交流。例如，即便是在清朝，作为统治民族的旗人女性，后来也曾“大半旗装改汉装，宫袍截作短衣裳”。在多民族文化共享繁荣的中国当前的社会现实中，我们不能因为满目皆是少数民族的民族服装展示和表象，而忽视了少数民族服装生活的另一个重大的现实，亦即他们固然经常穿着被国家、汉人或来自海外的他者们所欣赏的民族服装，但实际上，其一般民众在日常生活中，却是非常积极地接受或模仿着内地汉区或都市居民最为常见的短衣西裤，或直接将其称为汉族服装，他们认为这样穿就较为时髦、体面或具有现代感。

百度汉服吧的前吧主“溪山琴况”生前接受国际在线文化频道的采访时，曾将汉服和华服做了必要的区分，他认为，汉服指汉族人的民族服饰，华服则可被定义为“中华的服饰”，是中华民族传统服饰的总称，56个民族的服饰皆可归入其中。“华服”一词在此基本上和我们所谓的中式服装可以通约，汉服复兴者们对此应没有多大异议；也就是说，汉服属于华服系统，但由于汉文化在整个中华文化中的地位，很自然地，汉服又是华服体系的核心、主流或代表。如此概括也比较容易为服装学界的专家们所认可，例如，北京服装学院袁仄教授也曾希望用华服概念的包容性来涵盖汉服概念的狭隘性[①]。若是按照这个逻辑，将汉服和各少数民族的服饰文

① 罗雪挥：“‘华服’之变”，《中国新闻周刊》总第243期（汉服专题），2005年9月5日。

化均包括在我们在此重新定义的中式服装的概念之内，应该可以被汉服运动所接受。换言之，现在已经到了汉服运动改变其早期拒绝承认唐装、旗袍、中山装等作为中式服装这一僵硬、偏颇立场的时候了。如果一定要追问满装与汉服，孰堪国服之重任[①]，可以说它们都有资格成为中式服装，彼此之间不是必须要二者择一的关系。如果汉服运动能够放弃抵制唐装、旗袍的倾向，那么，其运动的品质和建设性就会有很大的提高。

事实上，在很多场景下，汉服和旗袍、新唐装济济一堂，也并非没有可能。2013 年 3 月 30 日，在南京大学国学中心“国学智慧与卓越领导高级研修班”四期班开班典礼上，数十名身着传统汉服的学生向老师呈上“束脩”拜师，老师则向学生赠书。和身着汉服的学生相映成趣，坐在主席台上的国学班老师们则穿着对襟唐装[②]。（图 114）再比如，5 月 1 日被认为是伟大的棉纺织发明家黄道婆的生辰，2017 年的这一天，央视春晚海派旗袍秀表演团与上海多家汉服社团，来到位于上海植物园内的黄母祠礼敬先贤，彼此也是相安无事。也就是说，汉服的成立及其价值，并不需要以贬低唐装和旗袍及中山装等为代价，它们之间并非排他性的零和关系，而是有可能成为共和关系，共同构成更具涵盖性的中式服装。当汉服运动强大到不必在意旗袍和唐装的起源或出身时，就应该

① 冯玲玲：“满装与汉服——孰堪‘国服’之重？”，《作家》2008 年第 18 期。王惠琴：“‘汉服’与‘国服’”《饰》2008 年第 1 期。

② 杨甜子：“南大国学班开班，学生行‘拜师古礼’”，《扬子晚报》2013 年 3 月 31 日。

放弃关于民族服装的绝对纯粹性的理念。

图 114　南京大学国学班开学，学生穿汉服行拜师古礼

（《扬子晚报》）

鉴于中国多民族构成的复杂性和中国文化的丰富性，更加开放和更富于包容性的中式服装的范畴理念不仅是可能的，也是非常必要的。在文化多样性的逻辑上，多民族中国的中式服装，不应该只确定为唯一或有限的一种、一套，最具建设性的思路就是在已有的中式服装范畴中，扩充内涵，扩张外延，在将旗袍、唐装、新唐装、中山装、五四衫、少数民族服装等等均涵括在内的基础上，再加上汉服及其服饰体系的所有内容。总之，以宽阔的胸怀重新定义中式服装，用扩容的中式服装概念，将各少数民族的服装文化也涵盖于内，例如，中国回族服装、中国藏族服装等，它们之具有中式属性亦应没有问题。我认为，在这样的中式服装的框架或体系之内，既可以有汉服所坚持的右衽，但有一些少数民族

的左衽，似乎也不是多么大不了的事。事实上，只有这种开阔的思路才能有助于为多民族国家的民族服装或所谓国服创制的无解局面，开拓出一个具有可能性的前途。

重新定义中式服装的概念，有助于我们对中国更大多数民众的服装生活和日常穿着实践拥有基本和准确的把握。对于如此具有包容性的中式服装概念，当然需要有较为宽厚的理解，而不需要斤斤计较各种琐碎的细节。如此的中式服装概念，可以将中国社会自近代以来直至当下几乎所有涉及中式服装建构的文化动向均予以概括，从而消解上述诸多人为建构与一般民众的服装生活之间的张力关系。在中国一般民众的日常生活实践里，各界人士理解和穿着的中式服装非常有多样性，例如，对襟式样的短袄固然常被定义为唐装或新唐装，但其实它的变体很多，至于领子、肩部的衬垫以及钮扣、布料、纹样等细节更是五花八门，有无数多创意的可能性，以至于还有"华服时装化"一说[①]。台湾地区的"五四衫"，亦是其例之一，长期以来，海峡两岸的服装设计师们孜孜追求的理想，无非是将中国文化的某些元素或符号融入西式时装之内，或相反，由他或她们推动的中式服装的国际化、时装化发展，往往并不拘泥于某一类固定的服装款式或元素，而是从中国上下几千年的服装史、从数十个民族的服装文化的巨量资源宝库中汲取滋养的。

在当代中国社会，动员了传统文化的诸多符号资源，并且已经取得了很多成就的汉服运动的建构实践很了不起，但

---

① 华梅："华服时装化"，《人民日报（海外版）》2005年7月19日。

如果它的理论言说固执于复古、内向和封闭，也就很难对中国社会及文化的多元化发展做出更有建设性的贡献。对于汉服运动而言，如何走出自身的理论困局是一个很大的挑战。我衷心希望，扩容的中式服装概念，能够有助于汉服运动的理论家们深思其运动未来的走向；也由衷希望，汉服实践者们能够建构出更多适合现代社会的中式服装，以便让民众自主和自由地进行选择。

无论对于民族服装或国服的人为建构多么声势浩大，多么冠冕堂皇，多么美轮美奂，都不应该藐视服装最终的穿着者，亦即普通的一般民众。如果只是要复活一套汉人的民族服装，无论是作为礼服，还是作为日常起居的常服，至关重要的是除了同袍们持之以恒的穿着实践，对于一般人民的服饰民俗也理应予以更多的关注和重视才对。藐视普通民众生活的服装人为建构，很容易沦为只是爱好者的个人趣味。汉服运动若像汉服吧的吧主“冀人行”、“东岳帝君”所解说的那样，是要把汉服及其承载的意义落实在人民生活当中，亦即改变人民的生活方式，实现衣冠、礼乐、生活三位一体的复兴，那就更没有理由不去重视研究广大民众的服饰民俗了。

结　语

本书各章从近现代中国历史的脉络与趋势之中，整理了截至目前，中式服装或中国人的民族服装不断被建构出来的进程、所取得的成就以及所面临的问题。我在本书中采用了“中式服装”这一概念，泛指所有的中国传统服装，并认为只要是在和西服洋装或日、韩、印等国家的民族服装相比较的意义上，所有的中国传统服装，都是或都有资质成为中式服装。在如此这般的中式服装的范畴中，既包括了现在依然时不时可以见到的传统中式服装，也包括了自中山装以来直至新唐装、新中装以及所谓中式礼服等最新的人为建构的中式服装；既包括中国各个地方的富于地域性的大量的民俗服装，也包括中国各少数民族独具各自文化特色的民族服装。不言而喻，21 世纪初叶以来兴起的汉服运动，其从中国古代服装史上发掘或复原而来的，或在现实的展示与穿着实践中予以重新建构而来的汉服与汉元素时装等，也都是能够被涵括在内的。再进一步，大量采撷中国服饰文化元素的时装，在传统戏剧、影视作品以及动漫、游戏甚或“服饰扮演”等表演、展示场景中屡屡登场的、具有中国文化风格的服装，以及由国家权力所定义的各类具有中国属性的制服，也都可以视为中式服装或类中式服装。

所谓的传统中式服装，主要包括长袍类（男子长袍和旗袍）以及褂、衫、袄、裤、裙类（男子马褂、短衫、夹袄、棉袄和女子小褂、短衫、夹袄、棉袄、大裆裤、各类传统裙装）等。应该说，这些服装往往就是以民俗服装的形态普遍存在于各个地方的地域社会里。长袍马褂之类的传统中式服装，基本上是在清末民初特定的历史语境和中西文化相互并置且又密切互动的格局之下，和西服洋装相对应而颇为自然地成为中式服装的，同时它也得到了当时国家服制的确认和支持。虽然后来从长袍马褂中的长袍曾经发展出民国年间的长衫，但上下一体化的袍服作为农耕社会缓慢生活节奏中形成的一种服装文化形态，即便是有舒展、宽松和飘逸等特点，仍然由于它和近现代中国社会的逐渐工业化以及普通民众的日常生活节奏逐渐加快的趋势不相合拍，被认为多有不便不适之处，而并非偶然地最终趋于式微。但其中的马褂由于比较符合“短装化”的服装变迁趋势而得以存留，并成为后来新唐装等中式服装建构时的原型之一。由于现代的时装社会时不时需要有怀旧、休闲和舒缓的氛围与节奏，所以，传统中式服装的很多因素，其舒展、宽松和飘逸等特点，在当代中国人的服装生活里，依然会有某种程度的需求。

稍后出现的中山装和旗袍，是在国民国家的体制初步得以确立，但民族危亡和中华文化依然处于危机四伏的状况这一特定的时代背景之下出现的，它们有意无意的中式服装乃至于国服指向，也确实在一定程度上取得了成功。中山装和旗袍的兴起、衰落与重现，在某种意义上，都是在国家迈向现代化的艰难进程中，中国人在服装创新与生活方式改革方面持续进行努力的表现，现在，它们已经成为民国时代留给后世珍贵的文化遗产。如果说中山装是在国民服装生活之西化大趋势的背景之下，西式服装"中国化"的产物，那么，现代旗袍就是从传统的中式服装朝向"西化"的方向发展的典型。但无论中山装还是旗袍，都是在和西服洋装的对比之中，没有疑义地被定义为中式服装的。

新唐装在 21 世纪初的推出和流行，既是对全国各地民间多种民俗服装之准唐装属性的确认，也突出反映了传统中式服装明显而又强势的回归。新唐装创制的时代背景，和 20 世纪早年的情形已经有了很大不同，国家经济的成长和人民生活的小康富足，使得国人增强了民族文化的自信心，于是，新唐装与其说是为了刷新中国人的形象，不如说是为了彰显或承载中国文化属性的自豪感。鉴于新唐装亮相时的国际化场景，其中式服装的属性也是显而易见。如果说上海 APEC 时推出的新唐装是对马褂之类传统中式服装的继承与发扬光大，那么，北京 APEC 时推出的新中装，以及随后由国家领导人出访时穿着亮相的中式礼服，则大都是在中山装的延长线上予以再创造的积极尝试。

似乎是对少数民族一些文化动向的刺激所做的回应，汉族作为中国多民族社会中的一员，也部分地出现了对自己民族服装的追求。这意味着至少对于少部分汉族民众而言，新唐装并非汉人的民族服装，但这却反证了中山装、旗袍和新唐装等是以多民族国家为背景而不是以族群为背景建构的民族服装，它们实际上都是中国不断成长着的国民文化的组成部分。或多或少地与旗袍和（以马褂为原型的）唐装不怎么友好的汉服及汉服运动，虽然不是对清末民初时期传统中式服装的借鉴，而更多和更为直接地是从中国古代（明末之前）服装史汲取资源，甚或直接就是复古仿制，但其所建构而成的汉服系列，都是中式服装的最新成员。在我看来，汉服和汉服运动极大地拓展了中式服装的可能性，它不仅丰富了人们的服装生活，也为中式服装增加了一些新的选项。汉服运动所执着的汉服，既是对古代传统的追寻，对民族文化之根的回归，同时也是当代的实践，是建构新的中式服装的又一些尝试，其在当代中国社会自有其意义和价值。如果将汉服和汉服运动纳入中式服装的谱系之中予以理解，则汉服在和国内少数民族对应时的民族服装属性，以及其作为中式服装的一员或其中一个很大的系列之间，在现实生活和文化逻辑上，就都不存在不可调和的矛盾。换言之，对中式服装的包容性进行的扩展说明，或许就是在为汉服运动指明一条出路。

本书简要地分别叙述了长袍马褂、中山装、旗袍、新唐装、新中装、中式礼服以及汉服系列等中式服装的创制、改良，以及设计、推广乃至于流行和在全国范围内逐渐普及的主要过程，并将这些不同的案例均理解为是中国人在不同的时代背景和国际形势之下，致力于寻找和建构自己民族服装的社会及文化实践的活动。上述不同款式或类型的中式服装的产生与形成、创制及发展，当然也包括遭受到的挫折与流变，作为中国人有关民族服装创制的不断试错的实践，其彼此之间存在着以下若干共同之处，值得引起研究者们的关注。

首先，它们都是在经济与文化全球化的历史大趋势下，以西式服装为基本参照系而进行的服装创制或改良。虽然在长袍马褂被确认为中式服装之际，或中山装和旗袍兴起的年代，全球化一词尚不常见，但中国经济与文化依然是日甚一日地被卷入到当时资本主义经济和文化的世界体系之中，与此相关，中国人的服装生活与服装文化自然也未能例外。中山装和旗袍的创制与改良，虽然都有以民族服装抵制或排斥西服洋装的意味，但它们无一例外地又都是以西式服装为参考，以西式服装的理念为指向的。同样，自 21 世纪初期以来相继涌现的新唐装、新中装和中式礼服等的创制和建构，也是通过装袖等西式剪裁技艺而确立其基本款式和造型的。换言之，中山装、旗袍和新唐装、新中装等，基本上都采用了西式服装文化的价值和审美取向，其中明确地蕴含着对于中国服装之现代化的追求。不仅如此，它们得以亮相或登场的场合，皆极具象征性地反映了全球化的大背景和以民族或文化的特色来予以对应的意向。由于在中西服装的对比中明显地存在着时代性的某种“错位”[①]，亦即只能以具有古代传统属性的中国服装对应于现代西式服装体系，因此，近代以来的中式服装建构，均程度不等地受到西式服装的影响，而中西式服装的互动交流也经常导致产生折中或具有中西合璧属性的中式服装。

其次，它们大都以中国悠久的服装文化传统为资源，以中国民众现实的服装生活方式为基础，尽可能多地汲取了中

① 诸葛铠等：《文明的轮回：中国服饰文化的历程》，第 334–335 页。

国服装文化的传统元素，从而在相当程度上成功建构或演绎出了新的中国服装风格。例如，较多具有西式服装属性的中山装，由于对称均衡的中国美感、象征寓意的中国手法等而具备了某些中国气质。伴随着艰难的中国革命历程，中山装的式样和款式逐渐就被中国人彻底接纳为现代中式服装的一种了。现代旗袍的旗装由来，它对于偏襟、传统扣袢、镶边滚边等技艺的发挥以及旗袍对东方女性人体的表现和演绎，都说明现代旗袍的中式服装属性及其与传统之间存在着的直接或间接的亲缘关系。新唐装和新中装等在面料质地方面采用丝绸或宋锦之类、鲜艳的中国色调及大量采用传统图案纹样等，均表现出对中国服装文化遗产和传统要素的高度重视。

再次，它们都有明确的对于民族服装，亦即中式服装之建构的追求。尽管有的研究者认为，中山装和现代旗袍都不是汉族或中国人的民族服装，而不过是“在心理上被民族化”了而已[①]，但在我看来，只要它们多少是基于中式服装的某些传统要素，一经创制或改良之后又能够被大多数国民认同为中式服装或民族服装，同时还在一定程度上得到国际社会或周边其他民族的认知，那么，认定它们为中国人的民族服装也就未尝不可。即便在事实上它们眼下未必是中国普通民众的日常服装，也仍不妨碍其可被称为民族服装。

近一个多世纪以来，中国人表现出对中式服装或民族服装的强烈渴求，这应当是与中国国家的命运和中华文化在全球化浪潮压力之下的危机感密切相关。寻求一种、一组或一

① 〔日〕山内智惠美：《20世纪汉族服饰文化研究》，第29–30页。

系列统一的和具有现代性的民族服装，几乎一直是新兴的多民族国家的一项重要事业。就此而论，中式服装的建构实践，也是凝聚国家认同、增进国民或公民意识以及发展国民文化的重要环节之一。20世纪的中国人非常在意自己在世界民族之林中的形象，所以，才始终不渝地致力于通过不断的服制革新和服装创新来改变、维护和建构自己的形象。以西式服装为基本参照系而持续进行的服装创制或改良，所有这些社会与文化的实践，已经形成了一个中式服装的谱系或大家族，这个谱系既包括了清末的长袍马褂，也包括了民国时代的长衫、旗袍和中山装，还能够涵盖现当代的新唐装、汉服和各种新近设计的中式时装。不仅如此，在中式服装的谱系里，还可涵盖各少数民族的服装文化以及全国各个不同地域的民俗服装。在中国日益卷入全球化的进程中，或在越来越多的国际化场景下，中式服装固然需要有中国风格、中国气派，但却不应该也不可能只是某种或某套唯一的、排他的服装或款式。多民族的中国非常突出的族群与文化多样性，是促使中式服装的内涵也具有多样性和包容性的根本原因。

中国在清末以前基本上是服制社会，人民的穿衣着装为封建等级的身份制度所束缚。民国时期建构国民文化，使服装的等级限制被打破，人民的衣着初步实现了自由，但由于国家、革命和政党意识形态等多种复杂因素的影响，不仅出现了国服的理念，随后到了新中国，还逐渐形成了制服社会，亦即民众的服装生活事实上被统一，并且严重地被意识形态化了。改革开放以来，中国进入到多元、开放和参与全球化的时代，市场经济与市民文化的发展，使得中国人的服装生活和服装观念均发生了很大的变化，普通国民逐步淡化乃至于破除了曾经附加在服装上的意识形态涵义，人民的服装生活实现了空前的自由。鉴于着装自由成为国民服装生活的主旋律，因此，我们说中国已经从曾经的制服社会进入到了时装社会。中国纺织和服装工业的大幅度成长，促使中国成为全世界的纺织工业大国，强大的成衣工业已经初步解决了老百姓的穿衣问题，“新三年，旧三年，缝缝补补又三年”的日子一去不复返，而时装文化的崛起为国民服装生活的选择不断地提供着越来越多的可能性。

由于国门洞开，西方服装文化的影响再次大举进入中国，于是，中国社会在大面积地接触到国际服装潮流的同时，也开始重新审视本土的传统服装文化。截至21世纪初叶，持续的经济高速增长将国民的物质生活带入温饱有余、初步小康的境地，尽管依然存在着深刻的贫富分化，但一般人民的穿衣问题已基本解决。以此为前提，当代中国服装文化的发展或一般国民在衣着方面的生活方式的各种动向，也就日趋活跃。一方面是时装化、个性化、品牌化的趋势，另一方面便是回归传统以寻找和重构民族服装之认同的各种动态。前者表现为层出不穷的时装秀、模特大赛、品牌观念、流行款式、西装的普及和中国服装工业的强劲扩展；后者则主要表现为中式服装的回归、民俗服装的重新发现、时装或其相关品牌对于中国服装元素的汲取以及汉服运动的勃兴等等。

关于中式服装在当代中国社会及文化中的意义，在当代中国人服装生活中的地位等问题，学术界有所谓礼服论、国服论和时装论等很多不同的见解。我认为，它们在具有民族服装（作为礼服）之属性的同时，也未尝不可以在某种意义或程度上，同时也成为流行时装的一部分。近年来的现实情形正是如此。中山装、旗袍、新唐装、汉服以及新中装等，确实常常是在一些传统节庆、人生礼仪（例如婚礼等）、各种官方活动（例如全国人民代表大会和政治协商会议）和社会公共场合（公祭黄帝、孔子的典礼，个人演唱会，武术表演，相声晚会，联欢晚会，电视节目主持等）以及诸多社交场合，被作为礼服或表演服装。至于在某些服务行业（宾馆、饭店、传统茶馆等）作为工作服，或不少人在日常生活中也穿着它们，都不应妨碍它们同时也作为民族服装，亦即中式服装的意义。时不时地它们也可能会具备流行文化的一些要素，并构成当前中国社会流行时装里一泓醒目的流脉。至于较多地具有政治性涵义的国服理念，由于较难达成全民共识，同时也由于中式服装概念的文化性扩容，我倾向于对它进行超越或扬弃，当然也不妨将它暂且悬置起来。

虽然我们无法断言中式服装或许能够全面地回归中国人的日常生活，但无论如何，中式服装所代表的中国文化属性和传统服装的价值、与此相关联的民族认同和自豪的情感、在国际时装潮流中展示中国属性的服装文化或作为一种抵制的动向、后现代寻根以及怀旧的社会氛围等等，都会不时地重新唤起人们对于中式服装的记忆和追求，不断激发人们对中式服装的重新解读、重新发现与进一步的创制及改良实践。中式服装作为一类具有传统性的文化遗产、文化资源和进一步文化创意的目标，在中国日益卷入全球化进程的当今，其重要性也将被越来越多的国人所认识。2017 年 1 月 25 日，中共中央办公厅和国务院办公厅联合颁布了《关于实施中华优秀传统文化传承发展工程的意见》，其中明确提出要“实施中华节庆礼仪服装服饰计划，设计制作展现中华民族独特文化魅力的系列服装服饰”。据此，我们有理由相信，通过政府与民间合作的路径，进一步把中式服装的文化传统与国民的现代生活方式、进而与国际性的时装审美趋势相结合，从而不断地丰富中式服装的内涵、丰富普通民众服装生活的社会与文化实践，今后依然有可能围绕着民族服装的指向而继续有所发展。

后记与鸣谢

自从2001年上海APEC会议促成了新唐装的流行之时起，我就一直关注并致力于对中国社会有关民族服装的文化实践或建构活动的学术研究。2002年汉服运动兴起以来，我也对其起源、发展和演变的进程深感兴趣，在十多年持续的田野观察及文献研究的过程中，我曾多次往返奔波于中日之间，部分地通过人类学的参与观察方法，实地参与了若干不同城市汉服社团举办的汉服活动，得以近距离地细致观摩；部分地采用了深度访谈方法，多次对各位汉服运动理论家、汉服社团领袖、户外汉服活动的召集人、参与者和周边围观者等进行访问和请教，偶尔还采用召开座谈会的方式进行调查。2011–2013年间，我得到日本学术振兴会资助，在“有关中华世界之唐装、汉服、汉服运动的人类学研究”的课题中，对汉服运动的基本理念、社会背景、亚文化社团群体的构成及其诉求，以及汉服运动内在的逻辑悖论等予以梳理和分析，得出了应该将汉服和汉服运动纳入中式服装的谱系之中去理解的结论。本书便是对此结论的系统性归纳。必须指出的是，由于对汉服运动的研究，必须兼顾“线上”

和“线下”两个部分，因此，本研究还从互联网上相关的主题性网站或论坛社区，获得了多种多样的信息资源及素材资料。

对于本书所必须面对的复杂主题和大量的社会文化事象而言，除了社会学领域的社会运动学、文化研究、社会心理学与流行论、大众文化等角度的探讨之外，还特别需要有来自文化人类学的族群与认同理论、象征人类学与文化符号理论，以及文化表象、文化实践与文化自觉等理论的解释，并借鉴民俗学的服饰民俗研究、生活文化研究、物质文化研究以及建构主义视角的分析方法等。本书只是尝试对此主题做出初步的描述性归纳，对上述诸多面向大多未能深入，实属挂一漏万，故在今后仍需继续努力地提高和予以补充。

多年来，我相继发表的涉及本书主题的学术论文和研究报告，主要有：

1. 周星：“中山装·旗袍·新唐装——近一个世纪以来中国人有关‘民族服装’的社会文化实践”，载于杨源、何星亮主编：《民族服饰与文化遗产研究——中国民族学学会2004年年会论文集》，云南大学出版社，2005年8月，第23–51页。后收入本人文集，见周星：《乡土生活的逻辑——人类学视野中的民俗研究》，北京大学出版社，2011年4月，第263–289页。

2. 周星：“新唐装、汉服与汉服运动——21世纪初叶中国有关‘民族服装’的新动态”，《开放时代》2008年第3期。后收入杨源主编《民族服饰与文化遗产研究——

国际人类学与民族学联合会第十六届世界大会民族服饰专题会议论文集》，艺术与设计出版社，2009年7月，第60–80页。此文的日语版，见周星：「新チャイナ服、漢服と漢服運動—二一世紀初頭、中国の『民族衣装』に関する新しい動き」、韓敏編：『革命の実践と表象—現代中国への人類学的アプローチ』、風響社、2009年3月、第437–474頁。

3. 周星："汉服之'美'的建构实践与再生产"，《江南大学学报》2012年第2期。后收入本人文集，见周星：《本土常识的意味——人类学视野中的民俗研究》，北京大学出版社，2016年2月，第350–362页。本文的英文版，见 ZHOU Xing，Construction Practice and Reproduction of 'Beauty' of Hanfu, Robert Layton，in Yifei Luo (ed). *Contemporary Anthropologies of the Arts in China, Cambridge Scholars Publishing*，2019。

4. 周星編：『中華世界における「唐装」、「漢服」、「漢服運動」に関する人類学的研究』、平成23年度—25年度科学研究費補助金「挑戦的萌芽研究」研究成果報告書（課題番号：23652196）、2014年3月。

5. 周星："2012年度中国'汉服运动'研究报告"，载于张士闪主编：《中国民俗文化发展报告2013》，北京大学出版社，2014年10月，第145–174页。

6. 周星：「漢服運動とは何か——中国におけるインターネット時代のサブカルチャー」、愛知大学国際中国学研究センター編：『中国社会の基層変化と日中関係の変容』

日本評論社、2014 年 7 月、第 105 — 125 頁。

7. 周星："汉服运动：中国互联网时代的亚文化"，载于郭宏珍主编：《宗教信仰与民族文化》（第七辑），社会科学文献出版社，2014 年 12 月，第 48-63 页。此文是在此前一个简写版的基础上改写而成，该简写版曾发表在日本爱知大学国际中国学研究中心主办的『ICCS 現代中国学ジャーナル /ICCS Journal of Modern Chinese Studies（ISSN：1882-6571）』第 4 卷，第 2 号，第 61-67 页，2012 年 3 月 31 日（http://iccs.aichi-u.ac.jp/journal.html）。

8. 周星："本质主义的汉服言说和建构主义的文化实践——汉服运动的诉求、收获与瓶颈"，《民俗研究》2014 年第 3 期。本文后收入刘筱燕主编：《当代汉服文化活动历程与实践》，知识产权出版社，2016 年 10 月，第 72-100 页。

9. "实践、包容与开放的'中式服装'"（上、中、下），连载于《服装学报》2018 年第 1 期至第 3 期。

本书的基本内容主要是来自对于上述论文和研究报告的改写与补充。

承蒙学术界同行师友们的关照，十多年来我非常荣幸地有多达几十次的机会，得以相继在中山大学（2004 年 11 月 25 日，人类学系；2012 年 12 月 13 日，千禾讲座）、中国民族学学会（2004 年 11 月 27 日，学术年会）、日本国立民族学博物馆（2007 年 2 月 9 日，共同研究会）、商务印书馆（2007 年 3 月 24 日，涵芬楼学术讲座），日本爱知大学（2009 年 11 月 20 日，孔子学院；2011 年 2 月 11 日，ICCS 国际学术研讨会）、上海大学（2008 年 10 月 23 日，社会学系）、广西师范大学（2010 年 3 月 3–8 日，文化人类学与民俗学专题研究讲座）、西南民族大学（2010 年 3 月 16 日）、山东省图书馆（2010 年 12 月 29 日）、中国艺术人类学学会（2011 年 11 月 12 日，国际研讨会）、中国艺术院研究院（2013 年 3 月 15 日，中外人类学名家论坛）、中国社会科学院民族学与人类学研究所（2013 年 3 月 19 日，人类学论坛）、西北民族大学（2014 年 3 月 28 日，民族学与社会学学院）、江南大学（2014 年 9 月 9 日，2017 年 12 月 30 日，纺织服装学院）、日本静冈县立大学（2015 年 1 月 22 日）、北京科技大学（2018 年 3 月 26 日，首场精品社科讲座）、神奈川大学（2018 年 7 月 20 日，比较民俗学研究会）、南昌大学（2019 年 3 月 27 日，国学院）、韩国延世大学（2019 年 4 月 26 日，中国研究院）等，分别就民族服装、中山装和旗袍、唐装和汉服以及汉服运动等主题作过学术讲演或讲座。主持并为上述讲演或讲座做出学术点评的同行师友有：周大鸣、麻国庆、刘志扬、邓启耀、何星亮、祁庆福、韩敏、横山广子、李霞、马场毅、张江华、陈志勤、徐赣丽、覃德清、杨正文、张士闪、方李莉、李宏复、李修建、刘正爱、傲东、文化、王建新、崔荣荣、牛犁、奈仓京子、富泽寿勇、时立荣、邢朝国、佐野贤治、小熊诚、王丁、金铉哲等。各位的批评和鼓励对我有极大的启发，也是助推我把此项研究一直坚持下来的支撑。

多年来，我一直在日本爱知大学大学院中国研究科为硕士生和博士生开设中国文化人类学的讲义课与讨论课，每年都有一讲是专门讨论民族服装相关问题的，同学们在课堂上的提问和质疑，对我也一直是很好的推动。爱知大学 ICCS 客员研究员张玲认真校读了本书全稿，为我提供了恰当且中肯的修改意见。商务印书馆李霞编审为本书的出版尽心尽力，费了很多时间和精力。在此，我谨向各位表示由衷和深切的感谢，同时也恭请各位读者提出宝贵的批评和指教。

本书所引照片或图片，已尽量注明出处，谨在此表示感谢。

2019 年 5 月 1 日

周　星

记于名古屋